国家重点基础研究发展计划（973计划）2010CB428400项目

气候变化对我国东部季风区陆地水循环与水资源安全的影响及适应对策

"十三五"国家重点图书出版规划项目

气候变化对中国东部季风区陆地水循环与
水资源安全的影响及适应对策

陆地水文—区域气候相互作用

谢正辉　田向军　占车生　等 著
秦佩华　贾炳浩

科学出版社

北　京

内 容 简 介

本书以中国东部季风气候区的大尺度陆地水循环系统为研究对象，基于气候与水文长期台站观测、试验流域观测以及卫星遥感信息，分析典型流域水循环过程的动力学机制，建立大尺度陆地水循环模型以及考虑陆地水文过程反馈的陆地水文–区域气候模式；探讨气候变化和人类活动对陆地水循环的影响；研究未来气候均值和极端事件的变化对陆地水循环的影响机理，重大调水工程对区域气候和水循环的影响，揭示气候变化影响下中国东部季风区陆地降水、蒸发和径流等水循环要素的时空分异特征，为中国水资源脆弱性评估和适应性对策的制定提供科学依据。

本书可供高等院校及科研院所水文学、气象学专业的研究生作为参考书使用，也可供气候科研工作者和气候学教学人员参考。

图书在版编目（CIP）数据

陆地水文–区域气候相互作用／谢正辉等著 . —北京：科学出版社，2017.7

（气候变化对中国东部季风区陆地水循环与水资源安全的影响及适应对策）
"十三五"国家重点图书出版规划项目

ISBN 978-7-03-048095-8

Ⅰ. ①陆…　Ⅱ. ①谢…　Ⅲ. ①陆面过程–相互作用–区域气候模式–研究　Ⅳ. ①P339②P46

中国版本图书馆 CIP 数据核字（2016）第 085551 号

责任编辑：李　敏　周　杰　张　菊／责任校对：彭　涛
责任印制：肖　兴／封面设计：铭轩堂

科学出版社 出版

北京东黄城根北街 16 号
邮政编码：100717
http://www.sciencep.com

北京汇瑞嘉合文化发展有限公司 印刷
科学出版社发行　各地新华书店经销

*

2017 年 7 月第　一　版　开本：787×1092　1/16
2017 年 7 月第一次印刷　印张：19　插页：2
字数：450 000

定价：158.00 元
（如有印装质量问题，我社负责调换）

《气候变化对中国东部季风区陆地水循环与水资源安全的影响及适应对策》丛书编委会

项目咨询专家组

孙鸿烈　　徐冠华　　秦大河　　刘昌明

丁一汇　　王　浩　　李小文　　郑　度

陆大道　　傅伯杰　　周成虎　　崔　鹏

项目工作专家组

崔　鹏　　王明星　　沈　冰　　蔡运龙

刘春蓁　　夏　军　　葛全胜　　任国玉

李原园　　戴永久　　林朝晖　　姜文来

项目首席

夏　军

课题组长

夏　军　　罗　勇　　段青云　　谢正辉

莫兴国　　刘志雨

《陆地水文–区域气候相互作用》
撰写委员会

课题负责人　谢正辉

承担单位　　中国科学院大气物理研究所

参加单位　　中国科学院地理科学与资源研究所

参加人员　　谢正辉　占车生　林朝晖　田向军
　　　　　　王爱慧　秦佩华　贾炳浩　杨宏伟
　　　　　　陈少辉　刘小莽　叶爱中　朱芮芮
　　　　　　陈　锋　马　倩　王爱文　狄振华
　　　　　　刘建国　邹　靖　于　燕　孙　琴
　　　　　　王媛媛　王琳瑛　曾毓金　谢瑾博
　　　　　　谢志鹏　高骏强　刘　斌

序

地表及近地表水分运动过程——陆地水循环，控制着水资源时空分布的改变，其主要自然影响因素包括温度、湿度、压力、风速、降水等气象条件和地形、土壤、植被、地质等地理条件，并与人类生产生活密切相关。人类通过兴建水库蓄水调水、城市供水或排水、取水用水、农林垦殖及城市化等控制和调配自然界的水，使水循环过程和水资源时空分布发生改变以适应人类用水需求，并通过复杂的相互作用调节并影响气候与环境。我国降水时空分布不均，水资源短缺，而人类活动频繁则进一步加剧了其脆弱性与供需矛盾，对水资源可持续利用和社会发展带来严峻挑战。深入认识气候变化影响下陆地水文—区域气候相互作用的规律与机理，建立考虑人类活动影响的陆地水文—区域气候耦合模式，对于更好地评估与利用水资源和人类可持续发展十分重要。

目前，气候变化对水循环的影响研究主要采用气候—水文模型的单向连接方法，即将气候模式的输出结果，如降水、气温等气象要素，通过降尺度方法直接作为水文模型的驱动，模拟出蒸发和径流等水文要素，缺乏下垫面水文变化对气候的影响与反馈。这种单向连接方法很难将气候变暖及人类活动引起的陆地水循环变化反馈给大气，既影响降水模拟和预估的精度，又不能正确描述陆地水循环变化。利用考虑人类活动影响的陆地水文—区域气候双向耦合模式是研究这方面问题的另一个有效手段。但是，由于缺乏具有自主知识产权、适合我国复杂地形特征的水文—气候双向耦合模式，增加了全国和流域未来气候趋势模拟的不确定性，也无法定量评价各种强迫因子对江河流量的相对影响程度。

该书作者围绕"陆地水文—区域气候耦合模拟及水循环变化机理分析"课题研究任务，在陆地水循环模拟与同化系统构建、陆地水文—区域气候模式系统研制以及未来气候变化影响下陆地水循环响应格局等方面开展工作，建立了考虑土壤水、地表水、地下水相互作用、农业灌溉与取水用水调水以及作物生长过程等人类活动影响，并能够刻画中国东部季风区主要地理、水文特征的陆地水循环模拟与陆面数据同化系统、陆地水文—区域气候模式系统，为研究人类活动对陆面水文过程与区域气候的影响提供了大尺度陆面水文模式平台、同化系统平台以及陆面水文—区域气候双向耦合模式平台，研究并揭示了取水用水调水灌溉以及作物生长过程等人类活动对陆地水文过程与区域气候的影响及机理。这些成果对于深入理解陆地水循环及其气候效应具有重要科学价值和实际意义。相信该书的出版将有助于推动气候变化与陆地水循环及水资源问题的研究，并为科学地管理与利用水资源提供依据。

特此为序。

中国科学院院士

2017 年 5 月

前　言

季风气候的变异性使我国成为全球气候年际变率最大的地区之一，旱涝频繁、水旱灾害交替发生；同时，我国又是受人为气候变化不利影响最为显著的地区，高强度的人类活动不断改变着天然的水文循环。我国的水文水资源同时受到较大的自然气候变异、不利的人为气候变化影响及高强度的人类活动3方面的制约，气候—水—人类活动处于非线性的相互作用之中。正确认识它们之间的相互作用及其对我国水资源格局的影响，降低未来气候变化对水资源影响预估的不确定性，是当代地学和资源环境领域的难点与亟待解决的重大课题，也是正确预估未来水资源总量、年际年代际变化和水文极值变化的基础。

本书通过对水文、气候、地理等多学科的融合，以中国东部季风气候区的大尺度陆地水循环系统为研究对象，基于气候与水文长期台站观测、试验流域观测以及卫星遥感信息，分析典型流域水循环过程的动力学机制，建立大尺度陆地水循环模型，以及考虑陆地水文过程反馈的陆地水文—区域气候模式，实现"水文—气候"的双向耦合模拟，探讨气候变化和人类活动对陆地水循环影响的分离方法，研究未来气候均值、年际和极端事件的变化对陆地水循环的影响机理，重大调水工程对区域气候和水循环的影响，揭示气候变化影响下中国东部季风区陆地降水、蒸发和径流等水循环要素的时空分异特征，为中国水资源脆弱性评估和适应性对策的制定提供科学依据。

本书撰写分工如下：第1章主要由谢正辉、陈锋、邹靖、王爱文、狄振华、于燕撰写；第2章由谢正辉、秦佩华、邹靖、陈锋撰写；第3章主要基于田向军、贾炳浩、谢正辉、孙琴的相关的研究工作；第4章由谢正辉、占车生、刘小莽、秦佩华及曾毓金撰写。"陆地水文—区域气候耦合模拟及水循环变化机理分析"这一课题的参与人员谢正辉、林朝晖、田向军、王爱慧、杨宏伟、占车生、秦佩华、贾炳浩、陈少辉、刘小莽、叶爱中、朱芮芮、陈锋、马倩、王爱文、狄振华、刘建国、邹靖、于燕、孙琴、王媛媛、王琳瑛、曾毓金、谢瑾博、谢志鹏、高骏强、刘双、刘斌为本书的撰写提供了大量的材料，丰富了本书的内容。陈康君为本书图片做了后期处理。

由于作者研究领域和学识的限制，书中难免有不足之处，敬请读者批评指正。

著　者

2017年3月

目　　录

第1章 陆面水文模式

1.1 陆面水文模式概述

陆面过程是影响大气环流和气候变化的发生在陆地表面和土壤中控制地气之间动量、热量及物质交换的物理、化学和生物过程。从严格的意义上讲，它应该包括陆面上发生的物理、化学、生物和水文等过程（牛国跃等，1997）。陆面过程是影响气候变化的基本物理生化过程之一，陆面与大气之间所发生的各种时、空尺度的相互作用，以及动量、能量、物质（水汽及 CO_2 等）及辐射交换对于大气环流及气候状况有极大的影响。深入研究陆地上各种下垫面与大气之间相互作用的物理、生化过程，不断改进和发展一个更接近真实描述的陆面过程模型，使它能更精确地模拟上述各种交换的过程，对于增加陆气相互作用理解与改进气候数值模拟具有重要意义。模拟大气边界层地表温度和土壤湿度等陆表变量已成为气候研究的重要内容（孙菽芬，2003；林朝晖等，2008）。早期的陆面过程研究主要关注地气相互作用的物理过程，相应的陆面过程模型研究的目的也只是为大气环流模式（GCM）提供下边界条件，以保持 GCM 模型模拟的能量和水分守恒。1956 年，Budyko 开始了大气和陆面相互作用的参数化方案研究，真正把各种陆面过程与气候过程相联系，并从 20 世纪 60 年代开始探讨其间的相互作用。迄今为止，陆面过程模式的发展主要可以分为三个阶段。

第一代陆面过程模式（20 世纪 60～70 年代）利用空气动力学总体输送公式和少数几个均匀的陆地表面参数构造简单参数化方案，由此来描述土壤含水量、蒸发和地表径流过程，称为箱式模型或水桶模型（Manabe et al.，1965；Manabe，1969）。其主要是用于 GCM 模型估算地表与大气之间的水分通量，该方案可以预报大气中的水汽和土壤湿度的变化。这一代陆面过程模式的缺点主要有两点（Carson，1981），首先是地表反照率 α_s、粗糙度 z_0 及用于计算蒸发的湿润系数 β 等参数是简单指定的，如 α_s 取固定值或地理位置函数，z_0 全球陆地取同一值。由于未能考虑全球陆地不同地区土壤质地以及植被类型差异的影响，从而使动量、热量和水汽交换模拟显得不真实；其次是箱式模型描述的蒸发过程并不真实，其土壤未做分层处理，无法考虑土壤内部水分扩散的物理过程，导致地表温度和土壤含水量计算不精确，因此对裸土和有植被地区的蒸发过程模拟有偏差。

随着人们对植被在陆面过程中作用的认识不断深入，Deardorff（1978）提出了地-气相互作用的参数化，即"大叶"模式，开创了在陆面过程中考虑植被生理物理过程研究的先河，从此陆面过程研究发展进入了第二个阶段，持续到 20 世纪 90 年代。这一代模式最大的特点是认识到生物圈在陆气相互作用中的重要性，引入了植被的生物圈物理过程，模拟土壤、植被与大气间复杂的交换过程。第二代陆面过程模型，大体是根据物理概念和理论建立起来的关于植被覆盖下，大气辐射、水分、热量和动量之间相互交换以及土壤中水、热过程的参数化方案，它较为真实地考虑了植被在陆地水、热过程中的作用，尤其是对植被生理过程（如蒸腾）进行了较细致的描述。这一代模式一般都是垂直方向的一维模式，模式描述的过程主要包括植被、土壤和积雪等，模式中对全球陆面覆盖和土壤类型进行分类，并为每一类植被和土壤都建立一套物理性质参数以计算陆面的水分和能量收支。代表性的模式有 BATS（Dickinson et al.，1986，1993）、SiB（Sellers et al.，1986）、SsiB（Xue et al.，1991）、ISBA（Noilhan and Mahfouf，1996）、LSX（Pollard and Thompson，1995）、VIC（Wood et al.，1992；Liang et al.，1994，1996）、IAP94（戴永久，1995）等。

随着研究的深入，包含生化过程的第三代陆面过程模式从 20 世纪 90 年代末发展至今。这代模式主要引入了考虑植物吸收 CO_2 进行光合作用的生物化学模式，这为植物动态生长并响应气候变化的生态模型研究打下了重要基础。这类模式的代表有陆面模式 LSM（Land Surface Model）（Bonan，1995）、气候植被相互作用模型 AVIM（A Climate-vegetation Interaction Model）（Ji，1995）、简单生物圈模型 SiB2（A Simple Biosphere Model Version 2）（Sellers et al.，1996a，1996b）、集合生物圈陆面模式 IBIS（An Integrated Biosphere Model of Land Surface Process）（Foley et al.，1996）、通用陆面模式 CoLM（Common Land Model）（Dai et al.，2001，2003；Zeng et al.，2002）、美国国家大气研究中心 NCAR（National Center for Atmospheric Research）陆面过程模式 CLM（Community Land Model）（Oleson et al.，2004，2008）等。最近，NCAR 通过不断改进 CLM 中的生物、物理、化学和水文过程，发展为 CLM4.0（Lawrence et al.，2011），并将其作为地球系统模式 CESM（The Community Earth System Model）的陆面分量模型（Lawrence et al.，2012）。Niu 等（2011）对 Noah LSM 陆面过程模式的生物物理及水文过程进行扩充，发展了具有多种参数化方案的 Noah-MP 陆面过程模式。

第三代陆面模式的典型代表是陆面过程模式 CLM。CLM 作为地球系统模式 CESM 的陆面分量模型，是由多个科研单位合作，在 CoLM 和 LSM 的基础上发展而来的。其借鉴和吸收了 LSM、中国科学院大气物理研究所陆面过程模式 IAP94、生物圈–大气圈输运方程 BATS（Biosphere Atmosphere Transfer Scheme）等陆面过程模式的优点，对土壤湿度、冻土等过程做了进一步的改进，并引入了汇流过程。该模式考虑了网格尺度内的地表特征差异、不同植被类型下的生态学差异，以及不同土壤类型的水力学和热力学特征差异，在地表数据方面采用了植被功能型概念，以及大量基于卫星观测的数据（土地利用、叶面积指数等），并通过改进土壤、径流、积雪及数据结构等，发展成为 CLM3.0。大量关于气候要素、水文循环、植被生产力及陆面过程与降水等相互作用的模拟检验表明，与之前的版本相比，CLM3.0 的模拟结果有了很大的改进，但仍然存在许多不足，尤其是水循环过程（Bonan et al.，2002；Dickinson et al.，2006；Hack et al.，2006；Lawrence et al.，2007）。因此，许多研究通过对陆面参数和水文过程的改进来进一步完善和发展 CLM3.0，并借助中等分辨率成像光谱仪 MODIS（moderate-resolution imaging spectroradiometer）产品改进了陆面参数集（Lawrence et al.，2007），以及植被冠层截留过程的描述（Thornton and Zimmermann，2007；Lawrence et al.，2007），引进和完善了径流、地下水、碳氮循环和冻土过程，蒸发、土壤可利用含水量等方面也有所改进（Niu et al.，2005，2006，2007）。改进后的 CLM 称为 CLM3.5，其水循环模拟方面得到了进一步的改善（Oleson et al.，2004，2008）。最新版的 CLM4.0 针对 Richards 方程数值积分过程中不能维持稳态解的缺陷，修改了 Richards 方程的数值求解方案，改进了土壤水方程的下边界条件（CLM3.5 中土壤水方程以零通量作为下边界条件），使得地下水与土壤水直接耦合（Zeng and Decker，2009；Decker and Zeng，2009）。另外，CLM4.0 考虑了冠层凋落物及冠层内稳定性的影响、土壤有机质对水分运动的影响等（Sakaguchi and Zeng，2009）。此外，对雪模型也做了很大的改进（Flanner and Zender，2006），动态植被、城市等一系列过程都得到了很大的改进，并采用不同物理过程参数化方案（Oleson et al.，2010）。

由于陆面过程模式众多，各自性能不尽相同，为了比较各个陆面模式模拟的性能，从20 世纪 90 年代开始陆续发起了陆面模式比较计划 PILPS（Henderson-Sellers et al.，1995，1996；Pitman and Henderson-Sellers，1998）。其目标是通过当前用于耦合模式、大气及地球系统模式中的先进的陆面参数化方案的国际性比较，增加对陆面及近地表过程的理解。计划目前分为四个阶段：前两个阶段（Phase 1 和 Phase 2）主要比较各陆面过程模式的离线模拟。第三阶段（Phase 3）与大气模式比较计划 AMIP 的第一阶段联合进行，主要是将各陆面过程模式与各自的大气模式耦合后进行模拟比较，其结果显示：首先，没有“最好”的陆面模拟——每个陆面过程模式都在某些方面存在不足；其次，大陆尺度的土壤湿度和/或能量的不守恒性及湿度存储具有明显倾向——这与耦合过程中的错误和模式初始化的不足有关；最后，在区域尺度上，不同耦合模式模拟结果在能量和水汽分配上的离散度普遍大于前两个阶段的离线试验的结果，这意味着陆-气间的双向反馈能够抑制或减少陆表气候差异的假设是不合理的（Love et al.，1995；Henderson-Sellers et al.，1995；Irannejad et al.，1995；Qu and Henderson-Sellers，1998）。第四阶段（Phase 4）与 AMIP II 联合进行，主要是将各陆面过程模式耦合到同一大气模式中 [如气候系统模式 CCSM（Community Climate System Model）CCSM3、LAPS]，并发展通用的陆面参数化算法，使其能够在任何大气模式间方便地交换使用，即要得到一个陆-气间的通用的耦合界面方案（Polcher et al.，1998）。

1.2 地下水侧向流动

地下水位的变化会直接影响土壤含水量的改变，进而影响天然植被的生长发育。地下水位较低的干旱区域可通过向自然河道输水，在河流两岸产生地下水的侧向补给，抬升地下水至临界生态水位，使地表植被能获得充足水分以维持沿河两岸的生态平衡（陈亚宁等，2007；叶朝霞等，2007；张丽华等，2006；湾疆辉等，2008）。河流输水抬升地下水位的关键问题是准确预测河流输水条件下土壤水和地下水相互作用的地下水埋深，并由此估计自然河道输水所需水量及持续时间，这对水资源管理具有重要意义。有多种方法考虑土壤中水流的运动，如谢正辉等（1998）用有限元质量集中法发展了非饱和土壤水流的数值模型，谢正辉等（1999）和罗振东等（2003）用混合有限元法建立了非饱和土壤水分含量和通量计算的数值模型，但都没有考虑地下水位的动态变化。对于地下水埋深估计，Yuan 等（2008a）利用入渗与地下水埋深的相关关系发展了大尺度地下水埋深估计方法，并将其应用于中国区域的埋深估计，陈亚宁等（2004）利用河流或流量与埋深的相关关系建立了统计模型估计埋深，Xie 和 Yuan（2009）利用达西定律建立河流水位与埋深相关的统计—动力模型估计埋深，这些研究均没有考虑土壤水与地下水相互作用的过程。Liang 等（2003），Liang 和 Xie（2003）基于谢正辉等将地下水动态表示问题归结为运动边界问题求解，发展了考虑土壤水与地下水相互作用的模型，杨宏伟和谢正辉（2003）将地下水运动边界问题转换成固定边界问题求解，但均没有考虑地下水侧向流动的影响。

本节将输水条件下河流剖面土壤水与地下水相互作用问题归结为二维运动边界问题，发展以垂直流为主的土壤水运动和以水平流为主的地下水运动相耦合的拟二维模型，并进行理想试验及对模型主要参数进行敏感性分析。最后，结合塔里木河下游生态输水实例，运用发展的拟二维模型，针对干旱区塔里木河下游的英苏断面进行模拟验证（狄振华等，2010）。

1.2.1　河流输水条件下土壤水地下水相互作用模型 GSIM

首先，介绍一下河流输水条件下土壤水和地下水相互作用的二维理论模型、拟二维模型框架及其数值模型。

1.2.1.1　河流输水条件下的土壤水和地下水相互作用二维运动边界问题

自然河道在输水条件下，由于水势的作用，从河床入渗的河水在河道周围做环形运动，使得河道周围先呈现饱和，这样从河床到不透水基岩层出现饱和土壤水区 Ω_1、非饱和土壤水区 Ω_2 和潜水区 Ω_3 3 层。我们考虑河道垂直剖面土壤水流的运动，忽略其沿河道平行方向的运动，这样就归结为一个二维饱和与非饱和运动边界问题（图 1-1）。

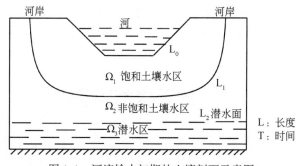

图 1-1　河流输水初期的土壤剖面示意图

图 1-1 是河水入渗的土壤剖面图。在饱和土壤水区 Ω_1 中，水势 ψ [L] 满足如下方程：

$$S_s \frac{\partial \psi}{\partial t} - \nabla \cdot (K_s \nabla \psi) - g = 0 \tag{1-1}$$

式中，∇ 为梯度算子；S_s [1/L] 为单位储水系数；K_s [L/T] 为饱和导水率；g [1/T] 为源

汇项。

在非饱和土壤水区 Ω_2 中，土壤含水量 $\theta\,[\mathrm{L}^3/\mathrm{L}^3]$ 满足如下方程：

$$\frac{\partial \theta}{\partial t} - \nabla \cdot [D(\theta)\,\nabla \theta] - \frac{\partial K(\theta)}{\partial z} = g \tag{1-2}$$

式中，$D(\theta)\,[\mathrm{L}^2/\mathrm{T}]$ 为非饱和土壤水的扩散率；$K(\theta)\,[\mathrm{L}/\mathrm{T}]$ 为非饱和导水率；$g\,[1/\mathrm{T}]$ 为源汇项；z 为土壤垂直深度。

在二维运动边界线 Γ_1 上，Ω_1 中的通量 $q_s\,[\mathrm{L}/\mathrm{T}]$ 与 Ω_2 中通量 $q_u\,[\mathrm{L}/\mathrm{T}]$ 有如下关系式：

$$V_n = (q_s - q_u) \cdot n(t) \tag{1-3}$$

式中，$q_s = -K_s\,\nabla\psi$；$q_u = -D(\theta)\,\nabla\theta$；$n(t)$ 为运动边界线 Γ_1 上的外法向量；$V_n\,[\mathrm{L}/\mathrm{T}]$ 为运动边界上的法方向水流速度。式（1-1）~式（1-3）加上初始条件和边界条件及水势与含水量之间的关系式就构成二维运动边界问题。

1.2.1.2 河流输水条件下土壤水垂向和地下水侧向流动的拟二维模型框架

在实际问题中，随着河水水位高低的变化，低运动边界线也在不断变化。当我们考虑河流输水条件下地下水侧向流动时，在地下水较浅或河水持续存在较长的情况下，河水能在相对短的时间内入渗到潜水面。因此，我们假设河床附近是饱和的，考虑河水入渗一段时间后饱和土壤水和潜水面相连接的情况（图1-2），通过在运动边界 Γ_1 上的垂向通量和地下水的侧向流动影响地下水的动态变化。后面的实际资料验证中也能说明假设的合理性。

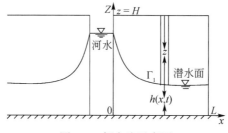

图 1-2　侧向流示意图

如图 1-2 所示，以不透水基岩为 x 轴，以垂直不透水基岩的河岸为 z 轴，H 为不透水基岩到地表的高度，L 为研究区域的水平长度，不透水基岩上面为饱和地下水的潜水区，潜水面 Γ_1 分区域为上面非饱区和下面饱和区。

由于受重力作用的影响，非饱和土壤水受河水侧向流的影响小，水分传导主要在垂直方向上起作用。饱和区地下水流缓慢近似为水平流动。对土壤剖面地下水流土壤柱水平剖分，将水平网格 $[0,L]$ 剖分 n 个单元，依次为 I_1，I_2，$\cdots$，I_n，这样上面的非饱和区被分成 n 个垂向的土柱。图 1-2 对每个土柱 $x \in I_i$ 满足垂向非饱和土壤水流定解问题（雷志栋等，1988；沈照理等，1982；薛禹群，1997）：

$$\frac{\partial \theta}{\partial t} = \frac{\partial}{\partial z}\left[D(\theta)\,\frac{\partial \theta}{\partial z}\right] + \frac{\partial K(\theta)}{\partial z} + f(x,\,z,\,t), \quad h(x,\,t) < z < H \tag{1-4}$$

$$\theta(x,\ z,\ 0) = \theta_0(x,\ z),\quad h_0(x) < z \leqslant H \tag{1-5}$$

$$q_{z=H}(x,\ t) = P - E - R,\quad z = H,\ t > 0 \tag{1-6}$$

$$\theta = \theta_s,\quad z = h(x,\ t),\ t > 0 \tag{1-7}$$

式中，$f(x,\ z,\ t)$ ［1/T］为源汇项；$h(x,\ t)$［L］为 t［T］时刻水平离河岸 x［L］处的潜水面高度；P［L/T］为降水；E［L/T］为蒸发；R［L/T］为地表径流；$q_{z=H}(x,\ t)$［L/T］为 x 处地表通量；θ_s［L^3/L^3］为饱和含水量；$h_0(x)$［L］为初始的地下水位；$\theta_0(x,\ z)$［L^3/L^3］为初始的土壤含水量；$K(\theta)$［L/T］和 $D(\theta)$［L^2/T］分别为土壤水导水率和水分扩散率。

在潜水（饱和）区，对饱和土壤水式（1-4）从基准面到潜水面垂向积分平均，并基于 Dupuit 假设得到水平网格 $[0,\ L]$ 内地下水流连续性方程（Bear，1972）：

$$n_e \frac{\partial h}{\partial t} = \frac{\partial}{\partial x}\left(K_s h \frac{\partial h}{\partial x} \right) - q_{z=h(x,\ t)}(x,\ t),\quad 0 < x < L,\ 0 < z \leqslant h(x,\ t) \tag{1-8}$$

相应的初边界条件为

$$h(x,\ 0) = h_0(x),\quad 0 \leqslant x \leqslant L,\ t = 0 \tag{1-9}$$

$$h(0,\ t) = h_r,\quad x = 0,\ t > 0 \tag{1-10}$$

$$q_{x=L}(L,\ t) = 0,\quad x = L,\ t > 0 \tag{1-11}$$

式中，$h(x,\ t)$［L］为 t［T］时刻离河岸 x［L］处的潜水面高度，也为该处潜水横断面上水势平均值；K_s［L/T］为饱和导水率；n_e 为潜水面上方非饱和土壤饱和度（或给水度）；$q_{z=h(x,\ t)}(x,\ t)$［L/T］为潜水面垂直向上的补给通量；h_r［L］为河水水位；$h_0(x)$［L］为初始地下水位。

对式（1-8）沿着 z 方向在 $[h(x,\ t),\ H]$ 上积分，并利用 $q_z(x,\ t) = -D(\theta)\dfrac{\partial \theta}{\partial z} - K(\theta)$，得

$$q_{z=h(x,\ t)}(x,\ t) = \int_{h(x,\ t)}^{H} \frac{\partial \theta}{\partial t}\mathrm{d}z + q_{z=H}(x,\ t),\quad x \in I_i \tag{1-12}$$

式中，$q_{z=H}(x,\ t)$［L/T］为上表面的入渗（蒸发）通量。式（1-12）构成了非饱和土壤水流问题式（1-4）~式（1-7）和地下水流问题式（1-8）~式（1-11）的联系方程。

1.2.1.3 考虑侧向流动的土壤水地下水相互作用的数值模型 GSIM

基于 1.2.1.2 节发展的拟二维模型框架，本小节给出垂向一维土壤水模型和水平一维地下水模型，以及土壤水与地下水联系方程的离散算法，拟二维模型的数值算法及基于该模型和参数优化的地下水埋深估计方案。

（1）垂向一维非饱和土壤水方程离散

对于每一个非饱和土壤柱 $x \in I_i(i = 1,\ 2,\ \cdots,\ n)$，从地表到潜水面分为 m 层，每层厚度依次为 $\Delta z_1,\ \Delta z_2,\ \cdots,\ \Delta z_m$。图 1-3 给出 3 层土壤 $j-1, j, j+1$，土壤水含量定义在每层节点深度 $z_j(j = 1,\ 2,\ \cdots,\ m)$ 处，节点深度 $z_j(j = 1,\ 2,\ \cdots,\ m)$ 定义为界面深度 $z_{j-\frac{1}{2}}$ 和 $z_{j+\frac{1}{2}}$ 的中间值，而土壤水导水率 $K(\theta)$、水分扩散率 $D(\theta)$ 和土壤水通量 q 分别定义在界面深度处，土壤水通量 q 取向上为正方向。

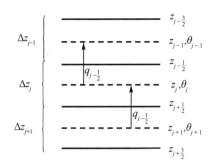

图 1-3 土壤水通量数值方案示意图

z_{j-1}、z_j、z_{j+1} 为节点深度，$z_{j-\frac{1}{2}}$、$z_{j+\frac{1}{2}}$、$z_{j+\frac{3}{2}}$ 为界面深度

对于时间步长 Δt，m 层的非饱和土壤水离散方程为

$$\frac{\theta_j^{k+1} - \theta_j^k}{\Delta t} = \frac{D_{j+\frac{1}{2}}^{k+1}\left(\dfrac{\theta_{j+1}^{k+1} - \theta_j^{k+1}}{z_{j+1} - z_j}\right) + K_{j+\frac{1}{2}}^{k+1} + q_{j-\frac{1}{2}}^{k+1}}{\Delta z_j} , j = 1 \tag{1-13}$$

$$\frac{\theta_j^{k+1} - \theta_j^k}{\Delta t} = \frac{D_{j+\frac{1}{2}}^{k+1}\left(\dfrac{\theta_{j+1}^{k+1} - \theta_j^{k+1}}{z_{j+1} - z_j}\right) - D_{j-\frac{1}{2}}^{k+1}\left(\dfrac{\theta_j^{k+1} - \theta_{j-1}^{k+1}}{z_j - z_{j-1}}\right)}{\Delta z_j} + \frac{K_{j+\frac{1}{2}}^{k+1} - K_{j-\frac{1}{2}}^{k+1}}{\Delta z_j} , j = 2, 3, \cdots, m-1$$

$$\tag{1-14}$$

通过在饱和区添加一个与第 m 层同样厚度的 $m+1$ 层，利用式（1-4）及饱和地下水边界条件，对应第 m 层的离散方程可写为

$$\frac{\theta_j^{k+1} - \theta_j^k}{\Delta t} = \frac{D_{j+\frac{1}{2}}^{k+1}\left(\dfrac{\theta_s - \theta_j^{k+1}}{z_{j+1} - z_j}\right) - D_{j-\frac{1}{2}}^{k+1}\left(\dfrac{\theta_j^{k+1} - \theta_{j-1}^{k+1}}{z_j - z_{j-1}}\right)}{\Delta z_j} + \frac{K_{j+\frac{1}{2}}^{k+1} - K_{j-\frac{1}{2}}^{k+1}}{\Delta z_j} , j = m \tag{1-15}$$

令

$$a_1 = 0 , b_1 = 1 + \frac{\Delta t D_{\frac{3}{2}}^{k+1}}{\Delta z_1(z_2 - z_1)} , c_1 = -\frac{\Delta t D_{\frac{3}{2}}^{k+1}}{\Delta z_1(z_2 - z_1)} , h_1 = \theta_1^k + \frac{\Delta t}{\Delta z_1}(K_{\frac{3}{2}}^{k+1} + q_{\frac{1}{2}}^{k+1}) ;$$

$$a_j = -\frac{\Delta t D_{j-\frac{1}{2}}^{k+1}}{\Delta z_j(z_j - z_{j-1})} , b_j = 1 + \frac{\Delta t D_{j+\frac{1}{2}}^{k+1}}{\Delta z_j(z_{j+1} - z_j)} + \frac{\Delta t D_{j-\frac{1}{2}}^{k+1}}{\Delta z_j(z_j - z_{j-1})} , c_j = -\frac{\Delta t D_{j+\frac{1}{2}}^{k+1}}{\Delta z_j(z_{j+1} - z_j)} ,$$

$$h_j = \theta_j^k + \frac{\Delta t}{\Delta z_j}(K_{j+\frac{1}{2}}^{k+1} - K_{j-\frac{1}{2}}^{k+1}) , j = 2, 3, \cdots, m-1 ;$$

$$a_m = -\frac{\Delta t D_{m-\frac{1}{2}}^{k+1}}{\Delta z_m(z_m - z_{m-1})} , b_m = 1 + \frac{\Delta t D_{m+\frac{1}{2}}^{k+1}}{\Delta z_m(z_{m+1} - z_m)} + \frac{\Delta t D_{m-\frac{1}{2}}^{k+1}}{\Delta z_m(z_m - z_{m-1})} ,$$

$$h_m = \theta_m^k + \frac{\Delta t D_{m+\frac{1}{2}}^{k+1} \theta_s}{\Delta z_m(z_{m+1} - z_m)} + \frac{\Delta t}{\Delta z_m}(K_{m+\frac{1}{2}}^{k+1} - K_{m-\frac{1}{2}}^{k+1})$$

因而式（1-13）~式（1-15）可写为

$$\begin{cases} b_1\theta_1^{k+1} + c_1\theta_2^{k+1} = h_1 \\ a_j\theta_{j-1}^{k+1} + b_j\theta_j^{k+1} + c_j\theta_{j+1}^{k+1} = h_j , j = 2, 3, \cdots, m-1 \\ a_m\theta_{m-1}^{k+1} + b_m\theta_m^{k+1} = h_m \end{cases} \tag{1-16}$$

上面只是对一个土柱 $x \in I_i$ 内方程的离散化，对其他土柱内非饱和方程进行类似离散。

（2）水平一维潜水面方程离散

基于 1.2.1.2 节讨论，将水平求解域 $[0, L]$ 剖分为 n 个单元，其单元长度分别为 Δx_1，Δx_2，$\cdots$，Δx_n，单元节点定义在单元中间位置，它们距河岸依次为 x_1，x_2，$\cdots$，x_n，节点上水位为 $h_i(i = 1, 2, \cdots, n)$，单元界面的水位为 $h_{i+\frac{1}{2}}(i = 0, 1, \cdots, n)$，时间步长为 Δt。对任一单元 $I_i(i = 1, 2, \cdots, n)$，结合边界条件按隐式差分格式写出式（1-8）的差分方程。

靠河流岸边取第一边界条件 $h(0, t) = h_r$，其第一个单元的差分方程可写为

$$\frac{n_e h_i^{k+1} - n_e h_i^k}{\Delta t} = \frac{K_s h_{i+\frac{1}{2}}^{k+1}\left(\frac{h_{i+1}^{k+1} - h_i^{k+1}}{x_{i+1} - x_i}\right) - K_s h_{i-\frac{1}{2}}^{k+1}\left(\frac{h_i^{k+1} - h_r}{x_i}\right)}{\Delta x_i} - q_{z=h_i^k}^{k+1}(x_i, t)，i = 1$$

（1-17）

对任一内部单元 $I_i(i = 2, 3, \cdots, n-1)$，差分方程可写为

$$\frac{n_e h_i^{k+1} - n_e h_i^k}{\Delta t} = \frac{K_s h_{i+\frac{1}{2}}^{k+1}\left(\frac{h_{i+1}^{k+1} - h_i^{k+1}}{x_{i+1} - x_i}\right) - K_s h_{i-\frac{1}{2}}^{k+1}\left(\frac{h_i^{k+1} - h_{i-1}^{k+1}}{x_i - x_{i-1}}\right)}{\Delta x_i} - q_{z=h_i^k}^{k+1}(x_i, t)，i = 2, 3, \cdots, n-1$$

（1-18）

远离河流岸边的边界取零通量边界条件，添加与第 n 个单元等长的 $n+1$ 单元，第 n 个单元采用差分方程组形式：

$$\begin{cases} \dfrac{h_{n+1}^{k+1} - h_n^{k+1}}{x_{n+1} - x_n} = 0 \\ \dfrac{n_e h_n^{k+1} - n_e h_n^k}{\Delta t} = \dfrac{K_s h_{n+\frac{1}{2}}^{k+1}\left(\dfrac{h_{n+1}^{k+1} - h_n^{k+1}}{x_{n+1} - x_n}\right) - K_s h_{n-\frac{1}{2}}^{k+1}\left(\dfrac{h_n^{k+1} - h_{n-1}^{k+1}}{x_n - x_{n-1}}\right)}{\Delta x_n} - q_{z=h_n^k}^{k+1}(x_n, t) \end{cases}$$

（1-19）

取 $h_{n+\frac{1}{2}}^{k+1} \approx h_n^{k+1}$ 并令

$$\alpha_1 = -\frac{K_s \Delta t h_{\frac{1}{2}}^{k+1}}{x_1 \Delta x_1}，\beta_1 = n_e + \frac{\Delta t K_s h_{\frac{3}{2}}^{k+1}}{\Delta x_1(x_2 - x_1)} + \frac{\Delta t K_s h_{\frac{1}{2}}^{k+1}}{x_1 \Delta x_1}，$$

$$\gamma_1 = -\frac{\Delta t K_s h_{\frac{3}{2}}^{k+1}}{\Delta x_1(x_2 - x_1)}，\delta_1 = n_e h_i^k - q_{z=h_i^k}^{k+1}(x_i, t)\Delta t - \alpha_1 h_r;$$

$$\alpha_i = -\frac{K_s \Delta t h_{i-\frac{1}{2}}^{k+1}}{\Delta x_i(x_i - x_{i-1})}，\beta_i = n_e + \frac{\Delta t K_s h_{i+\frac{1}{2}}^{k+1}}{\Delta x_i(x_{i+1} - x_i)} + \frac{\Delta t K_s h_{i-\frac{1}{2}}^{k+1}}{\Delta x_i(x_i - x_{i-1})}，$$

$$\gamma_i = -\frac{\Delta t K_s h_{i+\frac{1}{2}}^{k+1}}{\Delta x_i(x_{i+1} - x_i)}，\delta_i = n_e h_i^k - q_{z=h_i^k}^{k+1}(x_i, t)\Delta t，i = 2, 3, \cdots, n-1;$$

$$\alpha_n = -\frac{\Delta t K_s h_{n-\frac{1}{2}}^{k+1}}{\Delta x_n(x_n - x_{n-1})}，\beta_n = n_e + \frac{\Delta t K_s h_{n-\frac{1}{2}}^{k+1}}{\Delta x_n(x_n - x_{n-1})}，\delta_n = n_e h_n^k - q_{z=h_n^k}^{k+1}(x_n, t)\Delta t$$

则潜水面方程的离散形式为

$$\begin{cases} \beta_1 h_1^{k+1} + \gamma_1 h_2^{k+1} = \delta_1 \\ \alpha_i h_{i-1}^{k+1} + \beta_i h_i^{k+1} + \gamma_i h_{i+1}^{k+1} = \delta_i \quad i = 2, 3, \cdots, n-1 \\ \alpha_n h_{n-1}^{k+1} + \beta_n h_n^{k+1} = \delta_n \end{cases} \tag{1-20}$$

（3）土壤水与地下水联系方程离散

在 $x \in I_i (i = 1, 2, \cdots, n)$ 中联系方程（1-12）[或运动边界方程（1-12）] 的离散为

$$q_{z=h_i^k}^{k+1}(x_i, t) = \frac{1}{\Delta t} \sum_{j=1}^m [\theta_j^{k+1}(x_i) - \theta_j^k(x_i)] \Delta z_j + q_{z=H}^{k+1}(x_i, t) \tag{1-21}$$

（4）拟二维模型数值算法

基于上述离散方法的讨论，拟二维模型由 t 时刻的土壤含水率分布和地下水位高度，求其下一时刻 $t + \Delta t$ 值的算法如下。

1）假定已知 t 时刻土壤含水率和地下水位的分布，分别记为 $\theta(x, z, t)$ 和 $h(x, t)$。固定水平网格 $I_i(i = 1, 2, \cdots, n)$ 上的地下水位 $h(x_i, t)$，利用其上面的 $\theta(x_i, z, t)$ 分布，对式（1-16）反复迭代直至前后两者之差小于某一个很小的数 ε，求出 $\theta'(x_i, z, t + \Delta t)$。

2）利用已知的 $\theta(x_i, z, t)$ 和所求的 $\theta'(x_i, z, t + \Delta t)$，以及上表面的已知通量 $q_{z=H}(x_i, t + \Delta t)$，通过对式（1-21）求解，得出 $q'_{z=h(x_i, t)}(x_i, t + \Delta t)$。

3）按水平离散的网格，逐一进行 1）和 2）计算，然后把所求的各个 $q'_{z=h(x_i, t)}(x_i, t + \Delta t)(i = 1, 2, \cdots, n)$ 代入式（1-20），用 $h(x_i, t)(i = 1, 2, \cdots, n)$ 作为 $t + \Delta t$ 时刻的预报初值，反复迭代直至前后两者之差小于某一个很小的数 ε，此时求得 $h'(x_i, t + \Delta t)(i = 1, 2, \cdots, n)$。

4）把求得的 $h'(x_i, t + \Delta t)(i = 1, 2, \cdots, n)$ 和其上的 $\theta'(x_i, z, t + \Delta t)$ 作为迭代阈值，重复 1）~3），直至 $h'(x, t + \Delta t)$ 收敛，此时的 $h'(x, t + \Delta t)$ 与 $\theta'(x, z, t + \Delta t)$ 即为 $t + \Delta t$ 时刻的地下水位 $h(x, t + \Delta t)$ 和土壤含水量 $\theta(x, z, t + \Delta t)$。

5）下一时刻计算中重复 1）~4）。

（5）基于拟二维模型 GSIM 与参数优化方法 SCE-UA 的地下水埋深估计方案

基于上述所发展的土壤水和地下水相互作用模型，采用 SCE-UA 参数优化方法率定对地下水埋深估计起主导作用的地下水水平导水率 K_s，SCE-UA 方法是 Duan 等（1992，1993，1994）在求解概念性降雨径流模型参数自动率定的优化问题时，针对问题的非线性、多极值、没有具体的函数表达式、区间型约束等特点所提出的并广泛用于水文预报的全局参数优化方法。基于 SCE-UA 参数优化的地下水位预报方案如图 1-4 所示。地下水埋深可由地表高度减去地下水位高度得到。

1.2.2　模型验证

1.2.2.1　模型参数的敏感性分析

为了检验和验证所建立的土壤水和地下水相互作用模型 GSIM 的合理性，首先进行理想试验来检验模型对主要参数的敏感性。该模型有 3 个重要的参数：河水水位 h_r、地下水

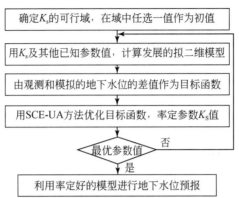

图 1-4　基于拟二维模型 GSIM 与参数优化方法 SCE-UA 的地下水位预报流程

水平导水率 K_s，以及上表面的地表通量 $P-E-R$。把 $L=35m$，$H=4m$ 的矩形区域作为研究对象。初始地下水位 $h_0(x)$ 为 1m，水平空间步长 Δx 统一为 1m，垂直空间步长 Δz 统一为 1cm，时间步长统一为 $\Delta t=0.5h$，土壤水水分导水率 $K(\theta)$ 和水分扩散率 $D(\theta)$ 是土壤体积含水量的函数，采用 Clapp 和 Hornberger（1978）关系式 $K(\theta)=K_{s1}\left(\dfrac{\theta}{\theta_s}\right)^{2b+3}$、$D(\theta)=$ $\dfrac{-bK_{s1}\psi_s}{\theta_s}\left(\dfrac{\theta}{\theta_s}\right)^{b+2}$，其中土壤饱和含水量 θ_s、饱和垂向导水率 K_{s1}、土质参数 b 和饱和土壤水势 ψ_s 均为已知常数。取土壤水力特性参数 $\theta_s=0.48$，$\theta_0=0.1594$，$\psi_s=-200mm$，$K_{s1}=$ 6.3×10^{-3} mm/s，$b=6.0$，$n_e=0.25$。首先，考察该模型对于河水水位 h_r 的敏感性，分别取固定不变河水水位 $h_r=$ 1.5m、2.5m 和 3.5m，水平导水率 K_s 等于垂向导水率 K_{s1}。图 1-5（a）～图 1-5（c）给出地表零入渗情况下，分别选取这 3 个固定河水水位时，各水平节点随时间变化的地下水位。很显然对于同样零入渗，河水水位越高，离河近的地方地下水抬升幅度越大，这是由于对相同的水平导水率 K_s，河水水位越高，离河近的地方水力梯度越大，流速越大。其次，再选用同样的土壤参数（K_s 除外）、初边值及零入渗，不同的是河水水位固定为 3.0m，水平导水率分别选取 $K_s=0.544m/h$、1.088m/h 和 2.176m/h 来考察模型对于地下水水平导水率的敏感性。由图 1-5（d）～图 1-5（f）可以看出，水平导水率越大，一段时间内离河远的地方，地下水水位抬升幅度越大。最后，取与图 1-5（d）一样的土壤参数，只是地表入渗不同。分别选取入渗率 $P-E-R=0$、

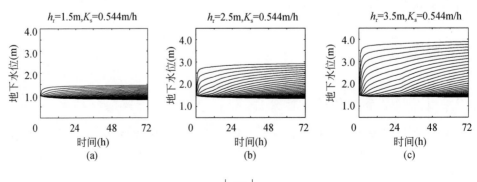

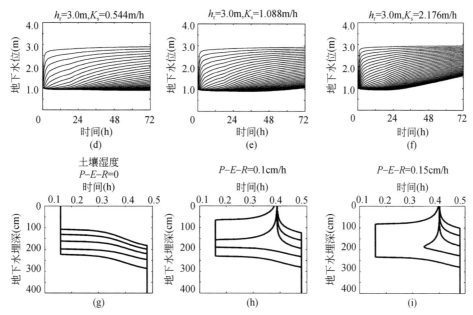

图 1-5　不同河水水位和水平导水率下地下水位变化及不同入渗条件下地下水埋深变化

h_r 为河水水位；K_s 为导水率；P 为降水；E 为蒸散发；R 为径流深。（a）～（c）分别为不同河水水位时，各水平节点上地下水位 72h 的变化；（d）～（f）分别为不同水平导水率时，各水平节点上地下水位 72h 的变化；（g）～（i）分别为地表不同入渗率时，水平距河岸 20m 处的垂向土壤柱每隔 3 天的土壤含水量分布

0.1cm/h 和 0.15cm/h，图 1-5（g）～图 1-5（i）表示在不同入渗条件下，水平距河岸 20m 的垂向土壤柱每隔 3 天的含水量分布，可以看到随着入渗的增加，土壤含水量及地下水位都有所增加。

1.2.2.2　模型验证

用塔里木河下游生态输水补给地下水实例对所发展的数值模型进行验证。塔里木河流域是我国生态环境退化最严重的地区之一，由于不合理的水资源开发，特别是中上游无序且低效的水土开发，使得塔里木河下游河段断流，其区域地下水得不到河水补给，地下水位持续下降，大面积天然植被衰败死亡（宋郁东等，2000；Feng et al.，2001）。为此，水利部会同新疆维吾尔自治区人民政府及新疆生产建设兵团等部门于 2000 年 5 月～2006 年年底对塔里木河下游共进行了 8 次输水，累计输水 934 天，输水量达 21.96 亿 m³，同时在大西海子和台特玛湖之间用 9 个断面 40 口监测井来采集河水流量和地下水埋深数据（陈亚宁等，2003；徐海量等，2003）。

以英苏断面为例，它是 9 个断面中的第 3 个断面，距大西海子水库 60km。英苏断面的横向监测井有 7 口，取观测资料详细的 4 口监测井（C3、C4、C5 和 C6），它们离河岸的距离分别为 150m、300m、500m 和 750m（图 1-6）。在输水期内的英苏断面上，河水流量有每日观测资料，河水水位有第 5～7 次输水期间的日观测资料，而地下水位观测频率为 5 天 1 次甚至 1 个月才 1 次。选取第 2 次输水阶段有观测资料的 81 天（2000 年 11 月 16 日～2001

年 2 月 4 日）进行参数率定，用第 3~6 次输水过程中 4 口监测井地下水位的资料来验证模拟结果。第 3 次输水，2001 年 4 月~2001 年 11 月分为两个阶段，共输水约 3.81 亿 m^3；第 4 次输水，2002 年 7 月~2002 年 11 月，持续 110 天，输水量约为 2.93 亿 m^3；第 5 次输水，2003 年 3 月~2003 年 11 月分为两个阶段，输水量约为 6.25 亿 m^3；同样，第 6 次输水，2004 年 4 月~2004 年 11 月也分为两个阶段，输水量约为 3.5 亿 m^3。

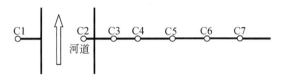

图 1-6　英苏断面监测井示意图

根据断面上河水流量和河水水位资料，拟合河水流量 $Q(t)$ 与水位 $H(t)$ 的指数关系式（图 1-7）为

$$H(t) = 832.608 + [Q(t)/5.0354]^{0.4956} \tag{1-22}$$

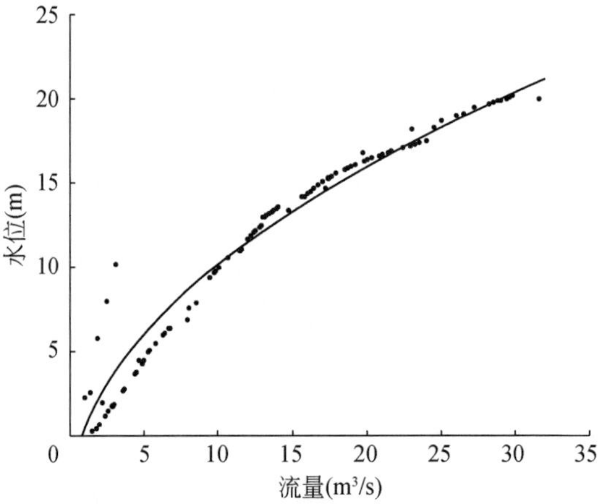

图 1-7　观测资料中流量与水位的对应值（点线），拟合的流量与水位关系曲线（实线）

考虑有较多监测井的河道右侧，把沿河岸 1000m 深度 10.2m 的含水层区域作为研究对象。对于第 2 次输水阶段数值模拟的初始地下水位高度（以 2000 年 11 月 16 日的实测值作为初始值），根据资料线性拟合为

$$y = -0.0011x + 828.2477 \tag{1-23}$$

式中，$x[L]$ 为距河岸的水平距离（m）；$y[L]$ 为该点的地下水位海拔高度（m）。

距河岸 $x[L]$ 处的地面海拔高度 $y(x)[L]$ 分布，根据 4 口监测井的地面高度拟合为

$$y(x) = -0.001x + 836.1952 \tag{1-24}$$

关于塔里木河流域下游土壤参数，虽有杨玉海等（2007）针对塔里木河流域下游土壤特性的研究，然而缺乏类似于高艳红等（2007）针对黑河流域所发展的可以应用于数值模拟的土壤质地分类。为此，采用 BATS 模式对全球土壤的 12 种典型分类（Dickison et al.，1986），根据英苏断面的经纬度，假定为第 6 种砂壤土：$\theta_s = 0.48$，

$\theta_0 = 0.1594$，$\psi_s = -200\,mm$，$K_{s1} = 6.3 \times 10^{-3}\,mm/s$，$b = 6.0$，$n_e$ 取为 0.25。由于基于大尺度土壤类型查表获取土壤参数存在不确定性，因而对地下水埋深估计起主导作用的地下水水平导水率 K_s 进行参数率定。对于初始的土壤含水量，设潜水面上方 $1m$ 均为 0.4，$1m$ 以上至地表均为 0.2。土壤剖面的垂直空间步长取 $5cm$，水平空间步长取 $10m$，时间步长为 $1h$。由于该地区降水量年均不到 $50mm$（Chen et al.，2009），基本没有地表径流形成，因而在模拟中设定 $P\text{-}E\text{-}R$ 为零通量。地下水水平导水率 K_s 利用第 2 次河流输水阶段英苏断面上的地下水位资料，通过 SCE-UA 方法进行参数率定，最终确定为 $1.588\,m/d$。图 1-8 表示在第 2 次输水过程（2000 年 11 月 16 日~2001 年 2 月 4 日），英苏断面 4 口监测井观测和模拟的水位。它们之间总的平均绝对误差（MAE）、均方根误差（RMSE）及相关系数（CC）分别为 $0.194m$、$0.223m$、0.994。

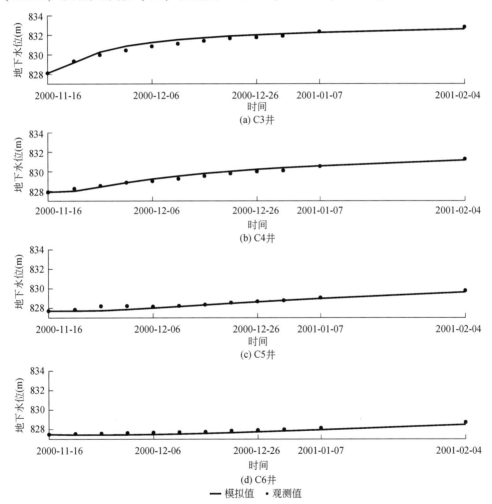

图 1-8　英苏断面四口监测井（C3、C4、C5 和 C6）在第 2 次输水过程中随时间变化的地下水位分布图

　　通过对第 2 次输水过程的地下水位模拟，利用 SCE-UA 率定的地下水水平导水率值，来模拟第 3~6 次生态输水下的英苏断面 4 口监测井（C3、C4、C5 和 C6）的地下水位。结

果如图 1-9 所示，从纵向看，第 3 次、第 6 次输水模拟的效果要好于第 4 次和第 5 次，从横向看 C3 井的模拟效果要略好于其他 3 口井。各个阶段的误差分析见表 1-1。从表 1-1 中可以看出，模拟和观测数据具有很高的相关性，模型能较好地反映地下水位的变化趋势。

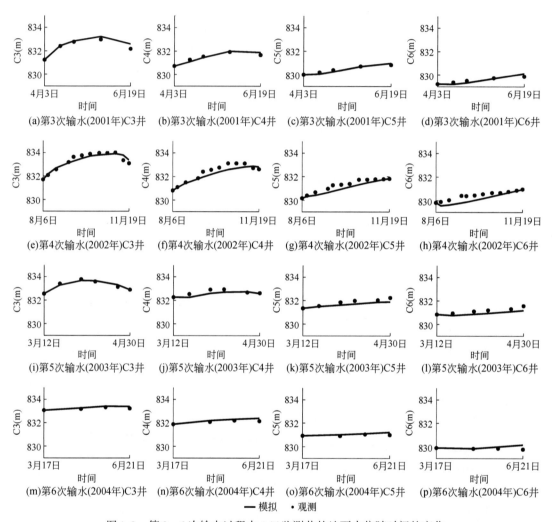

图 1-9 第 3～6 次输水过程中 4 口监测井的地下水位随时间的变化

表 1-1 各输水阶段模拟的误差分析*

输水阶段	模拟天数（d）	观测天数（d）	MAE（m）	RMSE（m）	CC
第 2 次	80	12	0.194	0.223	0.994
第 3 次	77	5	0.119	0.162	0.994
第 4 次	105	12	0.228	0.285	0.985
第 5 次	49	6	0.159	0.200	0.987
第 6 次	35	4	0.107	0.149	0.997

* MAE 为平均绝对误差，RMSE 为均方根误差，CC 为相关系数

图1-10是在第3次和第5次输水阶段英苏断面上地下水的水位线图，每个子图上的点线分别是4口监测井（C3、C4、C5和C6）地下水位的实测数据，可以看出模拟的地下水位很好地反映了实际情况，说明了我们对二维运动边界问题所做出的简化处理具有可行性。依据拟合的地表高度线性方程，由模型所求得的地下水位高度可以相应地转化为地下水埋深估计值。

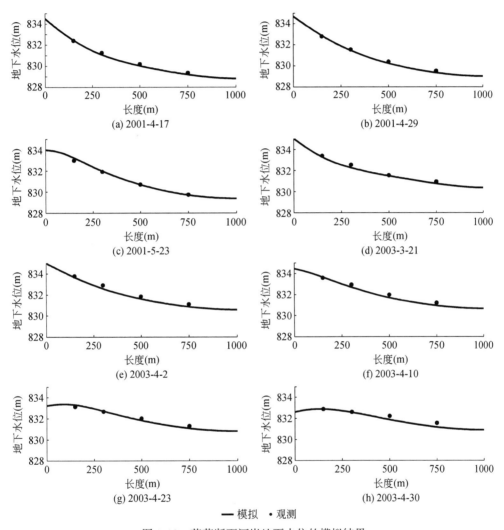

图1-10 英苏断面河岸地下水位的模拟结果

1.2.3 结论

本节把由侧向流引起的河流剖面土壤水与地下水相互作用的二维运动边界问题简化为一种垂直土壤水和水平地下水组合的拟二维问题，建立了拟二维模型以模拟输水条件下土壤含水量和地下水埋深的变化。对模型主要参数进行敏感性分析，分析了河水水位、地下水水平导水率和地表通量对地下水位的影响，反映在不同条件下模型模拟地下水埋深的能力。运用发展的拟二维模型，结合 SCE-UA 优化地下水水平导水率参数，对塔里木河下游生态输水下的英苏断面地下水位进行模拟验证，模拟结果和实测结果有较好的一致性，表明所建模型框架合理地描述了试验区地下水的动态变化，这对河流输水条件下地下水埋深预报是有意义的。但同时该模型在考虑地形及壤中流的作用、三维方面推广以及与陆面过程模型耦合方面，需要进一步验证和深入研究。

1.3　输水调水及生活用水表示

为了探讨人类取水用水过程对气候的影响，本节提出了一个简单的概念式方案，用以表示这一过程（邹靖，2013；Zou et al.，2014a）。方案的基本框架如图 1-11 所示。为了满足每个时间步长内的总需水量 D_t，人类需要从附近的河流和地下含水层汲取水源，从河流中和地下含水层汲取的水量分别记为 Q_s 和 Q_g。而开采的水资源量主要用于 3 个方面：人类生活 D_d、工业生产 D_i 和农业灌溉 D_a。对于生活和工业部分，用水主要消耗于蒸发，而剩余的水量作为废水（D_g）返回河道里；对于农业灌溉部分，所有的用水作为有效降水降落到土壤表面，并继续参加随后的产流等计算过程。

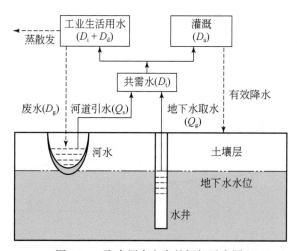

图 1-11　取水用水方案的框架示意图

这个方案被加入陆面过程模式 CLM3.5 中。通过比较这一取水用水方案的 CLM3.5 的模拟结果和原来的 CLM3.5 结果，可以探讨人类水资源再分配过程对陆面过程产生的影响。

基于上述的方案框架，在水资源的开采部分，从河流汲取的地表水供水量 Q_s 在CLM3.5 中主要从每个格点的总径流（地表径流与地下径流之和）中扣除；而从地下含水层中汲取的地下水供水量 Q_g 是在计算陆地水储量时扣除，可以表示为

$$\frac{\mathrm{d}W}{\mathrm{d}t} = q_{\text{recharge}} - q_{\text{drai}} - Q_{\text{g}} \qquad (1\text{-}25)$$

式中，W 为陆地水储量；q_{recharge} 为土壤水对地下含水层的补给量；q_{drai} 为地下径流。在水资源的利用部分，工业和生活产生的废水量 D_{g} 视为 α（$D_{\text{i}} + D_{\text{d}}$），且被直接从模式格点柱内移除，不再参与格点柱内的计算（α 为工业和生活用水中返回河道的废水比例），而模式中的蒸发量相应地增加（$1-\alpha$）$\times$（$D_{\text{i}} + D_{\text{d}}$），到达地表的有效降水量也因灌溉而增加 D_{a}。

利用已建成的考虑地下水资源开采利用方案的 CLM3.5 模型，进一步在区域气候模式 RegCM4 中实现耦合，以探讨地下水开采利用过程对区域气候的影响。如图 1-12 所示，由于取水用水活动引起了陆面变量（水储量、蒸发、有效降水等）的变化，这一变化可以视为地下水开采与利用的直接影响。陆面水分与能量平衡的改变也会进一步通过物质与能量的交换影响大气，而变化了的大气会通过气温、降水、湿度等形式进一步影响陆面各变量，这样的变化可以视为大气的反馈作用或间接影响。

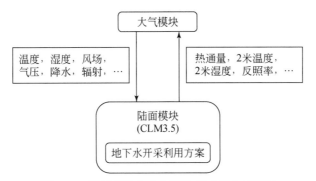

图 1-12 陆面模块与大气模块相互耦合示意图

1.3.1 研究区域及供需水量估计

为了使模拟结果更具代表性和现实意义，本次研究的区域选择中国地下水危机最为严峻的海河流域。由于模型结构的限制以及数据的缺乏，针对该流域的具体情况，本研究对提出的取用水方案做了进一步的假设，并对该流域内的供需水量分布数据做了相应的估计。

1.3.1.1 研究区域介绍

海河流域位于中国华北地区，总面积约为 318 200km²，它的区域位置及陆表信息如图 1-13 所示。流域西部和北部的高原和山地占流域总面积的 60%，而主要的农田位于流域的东部和南部，流域的东部和南部也是主要的人口居住地，占流域总面积的 40%。海河流域是中国主要的农业区之一，其经济、人口在过去几十年增长迅速。由于流域内降水较少而用水需求较高，地表水资源远不足以满足人类生产生活的需求，因此地下水资源逐年被持续地超采而得不到及时的恢复。根据 2005 年的统计资料，流域内地表水的供水量约为 87.65 亿 m^3，而地下水供水量约为 253.01m^3。对于占海河流域绝大部分平原面积的河北而言，地下水供水总量约为 160.68 亿 m^3，而地表水供水量仅有 36.78 亿 m^3。

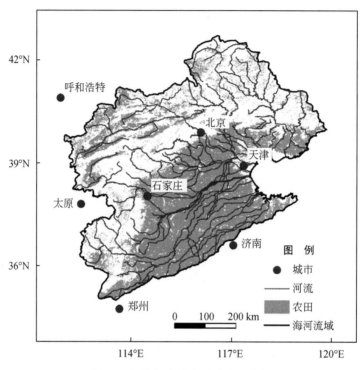

图 1-13　海河流域水系及农田分布

由于对地下水资源过度开采，流域内已经出现了严重的水资源危机，水资源形势不容乐观。流域内总河长的 40%，约 4000km 长的河流已变成季节性河流。目前的湿地面积与 20 世纪 50 年代初相比已经减少了近 90%。地下水的过度开采、水土流失、生态退化和其他生态环境问题严重威胁着该地区的可持续发展。

1.3.1.2　供需水量估计

根据上述提出的地下水开采方案和研究流域的实际状况，方案中各部分的水量可以通过一些假设进行确定。方案中水资源的开采利用过程是在供需平衡的假设前提下进行的。模式内的水资源量被设定为可以满足人类的全部用水需求，可以表示为

$$D_t = Q_g + Q_s \tag{1-26}$$

一旦地下水位降至基岩深度（本研究暂时设为 80m），陆地水资源量无法满足用水需求，整个开采利用过程将被迫停止。地表水供水量 Q_s 主要来自于每个格点在上一时间步的总产流量（地表径流 R_{sur}+地下径流 R_{sub}），并且不考虑格点间的汇流过程。由于地表水更易于开采，本研究中的地表水供水过程将优先于地下水的供水过程，仅当地表水供水量不

足以满足当前时刻的需水量时，地下水开采过程才会进行。因此，地下水供水量 Q_g 可以表示为

$$Q_g = \max(0, D_t - R_{sur} - R_{sub}) \qquad (1\text{-}27)$$

对于总用水需求 D_t，由于官方公布的数据仅有各流域统计的总用水值，缺乏具体的格点数据，因此本研究采用相关的经济社会数据来估计总用水需求 D_t 的空间分布，可表示为

$$D_t = D_d + D_i + D_a = \gamma_1 A_{pop} + \beta\gamma_2 A_{GDP} + \gamma_3 A_{agr} \qquad (1\text{-}28)$$

式中，γ_1 为人均生活用水量；A_{pop} 为人口量；β 为 GDP 与工业产值的经验转换系数；γ_2 是万元工业产值用水量；A_{GDP} 为国民生产总值（GDP）；γ_3 为亩均农业用水量①；A_{agr} 为农田面积。

上述的经济社会数据为 2000 年的数据。其中，人口、GDP、农田面积数据基于国家统计局城市社会经济调查总队编纂出版的《中国城市统计年鉴 2000》，并由中国科学院资源环境科学数据中心（www. resdc. cn）处理为分辨率 1km×1km 的栅格数据。这一组数据在本研究中被重新处理为 0.25°×0.25° 的分辨率，以适应陆面模式的分辨率要求。而工业、生活和农业的单位用水数据来自《中国水资源公报 2000》，并且在流域内保持固定不变。

表 1-2 显示的是估计的 2000 年总需水量与实际统计值的比较。虽然存在一定的误差，但估计的需水量与统计值基本保持一致。估计的需水量与实际统计值相比偏大，这可能是因为不同的数据来源、统一的单位用水量和转换系数、数据处理时的插值等方面所引起的。其中，由于农村的农业灌溉用水往往是随意的，难以精确统计，不同机构统计的流域用水量自身存在较大的误差，因此采用统一的单位用水量估计的农业用水量较实际统计值有一定程度的偏高，图 1-14（a）显示的是估计的海河流域 2000 年需水量的空间分布。流域东部和南部的平原地区的用水需求占流域内大部分的用水需求，尤其以平原区的各个城市，如石家庄、北京、天津等需求量最高，这与平原地区稠密的人口和密集的工农业设施相对应；而在流域北部与西部的山区，用水需求相对较低。

表 1-2　估计的 2000 年需水量和实际统计值　　　（单位：亿 m^3）

项目	工业用水量	生活用水量	农业用水量	用水总量
估计值	80.6	50.8	357.2	488.6
实际值	65.7	51.8	280.9	398.4

另外，本研究还根据海河水资源公报（http：//hrwp. hwcc. gov. cn）搜集了海河流域 1965～1999 年的总用水量统计数据，但数据并不全，缺失年份的数据进行了线性插补。根据这一统计数据，将之前估计得到的海河流域 2000 年需水量进行同比例缩放，由此得到了海河流域 1965～2000 年的各部分用水需求估计［图 1-14（b）］。由图 1-14（b）可见，流域内的用水量在 1965～1980 年增长迅速，而 1980 年后用水量基本维持稳定，并无明显增长趋势。

① 1 亩 ≈ 666.7 m^2。

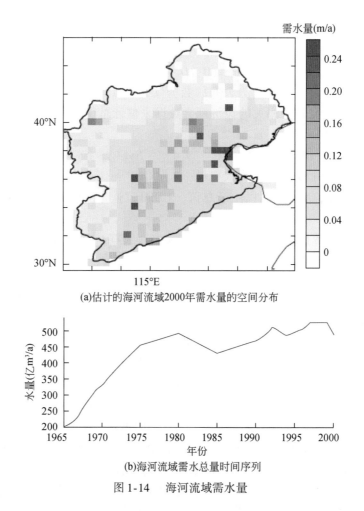

(a)估计的海河流域2000年需水量的空间分布

(b)海河流域需水总量时间序列

图1-14 海河流域需水量

基于以上对供需水量的估计，地下水开采利用方案里的各部分水量可以相应算出。至于在水资源利用过程中，工业、生活用水返回河道的废水比例 α，在本研究中被设为固定的30%。这一比例是基于 Mao 等（2000）小范围的实际调查报告给出的，虽然30%远低于废水产生比例，但实际上工厂、居民区等产生的废水并非全部直接排入河道不再利用，而是会被继续加以处理作为中水用于景观等对水质要求较低的设施，而这部分水最终会以蒸发等各种形式所消耗。对于水资源紧张的海河流域这种情况更为普遍，河道在雨季以外的季节大多已经干涸，排放到河流里的废水量并不多，因此本研究所预设的这一比例是有一定合理性的。

1.3.2 地下水开采利用对陆面过程的影响

1.3.2.1 试验设计

本次试验采用陆面过程模式 CLM3.5，模拟的区域范围设为 105°E～127°E，30°N～46°N，空间分辨率为 0.25°×0.25°。气候强迫数据选用普林斯顿全球三小时 1°×1° 的气候数据（Sheffield et al.，2006）。在开始模拟之前，预先对模型进行了长达 100 年的 spin-up，强迫数据采用 1955~1964 年的历史气候数据循环 10 次，并以最后一次 1964 年年末的数据作为正式模拟的初始条件。Spin-up 最后一年平均的地下水位与土壤湿度的分布如图 1-15 所示：在模拟区域西北部的草原与沙漠地区，地下水埋深相对较深，土壤湿度较低；而在模拟区域东南部的湿润地区，地下水埋深较浅，土壤湿度也相对较高，这与区域内的气候态是一致的。

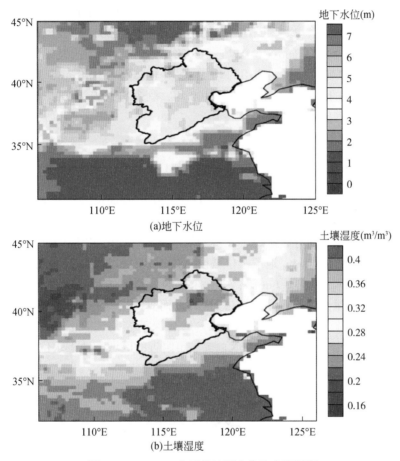

图 1-15　Spin-up 之后的地下水位和土壤湿度

首先，进行了一组 1965~2000 年的历史模拟试验，用来探讨水资源开采利用过程对陆面过程的影响和这一影响对不同用水需求的敏感性。第一个开采试验（P1）采用 2000 年的用水需求驱动，并在模拟期内保持恒定；第二个开采试验（P2）采用 1965 年的用水需求驱动并同样保持恒定；第三个开采试验（P3）采用 1965~2000 年变化的用水需求；而控制试验（CTL）并不考虑水资源开采利用过程。

其次，基于 P3 试验在 2000 年的最后结果，进行了一组进一步的 200 年（2001~2200 年）理想试验，用以探讨在未来极端情况下陆面变量的变化。第一个试验（Pmp）继续维持 P3 试验中的开采过程，用水需求保持 2000 年的水平，一旦地下水位由于开采活动下降至基岩深度，开采活动将立即停止。第二个试验（Rst）在P3试验结果的基础上停止一切开采活动，使地下水资源自然恢复200年。而参考实验（CTL_E）是基于历史时期的参考试验（CTL）继续运行200年。这三个试验采用1991~2000年10年平均的年内气候数据进行驱动，并无年际变化，因此试验中陆面变量的变化完全来自陆面过程的响应，而与气候变化无关。

最后，为了与上述忽略气候变化的理想试验比较，又进行了三个受实际气候变化情景驱动的未来模拟试验。试验的时间长度为100年（2001~2100年），初始条件同样采用P3试验在2000年的最后结果。这三个试验除气候强迫与上述200年理想试验不同外，其他设置均无变化，分别命名为Pmp_F、Rst_F和CTL_EF。试验所用的气候强迫数据为CMIP5计划中的RCP4.5未来实验结果，选用的GCM为大气物理研究所LASG开发的FGOALS-g2版本。由于RCP实验的时间设置为2006~2100年，剩余的2001~2005年5年的强迫数据仍采用普林斯顿历史气候数据。

1.3.2.2　结果分析

（1）控制试验CTL的验证

在探讨地下水开采利用的结果之前，先进行了历史时期控制试验CTL的验证。参与验证的有3个变量：地下水位、10cm土壤湿度和总径流深。图1-16展示的是2000年观测与模拟的地下水位的空间分布。其中，观测的地下水数据由水利部和中国地质环境监测院提供，在没有观测的格点内，地下水位被设为缺省值。如图1-16所示，CLM3.5模拟的地下水位在流域内通常只有3~6m深，中、东部的平原区相对流域西部和北部的山区而言，地下水位相对较深，但其差异基本在2m内。而真实情况有很大的不同：在海河流域大部分平原区内，地下水位基本超过了6m，远远深于控制试验的模拟结果。在石家庄（114.5°E，38°N）、天津（117°E，39°N）等城市附近的区域，地下水位甚至超过了30m。

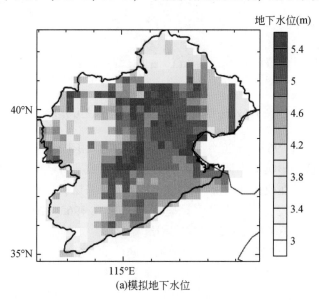

(a)模拟地下水位

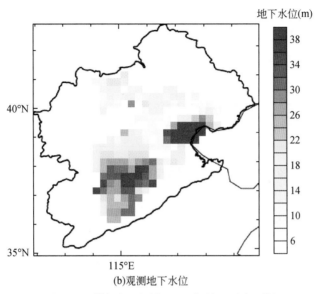

(b)观测地下水位

图1-16 模拟与观测的2000年的地下水埋深

由于观测数据分布较为稀疏,空间分辨率较低,对于径流深和10cm土壤湿度的比较不以空间分布图表示,而是以表的形式给出。观测径流深的数据来自全球径流数据中心(GRDC)(www. bafg. de/GRDC),并且该数据为气候态数据,无年际变率。作为比较,CLM3.5模拟结果采用1965~2000年的平均值。本次所用的10cm土壤湿度数据为1993~2000年的旬观测数据,由中国气象数据共享服务系统(http://cdc. cma. gov. cn/)提供。模拟值也采用了相同时段的结果。CLM3.5模拟的10cm土壤湿度与站点观测相比,有大约0.05 m³/m³的偏湿偏差,而且其季节变率明显偏小(表1-3)。由于CLM3.5模拟的土壤湿度偏湿,地下水位较浅,因而模拟的径流深也较观测值偏大,在流域内平均偏大约7 mm/a。与土壤湿度相似,模拟的径流深的季节变率同样偏低,季节差异偏小。

表1-3 流域内平均逐月10cm土壤湿度和径流深

月份	10cm 土壤湿度（m³/m³）		径流深（mm/月）	
	观测	模拟	观测	模拟
1	0.267	0.288	0.83	1.71
2	0.247	0.279	0.04	1.47
3	0.191	0.263	0.07	1.24
4	0.194	0.245	0.08	0.74
5	0.189	0.236	0.23	0.66
6	0.189	0.236	0.37	0.91
7	0.225	0.285	3.11	2.39
8	0.221	0.306	5.78	4.11

续表

月份	10cm 土壤湿度（m³/m³）		径流深（mm/月）	
	观测	模拟	观测	模拟
9	0.214	0.279	2.94	3.40
10	0.230	0.280	1.63	2.99
11	0.235	0.290	0.91	2.24
12	0.250	0.291	0.55	1.79

（2）历史时期水资源开采利用对陆面过程的影响

1965 年至 2000 年的历史时期模拟中，人类的水资源开采利用过程引起了陆地表面很大的变化。在模拟期最后一年，2000 年的开采试验（P1、P2、P3）与控制试验（CTL）的地下水位、平均土壤湿度的空间分布差异如图 1-17 所示。由于持续的地下水开采，在流域的东南部平原区出现了明显的地下水漏斗区。其中，地下水位在大部分城镇所在的区域下降最快，这与试验估计的用水总量 D_t 的空间分布基本对应。对于 P1 和 P3 试验，在用水需求较高的区域，如石家庄（114.5°E，38°N）、天津（117°E，39°N）、北京（117°E，39°N）及其周边区域，地下水位下降超过 20m；而在流域西部、北部人口稀少的山区，地下水位下降较少。3 组开采试验的地下水位变化基本与其用水需求呈现正相关关系。另外，图 1-17 中被竖线覆盖的区域是地下水位变化通过置信水平 95% 的 t 检验的区域，基本位于流域内地下水开采量较大的平原区。

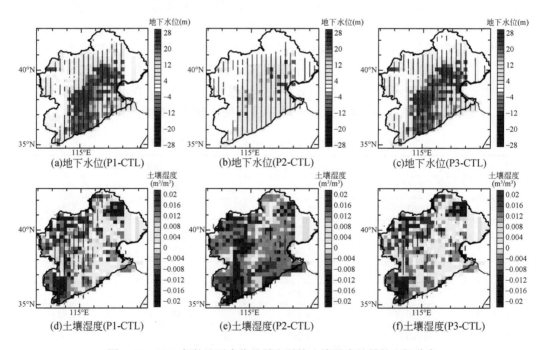

图 1-17　2000 年的地下水位差异和平均土壤湿度差异的空间分布

在开采试验中，受农业灌溉的影响，表层土壤湿度由于更多的有效降水进入土壤层而增湿。同时，迅速下降的地下水位引起了土壤层与地下含水层的水力联系的减弱。在CLM3.5中，随着地下水埋深的不断增加，土壤层对地下含水层的补给过程越来越接近于重力自由下泄，补给量 $q_{recharge}$ 也相应地接近于土壤底部的最大下渗能力。因此，土壤湿度变化受土壤层上下边界通量的共同影响，其总体的土壤湿度变化主要取决于由于灌溉引起的入渗量增加是否能抵消由于地下水位迅速下降引起的底层土壤变干的趋势。

如图1-17（d）~（f）所示，3组开采试验相对控制试验在2000年平均土壤湿度增加约为0.0025 m³/m³、−0.0007 m³/m³和0.0021 m³/m³。与其他两组开采试验不同，对需水量较低的P2试验而言，流域内的土壤在2000年基本呈现偏干的差异，这是因为一方面，地下水虽然下降速度相对P1、P3较缓，但同样与土壤层失去水力联系，土壤层向地下含水层的补给量相对控制试验明显增加；另一方面，P2试验较低的用水需求使得由灌溉引起的入渗增加量相对P1、P3较少，这两方面共同导致了P2土壤层相对偏干的状态。另外，值得说明的是，3组开采试验的土壤湿度变化除了一部分西北部山区以外，大部分地区均通过显著性检验。

由于灌溉引起的表层土壤增湿也会导致地表产流量的增加。如图1-18（a）~图1-18（c）所示，3组开采试验2000年的地表径流平均增加约为1.63 mm/a、0.34mm/a和1.62mm/a。显著的径流增加出现在流域西北部的山区，与土壤湿度增加的区域相吻合。2000年的次地表径流差异见图1-18（d）~图1-18（f），平均变化约为−0.18 mm/a、−0.30 mm/a和−0.17 mm/a。3组试验的次地表径流差异在流域大部分区域基本为负值，但是这毕竟为一年平均的差异，在整个模拟期内并非所有年份均为负值。另外，次地表径流减少最为显著的区域基本位于平原地区，与地下水位下降有紧密联系。

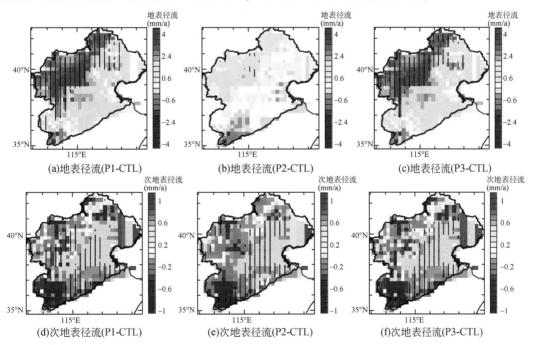

(a)地表径流(P1-CTL)　(b)地表径流(P2-CTL)　(c)地表径流(P3-CTL)

(d)次地表径流(P1-CTL)　(e)次地表径流(P2-CTL)　(f)次地表径流(P3-CTL)

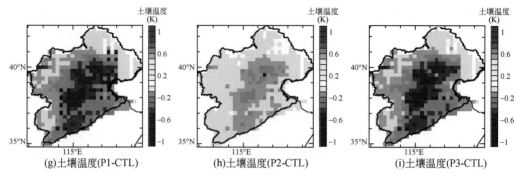

图 1-18　2000 年的地表径流差异和土壤温度差异的空间分布

人类对陆地水资源的重新分配过程改变了陆表的湿度分布，而温度和能量分布也随着湿度的改变而改变。在 CLM3.5 中，土壤层底部的温度通量设为 0，土壤温度的计算仅依赖于进入土壤表面的能量通量，可以表示为

$$h = S_g - L_g - H_g - \lambda E_g \tag{1-29}$$

式中，h 为进入土壤表层的能量通量；S_g 为被地面吸收的太阳短波辐射量；L_g 为被地面吸收的长波辐射量，正值表示由地面指向大气；H_g 为地面发射的感热通量；λE_g 为地面发射的潜热通量。人类在地表的水资源消费增加了局地蒸发和潜热通量，根据式（1-29），进入土壤表面的能量通量会随之减少，土壤温度降低。虽然由于土壤温度的下降，感热通量会随之减弱，但这种次生变化始终不能抵消感热通量强制性的增加，因而从地面发射的能量通量呈现增加的状态，在同等气候条件下，土壤温度会由于人类在地面的水资源消费过程而降低，局地呈现冷却效应。

2000 年土壤温度的差异如图 1-18（g）~图（i）所示。对于 3 组开采试验而言，土壤层的变化全部表现为冷却效应。平均而言，3 组开采试验的土壤温度下降约为 0.31K、0.07K 和 0.23K，与其不同的需水量基本呈正相关关系。土壤温度下降最为明显的区域为需水量最大的平原区，对于 P1、P3 试验平原区的下降幅度超过 0.3K，P2 试验也超过了0.1K，但是这一变化并未通过显著性检验。在 CLM3.5 中，地面 2m 高气温是一个依赖于土壤表面温度的诊断变量。如图 1-18（a）~图 1-18（c）所示，2m 高气温的分布与土壤温度的差异基本一致，由于气温是土壤表面温度变化间接引起的，其变化程度较土壤温度变化小，2000 年流域平均的温度差异为 0.12K、0.03K 和 0.07K。

如图 1-19 所示，陆地表面的冷却也引起了感热通量的降低和潜热通量的增加。平均而言，经过 36 年的开采之后，3 组开采试验的感热通量分别减少了 2.17 W/m²、0.66 W/m² 和 2.41 W/m²，潜热通量相应增加 4.50 W/m²、1.85 W/m² 和 4.45 W/m²。最显著的变化区域是平原区，尤其是毗邻城市、需水量较大的区域。这种能量通量的变化会进一步影响上层大气，进而引起区域气候的改变。

模拟期起始年与中止年的年均流域水平衡计算见表 1-4。1964 年的年均结果，spin-up 的最后一年，被认为是模拟初始年的结果，而 2000 年的结果则视为模拟中止年的结果。对于模式中的格点柱而言，正值表示由外界向柱内流入的水量，而负值则表示流出的水

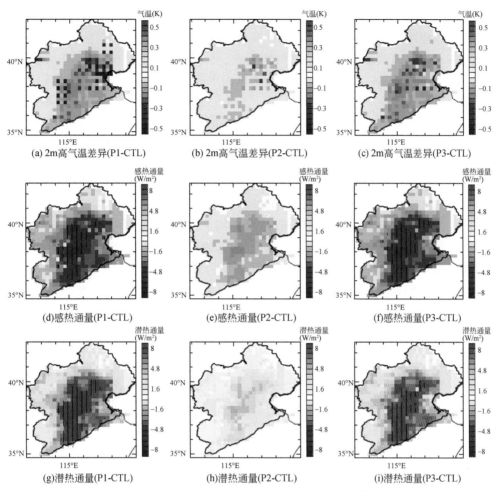

图 1-19 2000 年的 2m 高气温差异、感热通量差异、潜热通量差异及空间分布

量。表 1-4 中引入了地表水开采量 Q_s（总需水量与地下水开采量之差）和工业、生活废水量 D_g，其中 D_g 视为工业、生活总用水量的 30%，与表 1-4 中其他要素相互独立。

表 1-4 1964 年与 2000 年的流域水平衡计算 （单位：mm/a）

项目	CTL 1964	CTL 2000	P1 2000	P2 2000	P3 2000
Pre*	498.9	466.2	466.2	466.2	466.2
ET	−516.2	−494.7	−540.1	−506.8	−539.5
R_t	−17.5	−5.9	−7.3	−5.9	−7.1
Q_s	0	0	7.1	5.7	7.1
D_g	0	0	−12.1	−5.0	−12.1
ΔW_t	11.3	−17.9	−114.7	−46.3	−99.1

注：Pre，降水；ET，蒸散发；R_t，总径流；Q_s，地表水开采量；D_g，工业与生活用水中利用之后返回河道的废水量；ΔW_t，一年内陆地水储量的变化

与 1964 年的湿润气候相比，2000 年流域内的水资源有所减少，而人类的地下水资源开采利用过程明显加快了水资源衰竭、耗散的过程（表 1-4）。被人类消耗的水资源大部分增加了局地的蒸散发，与控制试验相比，3 组开采试验的蒸散发平均增加 45.4 mm/a、12.1 mm/a 和 44.8 mm/a。尽管开采试验中的产流量有所增加，但几乎全部的产流量均被开采利用以满足人类的用水需求。工业、生活废水量由于需水量的不同分别为 12.1 mm/a、5.0 mm/a 和 12.1 mm/a。陆地水储量的变化依赖于各个试验的用水需求。与控制试验相比，3 组开采试验的水资源消耗速率分别增加了 96.8 mm/a、28.4 mm/a 和 81.2 mm/a。

各陆面变量差异的时间序列如图 1-20 所示，且这些序列为 12 个月的滑动平均结果，已去除季节变率。值得注意的是，由于图 1-20 中的值为 12 个月的平均值，并非月时间序列，因此 3 组开采试验的起始值并不相同。图 1-20（a）显示的是流域平均的地下水位差异序列。由于人类的开采活动，越来越多的水资源由地下含水层被抽取至地表消耗，地下水位因而持续下降。3 组开采试验显示出相似的下降趋势，但减少的幅度却由于不同的开采强度而不尽相同。平均而言，拥有较高用水需求的 P1 和 P3 试验中，至 2000 年模拟期末，下降的地下水位已超过 10m，而 P2 试验中，这一差异约为 4m。

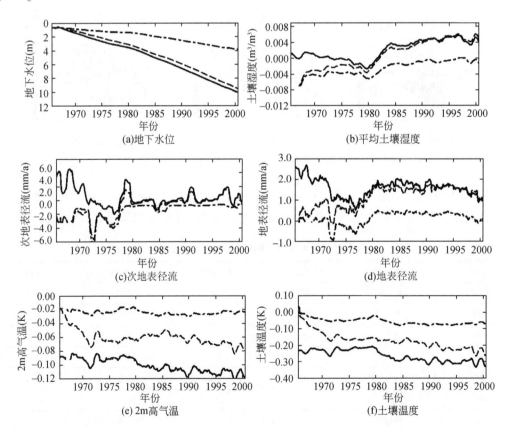

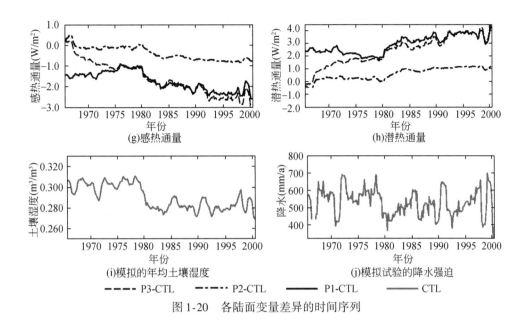

图 1-20 各陆面变量差异的时间序列

如图 1-20（b）所示，3 组开采试验的土壤湿度差异有较为明显的增湿趋势。P1 试验中高强度的水量消耗导致土壤入渗量的增加，因而在大部分年份，总土壤湿度差异基本为正值。对于 P2 试验，总土壤湿度差异基本为负值，这是由于其较少的农业灌溉不能抵消土壤层向地下含水层补给量的变化。作为比较，在模拟期前段时间，P3 试验的需水与 P2 试验类似，因此 P3 试验的变化与 P2 试验十分相似，随着时间的推移和需水量的不断增加，P3 试验的变化越来越与 P1 试验相似，明显的转折点位于 1980 年左右，而且这一转折点在其他变量的序列中也同样存在。

次地表径流与地表径流差异的时间序列见图 1-20（c）和图 1-20（d）。P1 试验模拟的次地表径流和地表径流明显较控制试验多。对于 P2 试验，大部分年份里的径流差异基本为负值，这与其较干的土壤湿度模拟一致。对 P3 试验，由 P2 的差异向 P1 差异的转变仍然十分明显，并且转变期出现在 1980 年左右。3 组开采试验与控制试验的差异有微弱的减少趋势，这极可能与外部气候强迫的变化趋势有关，因为开采试验中的水耗散过程没有时间变率，而模拟期的几十年内的确存在干旱化的趋势。如图 1-20（i）和图 1-20（j）所示，在 1980 年左右流域内降水减少十分剧烈。这种降水偏少的状态一直持续到 1995 年左右。土壤湿度的模拟同样出现了明显的干旱化趋势，受降水影响，土壤湿度在 1980 年左右出现了明显的跃变。土壤湿度的这一减少趋势限制了产流过程，使得到达地面的有效降水更多地进入土壤而非用于产流，因此在这一期间由于灌溉引起的增加的产流逐渐减少，对于 1980 年后的 P1 和 P3 试验，这一现象最为明显。

图 1-20（e）和图 1-20（f）显示的是 2m 高气温和平均土壤温度。温度差异存在一个微弱的增加趋势，表明水资源利用过程所引起的冷却效应在逐渐增强。与其他变量不同的是，P3 试验模拟的温度并未到达 P1 试验的程度，直至模拟期末，P3 的模拟温度仍比 P1 温度稍高。与不断累积的冷却效应相对应，减少的感热和增加的潜热序列如图 1-20（g）

和图1-20（h）所示。3组开采试验的总能量通量差异（感热通量加潜热通量差异）基本保持正值，表明模拟期内的水资源利用过程导致了更高的地面能量发射率。

图1-21显示的是2000年平均土壤湿度和温度差异的垂直廓线。对于3组开采试验而言，用于灌溉的水量引起了上层土壤的增湿，而下层土壤因为地下水位的迅速下降而变干。因此，土壤湿度差异在土壤表层基本呈现正差异，而在底层呈现负差异。土壤温度差异在垂直方向上很小，这是因为在CLM3.5中底层土壤与地下含水层没有热交换，所有的热量差异全部来自进入土壤表层的热通量差异。

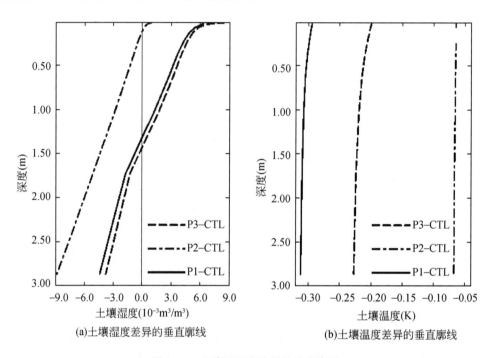

(a)土壤湿度差异的垂直廓线　　(b)土壤温度差异的垂直廓线

图1-21　土壤温湿度差异的垂直廓线

总之，经过了36年的开采模拟，人类地下水资源的开采利用活动对陆地水资源进行了重新的分配，并引起了陆表变量的一系列变化。与湿度相关的变量变化包括上层土壤增湿、地表产流增加、地下水位下降、陆地水储量衰竭等。地面湿度的变化也引起了能量平衡的改变，具体表现为蒸散发增加、地表温度降低、地面发射的总能量增加等。

（3）未来不同地下水管理政策下陆面变量的可能变化

如上述内容所讨论的，36年的开采试验改变了海河流域陆表的水分、能量状况。然而，陆地水资源是有限的，且很难恢复。对于海河流域而言，大部分地区位于半干旱地区，因此该地区的气候条件无法保证目前较高的用水需求持续很长时间。陆表变量在未来将如何变化是一个被广泛关注的命题，因此本研究中假设了两个极端的情景：第一个情景采用2000年的用水需求继续开采地下水；第二个情景完全停止一切开采利用过程，使地下水资源自然恢复。在所有情景中，一旦局地地下水位下降至基岩深度，无更多地下水资源可供开采时，所有的开采利用过程将会被强制停止。

　　图 1-22 显示的是两组采用固定气候强迫的试验（Pmp 试验和 Rst 试验）与控制试验（CTL_ E）的差异时间序列，时间长度为 200 年。如图 1-22（a）所示，持续开采地下水资源的 Pmp 试验显示，陆地水储量仍然会持续下降，但其下降的速度会逐渐减缓，这是由于越来越多格点内的地下水资源面临枯竭，开采活动也被迫停止。另外，停止一切开采，自然恢复地下水的 Rst 试验显示，陆地水储量将会缓慢恢复。值得注意的是，经过了 200 年模拟期地下水资源仍未回到它的初始状态，而这与气候强迫资料中降水量偏低有关，不同的降水强迫将极大地影响地下水的恢复速度。

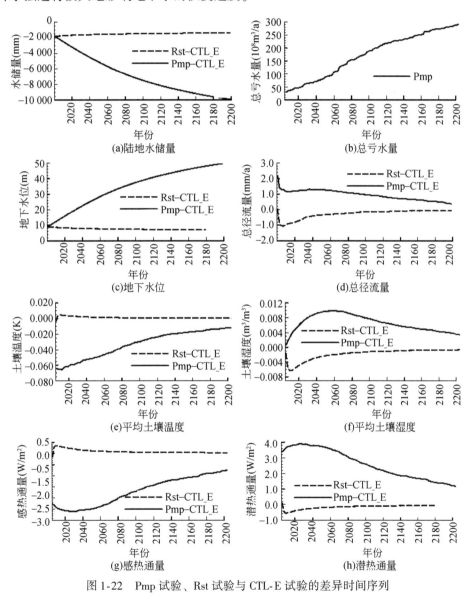

图 1-22　Pmp 试验、Rst 试验与 CTL-E 试验的差异时间序列

　　图 1-22（b）引入了总亏水量的概念。总亏水量定义为总需水量与每年实际开采水资

源量的差异。在每个模拟时间步长内，一旦地下水位降至基岩深度，则视为该时间步内可能存在水资源亏损，因此该时间步的亏水量认为是总需水量与总径流的差，即 $\max(D_t - R_t, 0)$。在图1-22（b）中，总亏水量为所有网格一年内的累积值。在2000年年底，流域内的总亏水量大约为30亿 m^3，这样程度的亏水量可以通过一些措施解决，如抽取其他需水量较低地区的水资源或者人为减少对用水效率较低设施产业的供水等。然而至2200年，总亏水量将达到290亿 m^3，如此庞大的亏水量使得继续保持2000年的每年488.6亿 m^3 的用水需求成为不可能。大部分出现亏水的区域位于地下水位下降最为迅速的平原地区。

如图1-22（d）所示，Pmp试验的径流仍然较控制试验高，与控制试验CTL_E的径流差异持续减少，因为流域内用于灌溉的水量也会因水资源的枯竭而减少。Pmp试验的2m高气温差异［图1-22（e）］也同样随时间而逐渐减少，但持续200年后，流域平均仍有0.01K的偏冷差异。对于图1-22（f）中的土壤湿度差异而言，土壤中的增湿效应在模拟期2001～2050年内仍在不断累积，之后随着水资源利用量的减少而逐渐减弱。对于图1-22（g）和图1-22（h）中Pmp试验的能量通量差异而言，基本与土壤温度和湿度的变化相似，但其极限值出现在2030年左右，较土壤温湿度的变化早，这可能是因为地表变量与土壤的变化相比，其响应更为敏感迅速。

对于恢复试验Rst，开采活动突然停止，与历史时期开采试验的增湿降温效应相反，一些增暖减湿的效应，如土壤湿度减小、温度下降、径流减少等将会出现在模拟期的2001～2010年。这一增暖减湿效应将会在之后百年的时间内逐渐消失，Rst试验中各陆面变量与控制试验的差异也将逐渐趋于0。然而，地下水储量在200年的恢复期内仍未完全恢复。对于各陆面变量而言，其变化的速率也不尽相同。如果我们定义 $\left|\dfrac{m_{i+1} - m_i}{m}\right| < 0.001$（$m$ 为某陆面变量；i 为某一年）来判断Rst试验与控制试验CTL_E的差异趋于恒定，那么该恒定状态出现的年份分别是2m高气温为2046年，感热通量为2078年，总径流为2101年，潜热通量为2144年，土壤湿度为2183年。由于其恢复速度缓慢，地下水位与陆地水储量差异在200年模拟期内并未达到恒定值。对于各陆表变量而言，该恒定状态出现的年份完全依赖于各自的响应速度，陆表的气温、感热等变量响应较快，而土壤层存在一定的气候记忆性，响应速度较慢。

除了固定气候强迫的模拟试验之外，本研究也给出了未来气候情景数据驱动下的模拟结果，如图1-23所示。该模拟时间为2001～2100年。尽管其年际变率明显比固定强迫的结果大，然而图1-23中各变量的变化趋势基本与图1-22所示的结果一致。

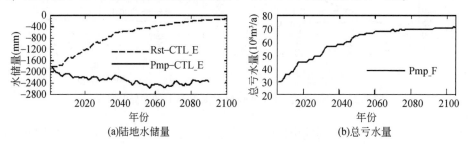

(a)陆地水储量　　　　　　　　(b)总亏水量

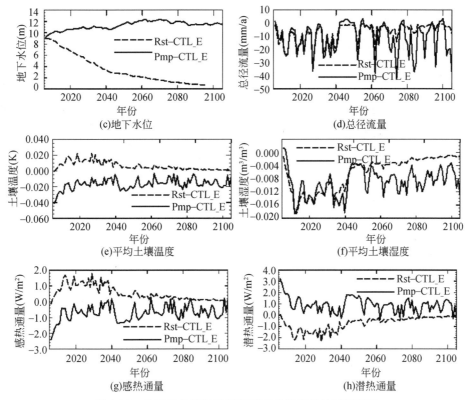

图 1-23　未来气候情景数据驱动下的模拟差异时间序列

对于 Pmp_F 试验，由于气候强迫数据降水较多，图 1-23（a）和图 1-23（c）中的陆地水储量和地下水位并未像固定强迫的 Pmp 试验那样迅速下降。图 1-23（b）中的总亏水量同样是逐年增加的，但增加速度明显较慢。

Pmp_F 试验中的总径流和平均土壤湿度均较控制试验 CTL_EF 低，这与固定强迫的 Pmp 与 CTL_E 试验有所不同。这很可能是由于较湿的气候强迫使得开采试验 Pmp_F 与控制实验 CTL_EF 中上层土壤湿度差异较小，而由于开采试验中地下水位下降引起的土壤泄流量增加仍然存在，因此开采试验的平均土壤湿度相对较低。Pmp_F 试验中，由于灌溉而增加的地表径流并不能弥补由于地下水位下降引起的次地表径流的减少。图 1-23 中温度和能量通量的差异变化基本与图 1-22 中的序列变化一致：降温、潜热增加的效应随时间而逐渐减弱。

对于恢复试验 Rst_F 而言，各陆面变量的变化趋势与固定强迫的 Rst 试验基本一致。在完全停止开采活动使地下水自然恢复的过程中，地下水位将缓慢回升，增暖减湿的效应会在开始的十几年内出现并逐渐消失。与固定气候强迫的理想试验相比，采用变化气候强迫的理想试验表明，尽管不同气候强迫会在很大程度上影响陆面变量的变化幅度与速度，但不论气候强迫如何，陆面变量的变化趋势基本是一致的。

1.3.2.3 讨论

必须指出的是，上述试验结果基于很多假设，并存在很多不确定性，需要进一步讨论。首先，陆面变量的模拟很大程度上依赖于气候强迫数据。本次研究所用的气候强迫数据为普林斯顿全球数据，该数据虽然有一定的优势，如时间跨度较长、空间分辨率较高等，但利用这一数据集的模拟结果并非所有的变量均有很好的模拟效果，因而不同的气候强迫数据会引起很大的模拟不确定性。其次，CLM 自身的结构性缺陷也会引起很大的不确定性。对于 CLM 而言，模型为垂直一维的，不能考虑网格间的水平交互。它无法精确刻画复杂的陆面过程，也不能描述陆表水的水储量变化。再次，CLM 中的大部分参数都是全球统一的，可能无法精确刻画特定流域的特征。这些模型的结构性问题使得在本研究提出的方案中不得不做出一些不合理的假设。例如，在处理地表水开采时，地表水量被认为是地表径流与地下径流之和。当探讨由于地下水开采所引起的变化时，值得注意的是，这种变化极可能被模型自身的误差所掩盖，因为很多变量的差异并未通过显著性检验，而模型模拟误差有时要比地下水开采过程所引起的变化大。最后，本节提出的方案极大地简化了水资源的开采和耗散过程，其中很多方面都需要进一步的优化。方案中，地下水的开采行为仅在地面产流量完全利用之后发生，这一假设将加大地下水开采的季节变率，使得枯水季节地下水抽取较多，而丰水季节地下水开采较少。另外，之前估计的用水需求也比实际统计值偏大，这很可能是由估算过程中单位用水需求为固定值、数据不同源等各种因素共同引起的。在需水量估计中，估计的农业需水量存在最大的不确定性，而农村的用水数据统计值自身存在很大的不确定性，因为抽取井水进行农业灌溉往往是随意的，无法精确统计。对于开采水量的主观分配也会在一定程度上影响模拟结果。在工业用水和生活用水的消耗方面，返回河道的废水比例的设定是十分主观的。这一比例仅基于小范围的实地调查，缺乏更多更广范围的验证。对于农业灌溉方面，方案中并未考虑输水时的损耗等耗散过程，且灌溉作为有效降水直接降落至地表的做法并未考虑土壤的缺水程度。在本节中，水资源的利用过程在年内平均分布，并没有季节变率，虽然在时间序列的分析过程中季节变率已被滤去，但在灌溉季节由水量的耗散过程所引起的陆面的降温增湿效应也会由于方案中这一年内平均的处理而更加平滑。

1.4 土壤冻结融化过程

冻土，一般是指温度在 0℃或 0℃以下并含有冰的各种土壤和岩石，可分为多年冻土、季节冻土和瞬时冻土，它在陆地水圈中扮演着重要的角色。冻土的冻结/融化界面（简称冻融界面）把土壤分成冻结区和未冻区，冻融界面位置（深度）的改变影响土壤水热特性以及陆面和大气之间的水分能量交换，从而对陆面水热过程产生重要影响。本节运用经典的运动界面问题的基本思想，在水热迁移问题中引入冻融界面，将对冻融界面深度、土壤温度、土壤未冻水含量的求解问题转化为一个多运动边界问题，在 CLM 模式的十层不等距分层结构下，采用自适应的差分离散格式，将冻融界面深度作为预报量，建立考虑冻融界面变化对土壤水热过程影响的模型，并进行理想和站点模拟验证（王爱文，2013；Wang et al.，2014）。

1.4.1 考虑冻融界面变化的土壤水热耦合运动边界问题

考虑垂直土柱一维冻融问题。令（0，L）表示一个一维垂直土柱，其中 $z=0$ 为地表，$z=L$ 为土柱的底部。假设冻融土体在冻结过程是刚性的，土体不发生变形；不考虑地下水的补给和土壤的冻胀；水分迁移过程中无溶质迁移；土壤开始冻结/融化的 T_f℃ 等温线的位置定义为土壤冻结/融化界面（简称冻融界面）；土壤冻融过程中相变界面将土柱分成土壤水和冰水混合区（图1-24）。

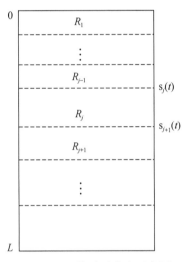

图 1-24　土壤冻融状态示意图

1.4.1.1　控制方程

基于质量和能量守恒方程以及相变界面上土壤温度、土壤含水率的连续性，土壤冻融过程可以由以下方程描述：

$$\begin{cases} \dfrac{\partial [C(z,t)T]}{\partial t} = \dfrac{\partial}{\partial z}\left(\lambda(z,t)\dfrac{\partial T}{\partial z}\right) \\[3mm] \dfrac{\partial \theta}{\partial t} = \dfrac{\partial}{\partial z}\left(D(\theta)\dfrac{\partial \theta}{\partial z}\right) - \dfrac{\partial K(\theta)}{\partial z} \end{cases} \quad z\in R_j，R_j 层是土壤水区 \quad (1\text{-}30)$$

式中，λ_s、λ_i、λ_l 分别为土壤基质、冰、水的热导率 ［W/（m·K）］。这里土壤基质的热导率 λ_s（Oleson K et al.，2010）为

$$\lambda_s = \frac{8.80(\% \text{sand}) + 2.92(\% \text{clay})}{(\% \text{sand}) + (\% \text{clay})} \quad (1\text{-}31)$$

式中，%sand 为沙土所占百分比；%clay 为黏土所占百分比。

$D(\theta)$（m²/s）以及 $K(\theta)$（m²/s）分别为非饱和土壤水力扩散率和非饱和土壤水力传导率（Oleson K et al.，2010）：

$$D(\theta) = \begin{cases} -\dfrac{bK_s\psi_s}{\theta_s}\left(\dfrac{\theta}{\theta_s}\right)^{b+2} & \text{未冻结} \\[3mm] -10^{-\theta_i}\dfrac{bK_s\psi_s}{\theta_s}\left(\dfrac{\theta}{\theta_s}\right)^{b+2} & \text{冻结} \end{cases} \tag{1-32}$$

$$K(\theta) = \begin{cases} K_s\left(\dfrac{\theta}{\theta_s}\right)^{2b+3} & \text{未冻结} \\[3mm] 10^{-\theta_i}K_s\left(\dfrac{\theta}{\theta_s}\right)^{2b+3} & \text{冻结} \end{cases} \tag{1-33}$$

式中，K_s 为饱和土壤水力传导率（m/s）；ψ_s 为饱和水势；θ_s 为土壤孔隙率；b 为可调参数。

令冻土的相变热容量 C_1 为

$$C_1 = L_i\rho_w\frac{d\theta_{max}}{dT} \tag{1-34}$$

式中，L_i 为水的冻结融化潜热；ρ_w 为水的密度。

则，冻土的等效比热容 Ce、等效热导率 λe、等效对流速度 Ue 分别定义如下（尚松浩等，2009；胡和平，2006）：

$$Ce = C + C_1 \tag{1-35}$$

$$\lambda e = \lambda + D(\theta)C_1 \tag{1-36}$$

$$Ue = C_1\frac{dK(\theta)}{d\theta} \tag{1-37}$$

从式（1-35）~式（1-37）可知，冻土的等效比热容 Ce 除了包含比热容 C 外，还考虑了土壤温度变化所引起的原位冻结过程中的相变潜热作用，反映了土壤温度升、降与融化、冻结间的负反馈关系；而等效热导率 λe 除了考虑土壤表观热导率 λ 的因素外，还考虑了水分从未冻区迁移并冻结（分凝冻结）所引起的潜热迁移。因此式（1-30）反映了土壤冻融过程中水热耦合迁移的物理本质。

式（1-30）中有 3 个未知量，土壤未冻水含率 θ、体积含冰率 θ_i 和土壤温度 T，须补充一个关系，这就是基于平衡态热力学理论推得的土壤水势和温度的关系式，以及固有的土壤水力学特征本构关系，来确定土壤含水量和温度之间的关系（Niu and Yang，2006），如下：

$$\theta_{max} = \theta_s\left[\frac{L_i(T-T_f)}{g\psi_s T_f}\right]^{-\frac{1}{b}}, \quad T < T_f \tag{1-38}$$

式中，θ_{max} 为负温状态下的最大液态含水率；g 为重力加速度；T_f 为冻结界面温度 273.15K。于是土壤冻结时，多余的液态含水率即为体积含冰率：

$$\theta_i = \max[\rho_w(\theta - \theta_{max})/\rho_i, \quad 0] \tag{1-39}$$

式中，ρ_i 为冰的密度。

1.4.1.2　冻融界面方程与运动边界条件

冻融界面方程：

$$\pm Q(t)\frac{\mathrm{d}s_j(t)}{\mathrm{d}t} = \lambda(z,t)\frac{\partial T}{\partial z}\bigg|_{z=s_j(t)^+} - \lambda(z,t)\frac{\partial T}{\partial z}\bigg|_{z=s_j(t)^-} \tag{1-40}$$

式中，$Q(t) = L_i\rho_d(W-W_u)$ 为相变热（KJ/m³）；L_i 为水的冻结或融化潜热（334.5KJ/kg）；ρ_d 为干土壤的体积密度（kg/m³）；W 为相变界面上的土壤重量含水量；W_u 对应于起始冻结温度的重量未冻水含量；$s_j(t)$ 为 t 时刻的冻融界面位置。式（1-40）描述了相变界面上的能量平衡，若第 j 层是土壤水区，Q 前面是 "+"；若第 j 层是土壤冰水混合区，Q 前面是 "-"。

运动边界条件：

$$T(z,t)\big|_{z=s_j(t)^+} = T(z,t)\big|_{z=s_j(t)^-} = T_f \tag{1-41}$$

$$\left(\theta(z,t) + \frac{\rho_i\theta_i(z,t)}{\rho_w}\right)\bigg|_{z=s_j(t)^+} = \left(\theta(z,t) + \frac{\rho_i\theta_i(z,t)}{\rho_w}\right)\bigg|_{z=s_j(t)^-} \tag{1-42}$$

式（1-41）～式（1-42）分别描述了土壤温度和土壤含水率的连续性。式（1-30）～式（1-42）与相应的初边界条件构成了考虑冻融深度变化的土壤水热耦合运动边界问题，记为模型Ⅰ。上述模型代表土柱存在的一般状态，随着界面的各种变化，可反映土柱存在的各种状态。

1.4.2　考虑冻融深度变化的土壤水热耦合数值模型

基于1.4.1节发展的土壤水热耦合运动边界问题，本小节基于包括陆面过程模式 CLM 非等距十层的分层结构，采用局部变网格自适应方法对模型进行数值求解。下面给出能量方程和土壤水质量方程以及运动界面方程的离散算法，并给出计算流程。

1.4.2.1　土壤能量方程离散

令 $\{t_k\}_{k\geq0}$ 表示 k 时刻时间步长为 Δt 的时间节点，$\Gamma_h = \{z_j; j=1,2,\cdots,J\}$ 表示区间 $[0,L]$ 上的节点。对 s_j 细分为 $k1$ 个冻融界面和 $k2$ 个融冻界面，位置分别记为 ξ_k^{m1}，ζ_k^{m2}。定义 $\Gamma_{h2} = \Gamma_h \cup \{\xi_j^1,\cdots,\xi_j^{k1},\zeta_j^1,\cdots\zeta_j^{k2}\}$，$k\geq1$，其中 Γ_{h2} 包括 Γ_h 的所有网格点和计算所得的界面点。图1-25给出3层土壤 $j-1$、j、$j+1$，土壤温度定义在每层节点深度 $z_j(j=1,2,\cdots,J_k)$ 处，而热传导率 λ 定义在界面深度处。其中，土壤每层厚度 Δz_j（m）$(j=1,2,\cdots,J_k)$ 定义如下：

$$\Delta z_j = \begin{cases} 0.5(z_1+z_2) & j=1 \\ 0.5(z_{j+1}-z_{j-1}) & j=2,\cdots,J_k-1 \\ z_j-z_{j-1} & j=J_k \end{cases}$$

界面深度 $z_{j+\frac{1}{2}}$（m）定义为

$$z_{j+\frac{1}{2}} = \begin{cases} 0.5(z_j+z_{j+1}) & j=1,\cdots,J_k-1 \\ z_j+0.5\Delta z_j & j=J_k \end{cases}$$

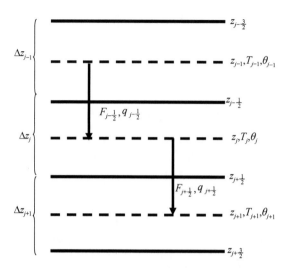

图 1-25　土壤水热通量数值方案示意图

z_{j-1}、z_j、z_{j+1} 为节点深度，$z_{j-1/2}$、$z_{j+1/2}$、$z_{j+3/2}$ 为界面深度从 j 到 $j+1$ 层的热通量。$F_{j+\frac{1}{2}}(\mathrm{W/m^2})$ 定义为

$$F_{j+\frac{1}{2}} = -\lambda_{j+\frac{1}{2}}\frac{T_j - T_{j+1}}{z_{j+1} - z_j} \tag{1-43}$$

其中

$$\lambda_{j+\frac{1}{2}} = \begin{cases} \dfrac{\lambda_j\lambda_{j+1}(z_{j+1} - z_j)}{\lambda_j(z_{j+1} - z_{j+\frac{1}{2}}) + \lambda_{j+1}(z_{j+\frac{1}{2}} - z_j)} & j = 1,\ \cdots,\ J_k - 1 \\ 0, & j = J_k \end{cases}$$

因为式（1-31）是式（1-32）的特殊情况，故只对式（1-32）中的能量方程进行离散，其全隐式差分离散格式如下：

$$Ce_j^{k+1}\frac{T_j^{k+1} - T_j^k}{\Delta t} = \frac{1}{\Delta z_j}\frac{\lambda e_{j+1/2}^{k+1}(T_{j+1}^{k+1} - T_j^{k+1})}{z_{j+1} - z_j} - F_{j-\frac{1}{2}}^{k+1} - Ue_j^{k+1}\frac{T_{j+1}^{k+1} - T_j^{k+1}}{z_{j+1} - z_j},\ j = 1 \tag{1-44}$$

$$Ce_j^{k+1}\frac{T_j^{k+1} - T_j^k}{\Delta t} = \frac{1}{\Delta z_j}\left[\frac{\lambda e_{j+1/2}^{k+1}(T_{j+1}^{k+1} - T_j^{k+1})}{z_{j+1} - z_j} - \frac{\lambda e_{j-1/2}^{k+1}(T_j^{k+1} - T_{j-1}^{k+1})}{z_j - z_{j-1}}\right] - Ue_j^{k+1}\frac{T_{j+1}^{k+1} - T_j^{k+1}}{z_{j+1} - z_j},\ j = 2,\cdots,J_k - 1$$

$$\tag{1-45}$$

$$Ce_j^{k+1}\frac{T_j^{k+1} - T_j^k}{\Delta t} = \frac{1}{\Delta z_j}\left[0 - \frac{\lambda e_{j-1/2}^{k+1}(T_j^{k+1} - T_{j-1}^{k+1})}{z_j - z_{j-1}}\right] - Ue_j^{k+1}\frac{T_j^{k+1} - T_{j-1}^{k+1}}{z_j - z_{j-1}},\ j = J_k \tag{1-46}$$

令：$E_j = \dfrac{\Delta t}{Ce_j^{k+1}\Delta z_j}$，$j = 1,\ \cdots,\ J_k$

$$a_j = 0,\ c_j = -E_j\lambda e_{j+\frac{1}{2}}^{k+1}\frac{1}{z_{j+1} - z_j} + \frac{\Delta t Ue_j^{k+1}}{Ce_j^{k+1}(z_{j+1} - z_j)},\ b_j = 1 - c_j,$$

$$h_j = T_j^k - E_j\mathrm{flux}(t)\quad j = 1$$

$$a_j = -E_j \lambda e_{j-\frac{1}{2}}^{k+1} \frac{1}{z_j - z_{j-1}}, \quad c_j = -E_j \lambda e_{j+\frac{1}{2}}^{k+1} \frac{1}{z_{j+1} - z_j} + \frac{\Delta t U e_j^{k+1}}{C e_j^{k+1}} \frac{1}{z_{j+1} - z_j},$$

$$b_j = 1 - a_j - c_j, \quad h_j = T_j^k, \quad j = 2, \cdots, J_k - 1$$

$$a_j = -\left(E_j \lambda e_{j-\frac{1}{2}}^{k+1} \frac{1}{z_j - z_{j-1}} + \frac{U e_j^{k+1} \Delta t}{(z_j - z_{j-1}) C e_j^{k+1}} \right), \quad b_j = 1 - a_j, \quad c_j = 0,$$

$$h_j = T_j^k, \quad j = J_k$$

因而式（1-44）~式（1-46）可写为

$$\begin{cases} b_1 T_1^{k+1} + c_1 T_2^{k+1} = h_1 \\ a_j T_{j-1}^{k+1} + b_j T_j^{k+1} + c_j T_{j+1}^{k+1} = h_j, \quad j = 2, \cdots, J_k - 1 \\ a_{J_k} T_{J_k-1}^{k+1} + b_{J_k} T_{J_k}^{k+1} = h_{J_k} \end{cases} \tag{1-47}$$

1.4.2.2 垂向一维非饱和土壤水方程离散

基于1.4.2.1节的土壤分层，土壤含水量定义在每层节点深度 $z_j (j = 1, 2, \cdots, J_k)$ 处，而土壤水导水率 $K(\theta)$、水分扩散率 $D(\theta)$ 和土壤水通量 q 均定义在界面深度处，土壤水通量 q 取向下为正方向（图1-25）。式（1-32）中土壤水方程的全隐式差分离散格式为

$$\frac{\theta_j^{k+1} - \theta_j^k}{\Delta t} = \frac{D_{j+\frac{1}{2}}^{k+1} \left(\frac{\theta_{j+1}^{k+1} - \theta_j^{k+1}}{z_{j+1} - z_j} \right) - K_{j+\frac{1}{2}}^{k+1} + q_{j-\frac{1}{2}}^{k+1}}{\Delta z_j} - \frac{\rho_i}{\rho_w} \frac{(\theta_i)_j^{k+1} - (\theta_i)_j^k}{\Delta t}, \quad j = 1 \tag{1-48}$$

$$\frac{\theta_j^{k+1} - \theta_j^k}{\Delta t} = \frac{D_{j+\frac{1}{2}}^{k+1} \left(\frac{\theta_{j+1}^{k+1} - \theta_j^{k+1}}{z_{j+1} - z_j} \right) - D_{j-\frac{1}{2}}^{k+1} \left(\frac{\theta_j^{k+1} - \theta_{j-1}^{k+1}}{z_j - z_{j-1}} \right)}{\Delta z_j} - \frac{K_{j+\frac{1}{2}}^{k+1} - K_{j-\frac{1}{2}}^{k+1}}{\Delta z_j} - \frac{\rho_i}{\rho_w} \frac{(\theta_i)_j^{k+1} - (\theta_i)_j^k}{\Delta t},$$

$$j = 2, \cdots, J_k - 1 \tag{1-49}$$

$$\frac{\theta_j^{k+1} - \theta_j^k}{\Delta t} = \frac{0 - D_{j-\frac{1}{2}}^{k+1} \left(\frac{\theta_j^{k+1} - \theta_{j-1}^{k+1}}{z_j - z_{j-1}} \right) + K_{j-\frac{1}{2}}^{k+1}}{\Delta z_j} - \frac{\rho_i}{\rho_w} \frac{(\theta_i)_j^{k+1} - (\theta_i)_j^k}{\Delta t}, \quad j = J_k \tag{1-50}$$

令：

$$\alpha_1 = 0, \quad \beta_1 = 1 + \frac{\Delta t D_{\frac{3}{2}}^{k+1}}{\Delta z_1 (z_2 - z_1)}, \quad \gamma_1 = -\frac{\Delta t D_{\frac{3}{2}}^{k+1}}{\Delta z_1 (z_2 - z_1)}$$

$$\delta_1 = \theta_1^k - \frac{\Delta t}{\Delta z_1} (K_{\frac{3}{2}}^{k+1} - q_{\frac{3}{2}}^{k+1}) - \frac{\rho_i}{\rho_w} \frac{(\theta_i)_j^{k+1} - (\theta_i)_j^k}{\Delta t};$$

$$\alpha_j = -\frac{\Delta t D_{j-\frac{1}{2}}^{k+1}}{\Delta z_j (z_j - z_{j-1})}, \quad \beta_j = 1 + \frac{\Delta t D_{j+\frac{1}{2}}^{k+1}}{\Delta z_j (z_{j+1} - z_j)} + \frac{\Delta t D_{j-\frac{1}{2}}^{k+1}}{\Delta z_j (z_j - z_{j-1})}, \quad \gamma_j = -\frac{\Delta t D_{j+\frac{1}{2}}^{k+1}}{\Delta z_j (z_{j+1} - z_j)},$$

$$\delta_j = \theta_j^k - \frac{\Delta t}{\Delta z_j} (K_{j+\frac{1}{2}}^{k+1} - K_{j-\frac{1}{2}}^{k+1}) - \frac{\rho_i}{\rho_w} \frac{(\theta_i)_j^{k+1} - (\theta_i)_j^k}{\Delta t}, \quad j = 2, \cdots, J_k - 1;$$

$$\alpha_{J_k} = -\frac{\Delta t D_{J_k-\frac{1}{2}}^{k+1}}{\Delta z_{J_k}(z_{J_k} - z_{J_k-1})} \ , \ \beta_{J_k} = 1 + \frac{\Delta t D_{J_k-\frac{1}{2}}^{k+1}}{\Delta z_{J_k}(z_{J_k} - z_{J_k-1})} \ , \ \gamma_{J_k} = 0$$

$$\delta_{J_k} = \theta_{J_k}^k + \frac{\Delta t}{\Delta z_{J_k}} K_{J_k-\frac{1}{2}}^{k+1} - \frac{\rho_i}{\rho_w} \frac{(\theta_i)_j^{k+1} - (\theta_i)_j^k}{\Delta t}$$

因此，式（1-48）~式（1-50）可写为如下方程组：

$$\begin{cases} \beta_1 \theta_1^{k+1} + \gamma_1 \theta_2^{k+1} = \delta_1 \\ \alpha_j \theta_{j-1}^{k+1} + \beta_j \theta_j^{k+1} + \gamma_j \theta_{j+1}^{k+1} = \delta_j \ , \ j = 2 \ , \ \cdots \ , \ J_k - 1 \\ \alpha_{J_k} \theta_{J_k-1}^{k+1} + \beta_{J_k} \theta_{J_k}^{k+1} = \delta_{J_k} \end{cases} \tag{1-51}$$

1.4.2.3 运动界面方程离散

假设土壤层的温度连续变化，把 t_k 时刻第 j 个冻结或融化界面 $s_j(t_k)$ 记为 s_j^k，在土壤分层结构中的位置如图1-26所示，运动界面式（1-40）的离散方程式为

$$\pm Q^{k+1} \left(\frac{s_j^{k+1} - s_j^k}{\Delta t} \right) = \lambda_{j1+1/2}^{k+1} \frac{T_{j1}^{k+1} - T_f}{s_j^k - z_{j1}} - \lambda_{j1+3/2}^{k+1} \frac{T_f - T_{j1+2}^{k+1}}{z_{j1+2} - s_j^k} \tag{1-52}$$

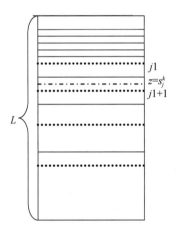

图1-26 模拟冻结/融化界面的自适应网格

1.4.3 土壤水热耦合模型的数值算法

水热耦合模型由 t_k 时刻的土壤温度、未冻水体积含水率和冻融界面深度求其下一时刻 $t_k + \Delta t$ 值的算法如下。

1）假设 t_k 时刻土壤各层的温度、未冻水体积含水率、体积含冰率分别为 $T_{k,j}$、$\theta_{k,j}$、$\theta_{ik,j}$（$j = 1$，$\cdots$，J），$k1$ 个冻结界面深度和 $k2$ 个融化界面深度分别记为 ξ_k^{m1}，ζ_k^{m2}（$m1 = 1$，$\cdots$，$k1$，$m2 = 1$，$\cdots$，$k2$）。判断 ξ_k^{m1}，ζ_k^{m2} 在土壤分层 $\varGamma_h$ 中的位置，即当 $|\xi_k^{m1} - z_i| > 0.02$ 且 $|\xi_k^{m1} - z_{i+1}| > 0.02$ 或 $|\zeta_k^{m2} - z_i| > 0.02$ 且 $|\zeta_k^{m2} - z_{i+1}| > 0.02$ 时，在界面处增加新节点；这里，初始时刻冻结/融化界面的位置通过初始温度插值取得近似值。

2）若增加节点，以同时含有冻结、融化界面为例，先把冻结界面插入原土壤分层结构，形成新的临时土壤分层结构 Γ_{h1}，此时节点总数为 J_{kh1}，更新土壤界面深度以及各层厚度，更新各个节点的土壤温度、未冻水体积含水率、体积含冰率为 $T1_{k,j}$、$\theta1_{k,j}$、$\theta_{i}1_{k,j}$（$j=1$，$\cdots$，J_{kh1}）；在 Γ_{h1} 基础上插入融化界面，形成新的土壤分层结构 $\Gamma_{h2} = \{zm_j$，$j=1$，$\cdots$，$J_k\}$，更新土壤界面深度以及各层厚度，更新各个节点的土壤温度、未冻水体积含水率、体积含冰率分别为 $Tm_{k,j}$、$\theta m_{k,j}$、$\theta_{i}m_{k,j}$（$j=1$，$\cdots$，J_k），冻融界面处的温度为 T_f，插值获得界面处的土壤液态含水率，确定土壤参数，求解式（1-47）和式（1-51），对式（1-51）使用非线性迭代，求出 $Tm_{k+1,j}$、$\theta m_{k+1,j}$（$j=1$，$\cdots$，J_k）。

3）根据 zm_j（$j=1$，$\cdots$，J_k）与 z_j（$j=1$，$\cdots$，J）的对应关系，由 $Tm_{k+1,j}$、$\theta m_{k+1,j}$（$j=1$，$\cdots$，J_k）返回到原土壤分层，更新土柱各节点的温度、土壤未冻水体积含水率、体积含冰率分别为 $T2_{k+1,j}$、$\theta2_{k+1,j}$、$\theta_{i}2_{k+1,j}$（$j=1$，$\cdots$，J）以及土壤热容量、土壤热传导率和土壤水传导率。

4）取 $W0 = 0.05$（庞强强等，2006；南卓桐，2004），由式（1-52），求出 $t_k + \Delta t$ 时刻冻融界面的预报值 ξ'^{m1}_{k+1}、ζ'^{m2}_{k+1}（$m1=1$，$\cdots$，$k1$，$m2=1$，$\cdots$，$k2$），判断各冻结界面与各融化界面之间的距离，若 $|\xi'^{m1}_{k+1} - \zeta'^{m2}_{k+1}| < 0.005$，运动界面合并，更新 $k1$、$k2$；插值出新的冻结界面 $s1^{m1}_{k+1}$，$m1=1$，$\cdots$，$k11$ 和融化界面 $s2^{m2}_{k+1}$，$m2=1$，$\cdots$，$k12$，按照从大到小的顺序进行编号排序，若 $k11 > k1$，则有 $k1=k11$，若 $k12 > k2$，则有 $k2=k12$，同时 $\xi'^{k11}_{k+1} = s1^{k11}_{k+1}$，$\zeta'^{k12}_{k+1} = s2^{k12}_{k+1}$。

5）若 $\max\left|\dfrac{\zeta'^{m1}_{k+1} - \zeta^{m1}_k}{\zeta^{m1}_k}\right| > \varepsilon$，$\max\left|\dfrac{T2_{k+1,j} - T_{k,j}}{T_{k,j}}\right| > \varepsilon$，$\max\left|\dfrac{\theta2_{k+1,j} - \theta_{k,j}}{\theta_{k,j}}\right| > \varepsilon$，$\max\left|\dfrac{\xi'^{m1}_{k+1} - \xi^{m1}_k}{\xi^{m1}_k}\right| > \varepsilon$，则 $T_{k,j} = T2_{k+1,j}$，$\theta_{k,j} = \theta2_{k+1,j}$，$\theta_{ik,j} = \theta_{i}2_{k+1,j}$（$j=1$，$\cdots$，$J$），$\xi^{m1}_k = \xi'^{m1}_{k+1}$，$\zeta^{m2}_k = \zeta'^{m2}_{k+1}$（$m1=1$，$\cdots$，$k1$；$m2=1$，$\cdots$，$k2$），重复 1）~4）；否则，$T3_{k+1,j}$、$\theta3_{k+1,j}$（$j=1$，$\cdots$，$J$）、$\xi'^{m1}_{k+1}$、$\zeta'^{m2}_{k+1}$，即为 $t_k + \Delta t$ 时刻的 $T_{k+1,j}$、$\theta2_{k+1,j}$、ξ^{m1}_{k+1}、ζ^{m2}_{k+1}（$m1=1$，$\cdots$，$k1$，$m2=1$，$\cdots$，$k2$）。

6）下一时间步重复 1）~5）。

图 1-27 给出了未考虑冻融界面深度循环的计算流程图。

1.4.4 模型验证

1.4.4.1 理想试验

为了检验和验证所建立的考虑冻融界面变化的土壤水热耦合模型的正确性、合理性、数值算法的稳定性以及计算效率的优越性，所以做如下的敏感性试验。首先，在土壤体积含水量不变的理想情形下，在陆面过程模式 CLM 的土壤分层框架下，对多个冻融界面的情形进行模拟；其次，针对存在双运动界面的情形，改变时间步长对土壤水热过程进行数值模拟；最后，针对第 7 层土壤，利用本书所提出模型的计算结果和没有考虑双运动界面

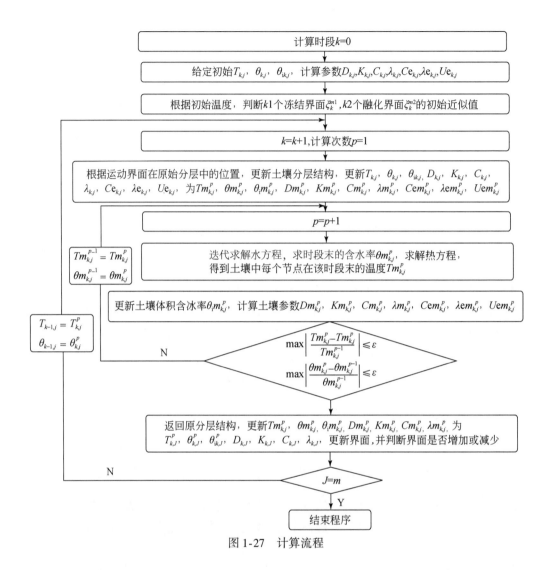

图 1-27　计算流程

以及高分辨率的土壤分层下的计算结果进行对比，具体如下。

（1）多个冻融界面模拟

假设模拟过程中土壤体积含水量取为 0.3，能量方程上边界地表温度取如下条件：

$$T\mathrm{surf}(t) = \begin{cases} -5, & t < 500 \\ 5, & t < 543 \\ -5, & t < 550 \\ 5, & t < 555 \\ -5, & t \geqslant 555 \end{cases} \tag{1-53}$$

下边界采用零热通量，初始土壤温度取为 5℃，基于 CLM 的土壤分层格式（土柱长 3.43m），利用模型进行 650h 的模拟试验，时间步长为 1h，土壤的热传导率参数分别取为 $\lambda_1 = 0.57\mathrm{W}/(\mathrm{m} \cdot \mathrm{K})$、$\lambda_i = 2.29\mathrm{W}/(\mathrm{m} \cdot \mathrm{K})$、$\lambda_s = 7.9353\mathrm{W}/(\mathrm{m} \cdot \mathrm{K})$　（Beringer et al.,

2001；Oleson et al.，2010），热容分别为 $C_w = 4188 \text{KJ/(m}^3 \cdot \text{K)}$、$C_i = 2177 \text{KJ/(m}^3 \cdot \text{K)}$、$C_g = 2166 \text{KJ/(m}^3 \cdot \text{K)}$（Beringer et al.，2001；Oleson et al.，2010）。假设 $T_f = 0℃$，由于 543h 后，温度变化剧烈，冻融界面交替出现，其中黑色区域是土壤冻结区，白色区域是土壤未冻结区或融化区，在 550~552h 时段内，同时出现 4 个界面、2 个冻结界面、2 个融化界面 ［图 1-28（c）］。该结果表明，本书所提模型能同时连续地追踪多个冻融界面的模拟潜力。

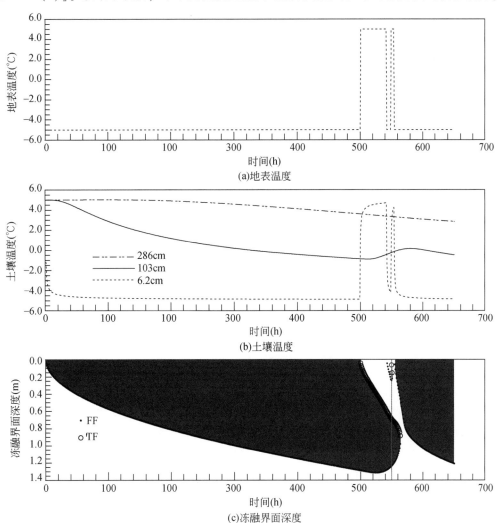

图 1-28　土壤温度与冻融界面深度变化示意图

黑色区域是冻结区，白色区域是未冻结区，FF 是冻结界面深度，TF 是融化界面深度

（2）对比控制试验

假设模拟过程中能量方程上边界取如下周期性温度边界条件：

$$T\text{surf}(t) = 5\cos\left(\frac{\pi t}{8760}\right) \tag{1-54}$$

下边界采用零热通量，对于土壤水方程，地表入渗为 0，下边界水通量为 0，初始土壤温度取为5℃，初始土壤体积含水量取为0.3，在CLM十层分层结构下进行计算，热力学参数与试验1相同，取土壤水力特性参数 $K_s = 5.23E-6m/s$，$\psi_s = -0.141$，$\theta_s = 0.434$，$b = 4.74$（李倩和孙菽芬，2007），利用模型进行730天的模拟，时间步长为1h，模拟结果如图1-29所示。

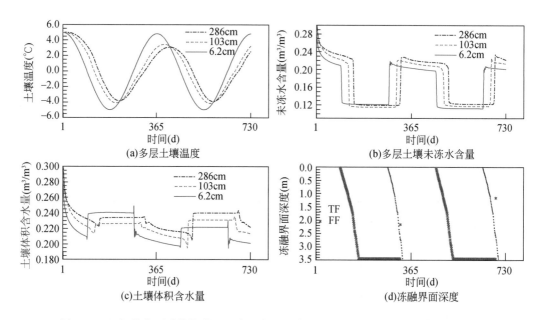

图1-29　理想状态下季节性冻土土壤温度、土壤湿度、冻融界面深度随时间的变化

FF是冻结界面深度，TF是融化界面深度

从图1-29（a）~图1-29（d）可以看出，就一年时间尺度而言，随着地表温度的周期变化，土壤内部不同深度的土壤温度、土壤湿度、冻融界面深度都存在着明显的周期变化，而且随着土壤深度的增加，土壤温度、土壤体积含水量的周期变化也存在时间上的滞后。从图1-29（d）可以看出，表层土壤分别从第92天、第457天开始冻结，到第167天、第521天冻结界面深度达到3.43m，然后冻结界面深度一直保持在3.43m，这是因为在计算过程中对冻结界面的最大深度做了限制。从第274天、第639天起土壤开始消融，到第342天、第710天，冻结/融化界面在3.43m处汇合，完成冻结/融化的一个循环周期。从图1-29（b）可以看出，土壤冻结时，土壤未冻水含量突然减少，土壤融化时，土壤未冻水含量突然增加。从图1-29（c）可以看出，土壤体积含水量在自身重力作用下逐步减少，冻结起始阶段，土壤体积含水量急剧下降，在冻结初期，水分向冻结区迁移，使得冻结峰面水分富集，土壤体积含水量很快增加并达到一个稳定值。冻结后，由于未冻水含量较少，同时冰的存在阻碍了水分运动，使得冻结区水分迁移几乎处于停滞状态，其含水量几乎保持不变。随着土壤消融，冻结期在上层聚集的水分向下迁移，造成融化封面处水分富集，表现为土壤体积含水量出现一个峰值。

在上述试验条件下，做如下控制试验：试验1，考虑双运动界面，取时间步长分别为

1800s、3600s、7200s 进行计算，冻融界面深度通过界面（1-52）求得；试验2，取时间步长为1h，不考虑双运动界面，冻融界面深度依赖于土壤温度插值0℃等温线取得；试验3，把土壤分成483份，土壤每层的厚度为1.75cm，取时间步长为1h，不考虑双运动界面，冻融界面深度依赖于土壤温度插值0℃等温线取得。鉴于地表或深层土壤水热状况波动过大或过小，所以不易进行比较，以第7层土壤（49~82cm）的水热状况为例对上述试验进行对比，图1-30给出了不同时间步长下的计算结果。从图1-30（a）、图1-30（c）、图1-30（e）可以看出，3种计算情形下土壤各个变量的模拟结果几乎处于重合状态。以时间步长为3600s的计算结果为基准，针对土壤温度、土壤体积含水量、冻融界面深度，与其他两种情况的计算结果做相对误差，从图1-30（b）、图1-30（d）、图1-30（e）看出，土壤温度的最大相对误差为0.0283，土壤体积含水量的最大相对误差为0.0146，冻融界面位置的最大相对误差为0.0294。上述结果表明，本书所用的数值算法是正确的、稳定的。图1-30对试验1、试验2、试验3的模拟结果进行了比较。从图1-31可以看出，3个试验模拟的土壤温度、土壤体积含水量变化趋势基本一致，由于冻融界面的存在，使得土壤分层结构更加精细化，厚的土壤层水热参数更加准确，与没考虑运动界面的结果相比，冻融期间试验1的结果更贴近试验3高分辨率的结果。从图1-31（d）可以看出，3个试验计算的冻融界面深度的变化趋势一致，试验1能连续地追踪界面位置的变化，直到冻融界面的最大深度为3.43m，试验3通过高分辨率计算出的冻融界面的最大深度为3.247m，而试验2受CLM十层节点的限制，内插得到冻融界面的深度最大为2.82m，而且由于深层土壤很厚，试验2插值出的冻融界面深度部分出现间断。从计算效率上来看，试验1花费的时间是8.5s，试验2是6s，但试验3是86s。由上述结果可以看出，本书所用的局部自适应变网格算法是正确合理的、稳定的、高效的。

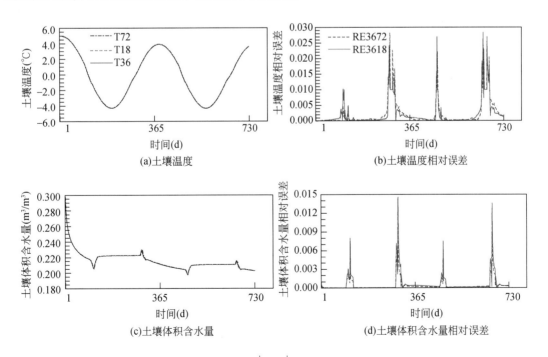

(a)土壤温度

(b)土壤温度相对误差

(c)土壤体积含水量

(d)土壤体积含水量相对误差

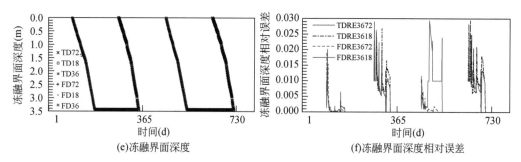

(e)冻融界面深度　　　　　　　　(f)冻融界面深度相对误差

图 1-30　变化时间步长的对比控制试验

TD36、TD18、TD72 分别表示时间步长为 3600s、1800s、7200s 的融化界面深度，FD72、FD18、FD36 分别表示
时间步长为 7200s、1800s、3600s 的冻结界面深度，T72、T18、T36 代表时间步长 7200s、1800s、3600s，
RE3672、RE3618 代表两个时间步长模拟的差异

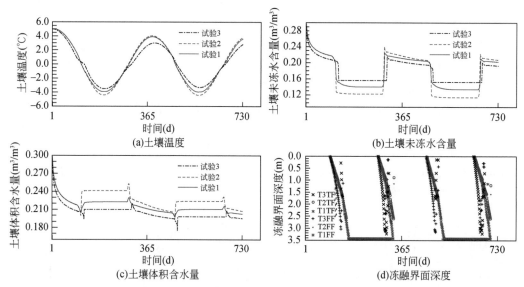

(a)土壤温度　　　　　　　　　　(b)土壤未冻水含量

(c)土壤体积含水量　　　　　　　(d)冻融界面深度

图 1-31　3 种算法模拟的第 7 层土壤温度、土壤湿度、冻融界面深度随时间的变化

T1FF、T2FF、T3FF 分别表示试验1、试验2、试验3 模拟的冻结界面深度，T1TF、T2TF、T3TF 分别表示
试验1、试验2、试验3 模拟的融化界面深度

1.4.4.2　青藏高原 D66 站点模拟试验

D66 自动气象站站（Zhang et al.，2007；李倩和孙菽芬，2007；Li et al.，2010）位于青藏高原北部（35°31′N，93°47′E），海拔为 4560m，年降水量较少，土壤为非匀质永冻土（杨梅学等，2003），质地以沙壤土为主，含沙量为 58%，黏土量为 10%（Zhang et al.，2007），土壤从 −0.12℃ 开始冻结（Zhang et al.，2008）。D66 自动气象站观测的气象要素有 1.5m 的每 30min 的大气强迫场资料，包括入射短波辐射通量、气温、气压、相对湿度、风速和地表温度。土壤温度的观测有红外辐射温度计获得的地表温度、10 个白金地温探头（Pt）和数采仪获得的 10 层（4cm、20cm、40cm、60cm、80cm、100cm、

130cm、160cm、200cm、250cm）土壤温度。土壤未冻水含量的观测有 6 个时域反射仪探头和数采仪获得的 6 层（4cm、20cm、60cm、100cm、160cm、225cm）土壤湿度。土壤温度、未冻水含量数据每小时自动采集记录一次。

为了验证本书所发展的水热耦合模型的优越性，与下面水热耦合模型（杨诗秀等，1988）（记为模型Ⅱ）的数值模拟结果进行了比较。

$$\begin{cases} \dfrac{\partial[Ce(t, z)T]}{\partial t} = \dfrac{\partial}{\partial z}\left(\lambda e(t, z)\dfrac{\partial T}{\partial z}\right) - Ue\dfrac{\partial T}{\partial z} \\ \dfrac{\partial \theta}{\partial t} = \dfrac{\partial}{\partial z}\left(D(\theta)\dfrac{\partial \theta}{\partial z}\right) - \dfrac{\partial K(\theta)}{\partial z} - \dfrac{\rho_i}{\rho_w}\dfrac{\partial \theta_i}{\partial t} \end{cases}, \quad 0 < z < L \qquad (1\text{-}55)$$

模拟基于通用的陆面模式 CLM 的十层分层结构（土柱深 3.43m），将观测的地表土壤温度作为上边界条件，土壤入渗通量作为上边界条件，这里入渗通量是在 NCEP 强迫资料驱动 CLM 下，spin-up 20 年获得，零水通量为下边界条件，通过起始时间的观测插值得到初始值，两个模型在计算过程中采用相同的参数化格式和初边值条件，模拟时间为 1997年 9 月 1 日～1998 年 9 月 22 日，针对下面几种情形进行模拟，模拟循环 3 次，分别取最后一次的结果进行分析。

情形一：零热通量为能量方程的下边界条件，计算所用的水力特性参数同理想试验 2。

由于地表温度变化剧烈，冻融循环反复出现，图 1-32 给出了 10 月 12 日 0:00～11 月 1 日 0:00 的模型Ⅰ模拟的冻融循环示意图，从图 1-32 可以看出，近地表 0.2m 以内发生日冻融循环。类似地，5 月 1 日～6 月 10 日，经常会出现两个融化界面和一个冻结界面的情形，其日冻融循环的最大深度为 0.125m。图 1-32 表示模型Ⅰ、模型Ⅱ在 20cm、60cm、100cm、160cm 处模拟的土壤温度和土壤未冻水含量以及最大冻融界面的位置随时间变化的结果，同时与观测作比较，土壤深度为 20cm。

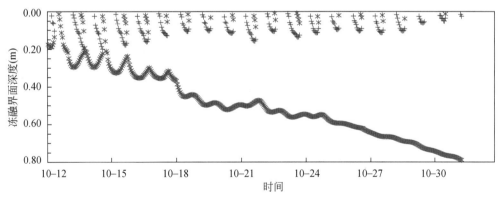

图 1-32　10 月 12 日 0:00～11 月 1 日 0:00 的冻融循环示意图
红色 * 表示冻结界面深度，蓝色 + 表示融化界面深度

土壤深度 20cm 处，温度 1997 年 11 月 6 日 21:00～1998 年 3 月 3 日 4:00，经常出现间断性批量数据的缺测，土壤深度 60cm 处，温度 1997 年 12 月 18 日 3:00～1998 年 2月 11 日 11:00，也经常出现间断性批量数据的缺测。从土壤温度、土壤未冻水含量变化趋势

上来看，两个模型的模拟结果都与观测值基本吻合，但在冬季的冻结期，因为运动界面处增加了计算节点，不但使得土壤分层更加细化，水热参数更加准确，而且使得冻结期土壤温度、土壤未冻水含量的计算更准确，还使得融化期提前，土壤未冻水含量的变化趋势更加贴近实际。在土壤20cm处，除少数的模拟结果，模型Ⅰ、模型Ⅱ模拟与观测的温度之差（℃）为 $[-6, 4]$，模型60cm、100cm处，模型Ⅰ模拟与观测的温度之差（℃）为 $[-4, 4]$，模型Ⅱ的误差范围为 $[-5, 4]$；在160cm处，模型Ⅰ、模型Ⅱ模拟与观测的温度之差（℃）为 $[-5, 4]$；从图1-33（a）、图1-33（c）、图1-33（e）、图1-33（g）、图1-33（i）可以看出，土壤各层温度与地表温度的年际变化一致，而且随着土壤深度的增加，这种变化存在时间上的滞后。从图1-33（b）、图1-33（d）、图1-33（f）、图1-33（h）可以看出，由于1997年10月中下旬地表已经开始冻结，土壤未冻水含量开始下降，到1998年4月解冻，含水量开始增加。地表土壤冻结的持续时间可达6个月左右，并且在6月中旬完成一个年周期的冻融过程。从模拟的冻结界面深度可以看出，冻结过程大约需要2个月，即在11月末冻结界面深度就可达到200cm以上，但在这以后，冻结速度明显放慢，经过3个月的冻结，到1月初土壤冻结界面深度可达到250cm左右，土壤继续冻结，但所观测的土柱长度最大为250cm，因此图1-33（j）中体现的冻融界面的最大深度为250cm，4月浅层土壤已经开始消融并不断向下传递，到7月，土壤全部消融，完成了整个土柱冻结融化的一个年周期循环。图1-33（j）中的观测是通过温度插值得到的 T_f℃等温线的位置。模型Ⅱ模拟的冻融界面深度存在明显的数值震荡，融化期 T_f℃等温线在160cm处持续大约1个月的时间，然后上升，这主要是由于插值的方法假设整个土层只能处于冻结或者融化状态，且两种状态不能共存。包含了冻结/融化界面位置动态表示的水热耦合模型就可以避免这个问题。

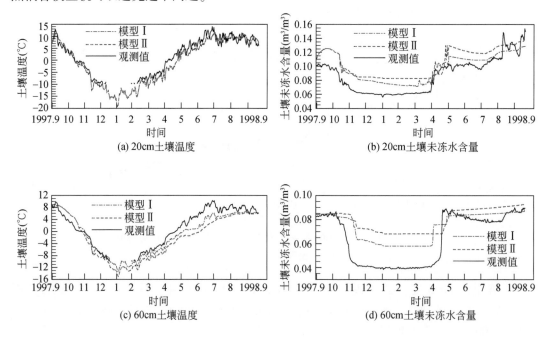

(a) 20cm土壤温度

(b) 20cm土壤未冻水含量

(c) 60cm土壤温度

(d) 60cm土壤未冻水含量

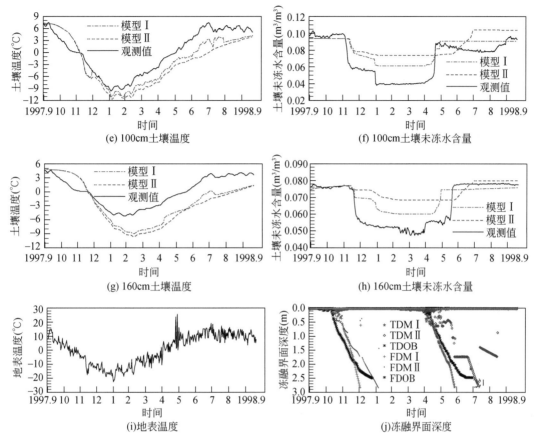

图 1-33　在 CLM 分层结构下 D66 站点模拟与观测的土壤温度、土壤未冻水含量、
地表温度、冻融界面深度

TDM Ⅰ 表示模型 Ⅰ 模拟的融化界面深度，TDM Ⅱ 表示模型 Ⅱ 模拟的融化界面深度，TDOB 表示观测的融化界面
深度，FDM Ⅰ 表示模型 Ⅰ 模拟的冻结界面深度，FDM Ⅱ 表示模型 Ⅱ 模拟的冻结界面深度，FDOB 表示观测的冻
结界面深度

情形二：零热通量为下边界条件，对情形一下的饱和水力传导率 K_s 进行放大，设 $K_s =$ 5.23×10^{-5} m/s，其他水热特性参数保持不变，其模拟结果在图 1-34 中记为模型 Ⅲ。从图 1-34 可以看出，土壤未冻水含量整体比原来偏低了。因此，情形一下 [图 1-33 （b）、图 1-33 （d）、图 1-33 （f）、图 1-33 （h）] 模拟的土壤温度整体上偏低，而模拟的土壤未冻水含量整体上偏高，可能是计算过程中土壤导水率偏小再加上观测仪器也有误差引起的。

情形三：土壤热方程的下边界采用月平均地温廓线实测资料计算出的热通量值，设饱和导水率 $K_s = 5.23 \times 10^{-5}$ m/s，其他水力特性参数同情形一。由于 1997 年 9 月 ~ 1998 年 9 月 3.43m 处缺乏实测的地温数据，表 1-5 给出了 3.2m 和 4.0m 处 1996 ~ 1997 年 D66 道班 2 场地的月平均地温（王绍令和赵新民，1999）。

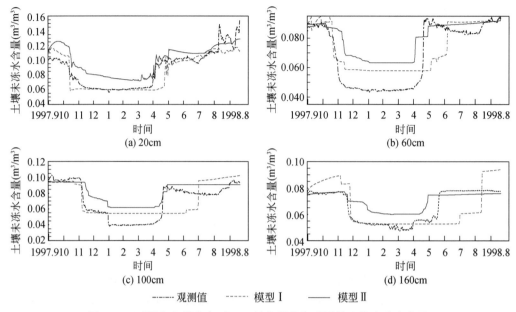

图 1-34 不同饱和导水率下 D66 站点模拟与观测的土壤未冻水含量

模型Ⅲ中 $K_s = 5.23 \times 10^{-5}\,\text{m/s}$，模型Ⅰ中 $K_s = 5.23 \times 10^{-6}\,\text{m/s}$

表 1-5 1996～1997 年 66 道班 2 场地月平均地温   （单位：℃）

月份	1	2	3	4	5	6	7	8	9	10	11	12
4m	−0.49	−0.44	−0.38	−1.01	−0.8	−0.56	−0.49		−0.36	−0.37	−0.43	−0.47
3.2m	−0.2	−0.26	−0.72	−1.24	−0.72	−0.62	−0.41	−0.05	−0.02	0.02	−0.09	−0.18

由 $F = -\lambda(\partial T / \partial z)$ 计算出土柱下边界 3.43m 处的月平均热通量值，作为 1997 年 9 月～1998 年 9 月对应月份每小时的下边界热通量（图 1-35）进行计算，其模拟结果在图 1-35 中记为模型Ⅳ。从图 1-35 可以看出，模型Ⅰ、模型Ⅳ对土壤温度、未冻水含量的模拟趋势变化一致。模型Ⅳ采用了近似实测资料计算的热通量值作为下边界条件，对下层土壤的模

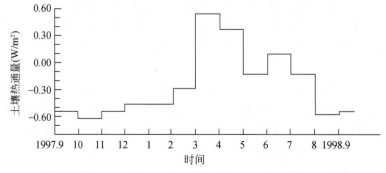

图 1-35 D66 站点土壤 3.43m 处 1997 年 9 月 1 日～1998 年 9 月 22 日每小时的热通量

拟较模型 I 略有改进。但从图 1-36 可以看出，D66 站点 3.43m 处的土壤热通量最大不超过 0.69W/m²，因此，其下层土壤温度和未冻水含量的模拟结果与模型 I 的结果相比变化幅度不大。从以上结果可以看出，下边界若有实测温度廓线，最好采用实测地温廓线计算的热通量作为下边界条件，若没有实测地温资料，零热通量作为下边界条件也基本上能模拟出 D66 站点土壤温度、未冻水含量的变化趋势。

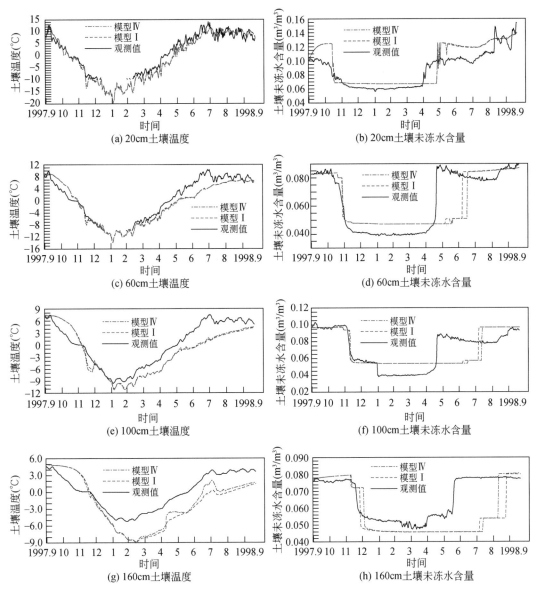

图 1-36　在 CLM 分层结构下，D66 站点模拟与观测的土壤温度和未冻水含量
模型 IV 以实测资料计算出的热通量作为下边界，模型 I 以零热通量作为下边界

1.4.4.3　青藏高原 D110 站点模拟试验

D110 点（杨梅学等，1999）位于青藏公路 110 道班附近（32°41′485″N，92°51′267″E），在扎加藏布河南岸一级阶地上，海拔高度为 5000 m，地表为沼泽化草丘，有轻微盐渍化，植被覆盖率为 30% ～ 40%，为小嵩草，土壤为河流沉积物，上部由粗砂、细砂组成，下部以细砂为主，夹有粉砂透镜体。1997 年 8 月 2 日在该处不同深度埋设了土壤温度和湿度观测系统（SMTMS），其中土壤温度由 10 个白金地温探头（Pt）及数采仪（DATALOG）组成，每小时记录一次，地温探头（Pt）的埋设深度分别为 0、4cm、20cm、40cm、60cm、80cm、100cm、130cm、160cm、180cm。土壤湿度（含水量）要是由 6 个时域反射仪（TDR）和及数采仪组成，数据进行自动采集，每小时记录 1 次，其中 TDR 探头的埋设深度分别为 4cm、20cm、60cm、100cm、160cm、180cm，这里用 TDR 所测得的土壤湿度主要是指土壤中未冻水的体积含水量，因此在下面的分析中，土壤含水量指土壤未冻含水量而不包括冰。

模拟过程中初边界条件的选取和水热特性参数同 D66 站点，因 D110 站点 3.43m 处无实测土壤温度，土壤热方程采用零热通量作为下边界条件。模拟时间是 1997 年 8 月 2 日 ~1998 年 8 月 31 日，模拟循环 3 次，取最后一次的结果进行分析。图 1-37 表示模型I、模型II在 20cm、60cm、100cm、160cm 处模拟的土壤温度随时间变化的结果，同时与观测值作比较。图 1-38 表示模型I、模型II在 20cm、100cm、160cm 处模拟的土壤未冻水含量随时间变化的结果，同时与观测值作比较。

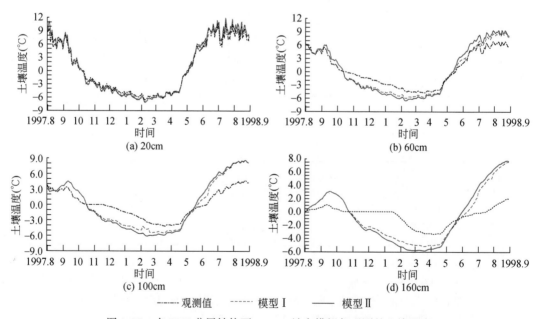

图 1-37　在 CLM 分层结构下，D110 站点模拟与观测的土壤温度

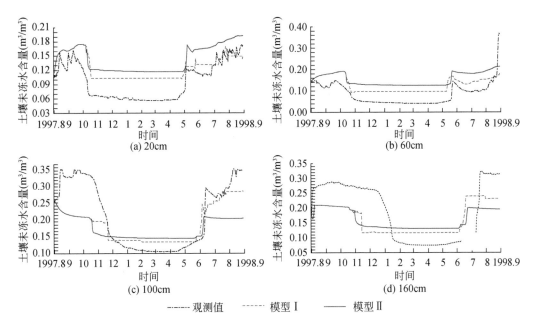

图 1-38 在 CLM 分层结构下，D110 站点模拟与观测的土壤未冻水含量

在土壤 20cm 处，模型Ⅰ、模型Ⅱ模拟与观测的温度之差（℃）为 [-1.5，2]；模型 60cm 处，模型Ⅰ模拟与观测的温度之差（℃）为 [-2.25，2.28]，模型Ⅱ的误差范围为 [-2.25，2.62]；模型 100cm 处，模型Ⅰ模拟与观测的温度之差（℃）为 [-2.89，3.23]，模型Ⅱ的误差范围为 [-3.29，4.04]；在 160cm 处，模型Ⅰ、模型Ⅱ模拟与观测的温度之差（℃）为 [-5，5]；从图 1-37（a）、图 1-37（b）、图 1-37（c）、图 1-37（d），可以看出，土壤各层温度与地表温度的年际变化一致，而且随着土壤深度的增加，这种变化存在时间上的滞后。从图 1-38（a）、图 1-38（b）、图 1-38（c）、图 1-38（d）所示看出，由于 1997 年 10 月上旬地表已经开始冻结，土壤水分开始下降，到 1998 年 5 月解冻，含水量开始增加。地表土壤冻结的持续时间可达 7 个月左右，并且在 7 月下旬完成一个年周期的冻融过程。

综合两个试验站点零通量边界条件下的模拟结果（表 1-6）可以看出，对上层土壤温度和土壤未冻水含量的模拟略好于深层，其原因可能是深层土壤中出现大颗粒物质，且计算时分层较厚，均一的水热特性参数使得模拟结果相对较差。对同一土壤层来说，模型Ⅰ对土壤温度、土壤未冻水含量、冻融界面深度的模拟，比模型Ⅱ的结果有所改进，这是因为增加了运动界面以后，土壤分层更加细化，土壤水热参数更加准确，从而使得模拟结果略有改进。更重要的是，本书所提出的模型能连续地追踪冻融界面的位置，克服了插值出现的数值震荡。总体结果表明本书所发展模型具有合理性以及应用于陆面和气候模式的模拟潜力。

表 1-6　模型 Ⅰ、模型 Ⅱ模拟的土壤温度、土壤未冻水含量、冻融界面深度
与实际观测的相关系数、均方根误差

站点	模型	土壤深度 (cm)	土壤温度		未冻水含量		冻结界面深度		融化界面深度	
			相关系数	均方根误差	相关系数	均方根误差	相关系数	均方根误差	相关系数	均方根误差
D66	Ⅰ	20	0.96	2.20	0.92	0.02	0.71	0.53	0.78	0.69
	Ⅱ	20	0.96	2.24	0.89	0.02	0.62	0.59	0.51	0.74
	Ⅰ	60	0.94	2.20	0.92	0.02				
	Ⅱ	60	0.91	3.27	0.90	0.02				
	Ⅰ	100	0.92	2.60	0.95	0.02				
	Ⅱ	100	0.88	3.60	0.71	0.02				
	Ⅰ	160	0.85	3.15	0.89	0.01				
	Ⅱ	160	0.82	3.75	0.81	0.01				
D110	Ⅰ	20	0.99	0.62	0.96	0.04	0.75	0.43	0.78	0.63
	Ⅱ	20	0.99	0.67	0.87	0.05	0.68	0.48	0.62	0.71
	Ⅰ	60	0.99	1.35	0.85	0.05				
	Ⅱ	60	0.98	1.76	0.81	0.07				
	Ⅰ	100	0.95	2.14	0.87	0.07				
	Ⅱ	100	0.94	2.50	0.85	0.08				
	Ⅰ	160	0.79	2.69	0.69	0.08				
	Ⅱ	160	0.77	3.16	0.61	0.08				

1.5　作物生长过程

农作物作为受人类活动影响最大的植被类型，其生长过程受到气候变化和人类灌溉、施肥等活动的共同影响。而陆面过程模型 CLM3.5 及区域气候模式 RegCM4 中未能考虑农作物的播种、生长、收割过程，因此本章通过实现作物模型 CERES- Maize、Wheat、Rice 与 CLM3.5 及 RegCM4 的双向耦合，以研究作物生长与气候变化的相互作用（邹靖，2013；Chen and Xie，2011）。

1.5.1　作物模型 CERES 介绍

CERES（Crop-Environment Resource Synthesis）系列作物模型是在美国农业部农业研究局（USDAARS）的管理下，由密歇根大学 Ritchie 教授等于 20 世纪 70 年代初研制成功的。目前，该系列模型已包括小麦、水稻、高粱、木薯、大豆、花生、马铃薯、粟等多种作物。CERES 系列模型具有相似的模拟过程，如土壤水分平衡过程，作物生长过程等。这些过程包含反映作物生理特性的光合作用、呼吸作用以及作物经济产量与作物品种相关的统计特征。根据中国的农作物分布比例及耕作特征，本书选取 CERES- Maize、Wheat、Rice 3 个模型与 CLM3.5 及 RegCM4 进行耦合。

1.5.1.1　CERES 的模型结构

本书中所选用的 CERES-Rice、CERES-Wheat 和 CERES-Maize 3 个模型在结构上具有一定的相似性,它们的主要特征是结构简单、功能较多、对用户友好。用这 3 个模型不但可以估算非灌溉作物和灌溉作物的产量,而且还能观测不同气候条件下作物品种的生长发育和器官建成等的动态变化。

图 1-39 给出了作物模型 CERES 的基本结构。该模型主程序主要包括初始化子程序、物

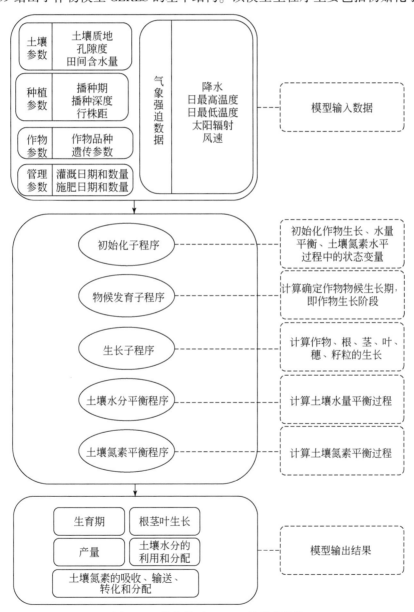

图 1-39　作物模型 CERES 的基本结构

候发育子程序、生长子程序、土壤水分平衡程序和土壤氮素平衡程序，除此以外还有读/写文件、公历日期转换和打印等辅助子程序。该模型需要输入的因子有品种、行株距、播种期、播种深度、灌溉日期和数量、施氮日期和数量、肥料类型、遗传参数、逐日气象数据、纬度、土壤特性的初始条件等。输出的要素是生育期，地上部各器官和根系的生长，土壤水分的利用和分配（包括日蒸发、径流、渗漏、作物水分吸收等过程），土壤氮和植株氮的输送、转化和分配（包括矿化、硝化与反硝化、氮的挥发、植株吸氮、植株含氮量等），产量，产量构成成分，地上部分生物量，阶段发育变化日期，品种的遗传特性和天气条件对作物发育的影响，氮和水分胁迫指标等。但该模型对于病、虫、草和一些极端天气事件还没有考虑。

1.5.1.2 CERES 的基本原理和参数化

（1）基本原理

在 CERES 模型中，作物整个生物量的形成可以简单地表述为

$$B_T = g \times d \tag{1-56}$$

式中，B_T 为作物的全部生物量；g 为作物的平均同化速率；d 为作物生育期的长短。所以，模拟中主要涉及 3 个部分的确定，即作物生长速率、生育期的长短和各种胁迫因子对以上两个因素的影响。作物的根茎叶及产量就是 B_T 分配到作物各个器官的部分，这些配系数受到各种环境因素的影响。因此，作物不光在总生物量的形成过程中收到水分、养分等胁迫因子的影响，而且在生物量分配过程中也要受到各种胁迫因子的影响。

（2）作物的光合生产模拟

1）不考虑胁迫因子的作物潜在干物质生产。研究表明，作物的整个生物量取决于射入的可见光辐射量的多少。作物在没有水分和养分胁迫的情况下，生物量与累计的可见光辐射呈线性关系（Monteith，1977）。CERES 中使用辐射利用效率（Radiation Use Efficiency，RUE）来计算作物干重的增加，即日潜在干物质生产（PCARB）为

$$PCARB = RUE \times IPAR \tag{1-57}$$

式中，RUE 为辐射利用效率 [g/（MJ·d）]，不同作物具有不同的 RUE 值（表 1-7）；IPAR 为作物群体每天截获的光合有效辐射 [MJ/（m²·d）]，可由式（1-58）计算：

$$IPAR = PAR \times [1 - \exp(-k \times LAI)] \tag{1-58}$$

式中，PAR 为作物冠层上方的光合有效辐射 [MJ/（m²·d）]，模型取太阳辐射日总量的 50%（Monteith，1977）；k 为群体消光系数，随不同作物类型的生育期而变（表 1-7）；LAI 为群体叶面积指数。

表 1-7　CERES 模型中有关光合及发育过程的相关参数

参数	生长阶段	玉米	水稻	小麦
辐射利用效率 RUE [g/（MJ·d）]		5.0	2.6～4.0*	2.6～4.0
消光系数		−0.65	−0.6251	−0.85
光合作用最适温度（℃）		26.0	14.0～32.0	18.0

续表

参数	生长阶段	玉米	水稻	小麦
日同化产物向根部分配的最小分配系数	1	0.25	0.35	0.35
	2	0.25	0.20	0.20
	3	0.08	0.15	0.15
	4	0.08	0.15	0.10
度日/叶		75	83	95**
发育最低温度（℃）	营养生长	8.0	9.0	0.0
	籽粒灌浆	8.0	9.0	8.0

*该值随 PAR 值呈负相关变化；**该值为缺省值，用户可在参数文件中修改

2）考虑胁迫因子对作物生长的影响。由于作物的生长还受到温度、水分和养分的影响，所以日实际干物质增量（CARBO）较日潜在干物质增量低。影响实际干物质增量的因素主要有温度影响因子（模型中使用温度逆境订正因子 PRFT）、水分影响因子（模型中使用土壤水分逆境因子 $SWDF_1$）和养分影响因子（模型中使用氮素逆境因子 $NDEF_1$），3 逆境因子取值为 0~1，所以实际逐日干物质生产的计算为

$$CARBO = PCARB \times min\ (PRFT,\ SWDF_1,\ NDEF_1,\ 1) \qquad (1-59)$$

式中，min 为取三个胁迫因子中最小值。该式的意义是，为了模拟作物的日干物质生产量，应首先计算作物潜在的最大日干物质生产量，然后再施以温度、土壤水分和氮素订正；在订正时，假定干物质生产基本上服从最小因素律，即决定于条件最差的因素，如这一因素不得到改善，即使改善其他因素也无增产作用。

其中，温度影响因子 PRFT 由以下公式计算：

$$PRFT = 1 - T_c \times (TDAY - T_0) \qquad (1-60)$$

$$TDAY = 0.75 \times TMAX + 0.25 \times TMIN \qquad (1-61)$$

式中，TMIN 和 TMAX 分别为日最低温和日最高温；T_c 为经验校正常数（取 0.0025）；T_0 为最适温度，不同的作物取值不同。

水分影响因子 $SWDF_1$ 由以下公式计算：

$$SWDF_1 = TRWU/(EP_1 \times 10) \qquad (1-62)$$

式中，TRWU 为作物根部每天从土壤层中吸收水分的总和；EP_1 为作物蒸散量；10 为两者之间的单位换算因子。

养分影响因子 $NDEF_1$ 可由以下公式计算：

$$NDEF_1 = 1.25 \times NFAC \qquad (1-63)$$

$$NFAC = 1 - [(TCNP/TANC)\ /(TCNP-TMNC)] \qquad (1-64)$$

式中，TCNP 为茎叶含氮量的临界值，随发育期而变，若低于此值，作物生长会因缺氮而受到影响；TANC 为实际茎叶含氮量；TMNC 为最小茎叶含氮量，若低于此值，茎叶含氮量就不会再下降。

3）干物质分配。在干物质分配上，各器官的分配系数在不同生长阶段变化较大，如表 1-7 中的日同化产物向根部分配的最小分配系数。下面以 CERES-Maize 在阶段①出苗→幼年终止期干物质的分配方式为例，说明干物质的分配方式。

玉米在阶段①内，所有的单位植株日实际干物质增量（CARBO）被分配到叶和根。

单位植株日实际叶面积增量（PLAG）可由以下公式计算：

$$PLAG = \begin{cases} 3.0 \times XN \times TI \times TURFAC, & XN < 4.0 \\ 3.5 \times XN \times XN \times TI \times TURFAC, & XN \geq 4.0 \end{cases} \tag{1-65}$$

则单位植株总叶面积（PLA）可更新为

$$PLA = PLA + PLAG \tag{1-66}$$

式中，PLA 在阶段一开始时为 0。

单位植株实际累积叶质量（XLFWT）可以通过以下公式计算：

$$XLFWT = \left(\frac{PLA}{267.0}\right)^{1.25} \tag{1-67}$$

则单位植株日实际叶质量增量（GROLF）为

$$GROLF = XLFWT - LFWT \tag{1-68}$$

式中，LFWT 为前一天的单位植株实际累积叶质量。

由于在本阶段只有叶和根生长，因此单位植株日实际根质量增量（GRORT）为

$$GRORT = CARBO - GROLF \tag{1-69}$$

同时，如果 GRORT<0.25CARBO，则不足部分由保存在种子中的碳水化合物量来供给根的生长。

单位植株日实际叶面积衰亡量（SLAN）可以通过以下公式计算：

$$SLAN = SUMDTT \times PLA/10\ 000 \tag{1-70}$$

式中，SUMDTT 为累积温时。由于叶的衰亡量与累积温时成正比，因此衰亡量随着作物的生长而增加。而且，其他外界因素，如低温、干旱、光竞争等都会加速叶的衰亡过程。

叶面积指数可以根据植株数量（PLANTS）、单位植株叶面积（PLA）和单位植株叶衰亡量（SENLA，考虑了外界因素后的实际叶面积衰亡量）计算得到：

$$LAI = 0.0001 \times (PLA - SENLA) \times PLANTS \tag{1-71}$$

由以上过程可以看出，作物干物质分配不仅受到日实际干物质总量的控制，随着作物生长在不同生长期内有不同的分配方式，而且在这些分配过程中还将受到温度、水分、光、养分等因素的影响。

（3）发育期模型

作物生育期包括两个部分，即生长和发育。生长被解释为整个植株或不同植物在器官重量或体积上的增加；而发育是内部生理代谢发生阶段性的变化，是组织结构和生理功能产生性质不同的变化（郑国清和高亮之，2000）。不同器官出现的顺序是种的属性，不同种之间可以各异，并且几乎与环境无关。但是，器官出现的时间和速率则取决于环境条件，所以其变化很大。CERES 模型在模拟作物生育期的过程中对生长和发育均需要考虑不同的影响因子。

作物生育期间同样也包含两个不同的含义，即物候发育和形态发育。物候发育是指作物种子萌动到成熟经历的发育时期，如苗期、拔节期、孕穗期、开花期、灌浆期等。不同发育时期一般对应不同的干物质分配特性，它是品种之间的主要差异之处。形态发育是指作物的整个生育期内不同器官的发育，如根、茎、叶、花、籽粒等器官的发育。对作物形

态发育的模拟是为了估计作物的叶片、分蘖、籽粒的数量。

模型把生长和发育分成两个过程来处理，主要是由于每个过程对水分或养分的反应会有所不同。当作物在水分胁迫条件下生长时，模型会分别对这些生长和发育过程进行处理，从而更精确地模拟作物各个器官及最终产量的形成。在 CERES 模型中将作物的生长发育分成不同的生理阶段，并划分成 9 个生长期。不同作物经历不同的生理阶段（表 1-8）。

表 1-8　CERES 模型中的作物生长的主要阶段和相应的器官形成

阶段	期间	作物	器官生长
1	出苗→幼穗分化	玉米	叶、根
	出苗→穗发育始期	水稻、小麦	
2	幼穗分化→始穗	玉米	叶、茎、根
	穗分化末期→叶片停止生长	水稻、小麦	
3	穗发育期	玉米	叶、茎、根
	抽穗→穗生长末期	水稻、小麦	茎、穗
4	叶片生长末期→籽粒灌浆早期	玉米	茎、穗/圆锥花序
	穗发育终止期→籽粒灌浆早期	水稻、小麦	根
5	灌浆期	水稻、玉米、小麦	籽粒、根
6	成熟→收获	水稻、玉米、小麦	
7	休耕	水稻、玉米、小麦	
8	播种→萌发	水稻、玉米、小麦	根
9	萌发→出苗	水稻、玉米、小麦	根

1）CERES-Maize。CERES-Maize 将玉米全生育期分为 9 个生育阶段：①出苗→幼年终止期；②幼穗终止期→抽雄；③抽雄→吐丝；④吐丝→灌浆早期；⑤灌浆期；⑥灌浆期结束→成熟期；⑦休耕→播前期；⑧播种→发芽；⑨发芽→出苗。

模型假定只有阶段②对光周期敏感、对温度不敏感；而其余各阶段只对温度敏感、对光周期钝感。

对非感光阶段，采用逐日温·时模拟发育速度，下限温度除阶段⑧取 10℃外，其余阶段均取 8℃；最适温度取 34℃，上限温度取 44℃。当日最高温度 TMAX 和日最低温度 TMIN 两者为 8~34℃时，每天的温·时（DDT_i）与温度呈线性相关，即

$$DDT_i = T_i - TBASE \tag{1-72}$$

式中，T_i 为第 i 日的平均温度，取 TMAX 和 TMIN 的平均值；TBASE 为基础温度，作物在该温度下停止生长。如果 TMAX<TBASE，则令 $DDT_i = 0$；如果 TMAX>34℃，或者 TMAX>TBASE 且 TMIN<TBASE，则以每 3h 的间隔在 TMAX 和 TMIN 之间进行正弦内插。如内插平均值介于 TBASE 与 34℃之间，则代入式（1-72）求得 DDT_i；如内插平均值<TBASE，或>44℃，则令 $DDT_i = 0$；当内插平均值为 34~44℃时，DDT_i 随温度呈直线下降，即

$$DDT_i = [(44 - TMAX)/10] \times (34 - TBASE) \tag{1-73}$$

对于 DDT_i 逐日求和，当累积值达到一定临界值时，即表示某个发育阶段结束，下个阶段开始。

对于感光阶段②，模型引入花诱导速度函数（RATEIN）：

$$RATEIN = \frac{1}{4}\left[4 + P2(HRLT - 12.5)\right] \quad (1\text{-}74)$$

式中，HRLT 为光周期（h），若 HRLT<12.5h，令 HRLT = 12.5h，模型还假定在 HRLT ≤ 12.5h 的条件下，进入本阶段后第 4 天即开始抽雄；P2 为感光性遗传参数，其意义是当光周期>12.5h 时，每增加 1h 使吐丝期限延迟出现的天数。对于特定品种来说，P2 值的确定一般是在人工控制条件下实现的，也可以根据田间试验资料，采用"试错法"加以确定。当 RATEIN 的累加值为 1 时，表示进入抽雄期。

2）CERES-Wheat。CERES-Wheat 也将小麦全生长过程划分为 9 个阶段（表 1-8），其中与发育有关的有 5 个阶段：①出苗→幼穗分化；②幼穗分化→始穗；③穗发育期；④穗发育终止期→籽粒灌浆早期；⑤灌浆期。其余 4 个阶段还与栽培管理等有关，如阶段⑥成熟→收获往往与劳力、收割时的天气有关；而阶段⑧播种→出苗和⑨萌发→出苗，除受温度影响外，通常还与播种浓度有关。

模型与 CERES-Maize 类似，也采用温·时来描述发育进程（下限温度取值不一），并施以光同期订正。较为复杂的阶段是阶段①出苗→幼穗分化，因为春化作用、光周期和出叶速度在很大程度上都会影响这一发育阶段所需要的温·时（熊伟，2004）。

3）CERES-Rice。CERES-Rice 对小麦生长期的划分与 CERES-Wheat 类似，并同样采用温·时来描述发育进程。为表征特定水稻基因型的发育与产量特征，模型还设置了 7 个遗传参数，其中有 4 个与发育特性有关，即完成基本营养生长期（BVP，一般由出苗→幼穗分化）所需要的温·时（P1）、光诱导期在不同周期下所需要的温·时（P2R）、最适光周期（P2O）、完成灌浆期所需要的温·时（P5），上述参数均因品种而异。模型还假定在光诱导期，品种的感光性直接影响完成 BVP 的温·时需要量：对于感光性强的水稻品种来说，当日长大于最适光周期时，需要的温·时较多，即 P2R 值较大，反之，在短日照条件下，需要的温时较少，即 P2R 值较小；对于感光性弱的水稻品种来说，P2R 则相当稳定。

1.5.2 作物生长过程对陆面过程的影响

对于陆面模块选用 CLM3.5 的 RegCM4 模式而言，目前尚不能在模式内考虑作物类植被的生长过程。下面通过将作物模型 CERES 与陆面模型 CLM3.5 耦合，用以探讨作物生长过程对陆面过程的影响。

1.5.2.1 考虑作物生长过程的陆面模型 CLM3.5_ CERES

根据中国种植的主要作物分布，本书选取 CERES-Wheat、Maize、Rice 3 个模型与 CLM3.5 进行耦合，用以增强 CLM3.5 模型的模拟能力，探讨农作物生长对陆面过程的影响。耦合模型命名为 CLM3.5_ CERES。

模型耦合设计如图 1-40 所示。CLM3.5 的时间步长为 0.5h，而 CERES 作物模型的时间步长为 1 天，因此两个模型间的交换频率设定为 1 天 1 次。CLM3.5 向 CERES 模型提供必要的强迫，包括降水、气温、辐射、反照率、风速、土壤湿度等；而在本书中，CERES

向 CLM3.5 反馈叶面积指数（LAI）、茎面积指数（SAI）和根系比例 3 个参数。反馈的叶面积指数等变量通过影响植被蒸腾、到达地面的辐射量等进一步对陆面过程产生影响。

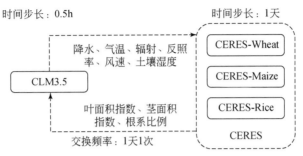

图 1-40　CLM3.5 与 CERES 的耦合示意图

具体而言，对于 CLM 的某一个网格，可以分为湖、冰川、植被等次网格，而陆表覆盖为植被的部分可以进一步分为 17 种（PFT）。在 17 种植被功能类型中，其中一类即为农作物的类型。根据中国不同的物候条件和耕作制度，耦合模型将 CLM 网格中的农作物进一步细分为 8 种类型：春玉米、夏玉米、春小麦、冬小麦、早稻、晚稻、单季稻和其他作物。玉米、小麦和水稻类型的计算分别由 CERES-Maize、CERES-Wheat 和 CERES-Rice 完成，而其他作物类型仍采用 CLM3.5 默认的各参数计算。这几种作物类型采用不同的耕作制度数据驱动，彼此相互独立，互不影响，最终累加并更新 CLM3.5 中的作物类型的叶面积指数、茎面积指数和根系比例。

8 种作物类型的 3 项变量通过加权平均进行累加，并反馈给 CLM3.5，各自权重为 8 种作物分布的相对比例。以叶面积指数（LAI）为例，可表示为

$$\mathrm{LAI_{crop}} = \sum_{i=1}^{8} \gamma_i \times \mathrm{LAI}_i \tag{1-75}$$

式中，i 为各类作物；γ_i 为第 i 类作物的相对分布比例。由于 CERES 模型的农作物分布比例与 CLM3.5 陆表数据集中的作物分布比例源自不同的数据源，存在一定的冲突，因而耦合模型中的作物分布数据统一采用 CLM3.5 的分布数据。8 种作物类型的分布数据根据预先做好的数据进行标准化，使其成为作物分布的相对比例数据 γ_i。

在耦合模型中，当模拟时间到达某一类作物的播种时间时，该类作物的模型即开始进行该年度的初始化并激活运行；当模拟时间到达作物的收获时间时，模型将被强制停止并进行初始化处理，作物类型将被视为裸土类型处理。

1.5.2.2　作物分布数据及品种参数的选取

在 CLM3.5 与 CERES 代码耦合成功的基础上，需要对耦合模型所需的基础作物分布数据和品种参数进行进一步的选取和确认。8 种作物的分布比例数据采用陈锋（2010）基于美国威斯康星大学全球环境和可持续发展中心（Center for Sustainability and the Global Environment）的全球农作物比例数据和中国种植制度区划图所做的农作物种植面积数据。经过标准化后每一种作物的相对分布比例可表示为

$$\gamma_i = \frac{A_i}{\sum\limits_{i=1}^{8} A_i} \tag{1-76}$$

式中，A_i 为第 i 种作物的实际分布比例；γ_i 为第 i 种作物的相对分布比例。7 种作物类型在中国区域内的相对分布比例如图 1-41 所示。

如图 1-41 所示，早稻与晚稻由于属于同一种植制度，因此分布数据也相同。最集中的种植区位于长江流域的洞庭湖、鄱阳湖周边区域，两广地区也有较高的种植比例。双季稻的种植需要足够的积温和水分条件，因此其分布基本位于长江以南的东亚夏季风区，在中国的其他地区并不适合种植。单季稻的种植条件明显不如双季稻苛刻，因此在中国的东部季风区内均有种植。其最集中的种植区位于四川盆地与云贵高原，中国南方的其他地区和东北地区也有一定的种植。小麦耐旱能力更强，在我国被广泛种植。其中，大部分地区种植的为冬小麦，从辽东至我国南方均有分布；而春小麦主要分布在半干旱、干旱或高纬度地区，全国种植面积较少。作为 C4 植物的代表——玉米，有着更为高效的光合作用速率和很强的适应能力，因而在全国均有大范围的种植。由于玉米在国人饮食结构中的地位相对小麦、水稻较低，因此玉米的种植面积总体不及小麦和水稻。春玉米主要分布在中国东北、华南等地，而夏玉米主要分布在华北、四川、云贵等地。

7 种作物的播种时间与收获时间数据同样采用陈锋（2010）基于中国农业物候图集（张福春等，1987）所做的全国分布数据。图 1-42 所示的是中国区域内 7 种作物播种时间的分布。作物的播种时间与其种植地区所在的积温有关，而积温基本呈纬向分布，因此播种时间基本由南向北逐渐向后延迟，纬度较低的华南地区通常在春季播种最早，但在其他季节并不严格对应，因为各地的轮作套作等种植制度的差异使得各类作物尤其是春季以外播种的作物在播种时间方面存在较大的差异。

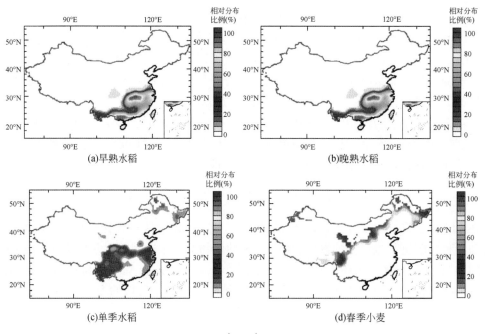

(a)早熟水稻　　(b)晚熟水稻

(c)单季水稻　　(d)春季小麦

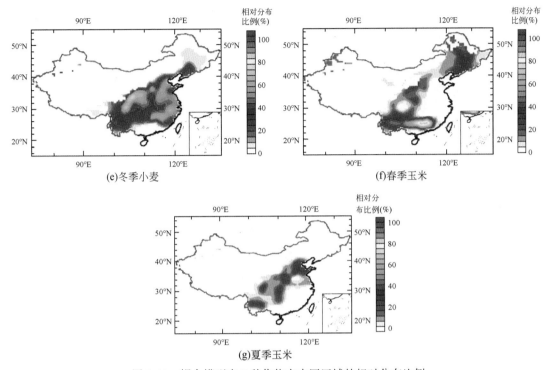

(e)冬季小麦　　　　　　　　　　　　　(f)春季玉米

(g)夏季玉米

图 1-41　耦合模型中 7 种作物在中国区域的相对分布比例

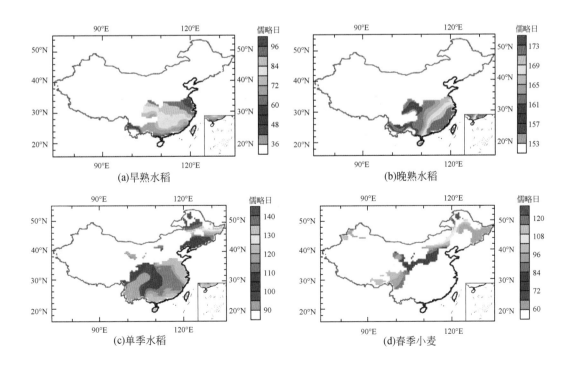

(a)早熟水稻　　　　　　　　　　　　　(b)晚熟水稻

(c)单季水稻　　　　　　　　　　　　　(d)春季小麦

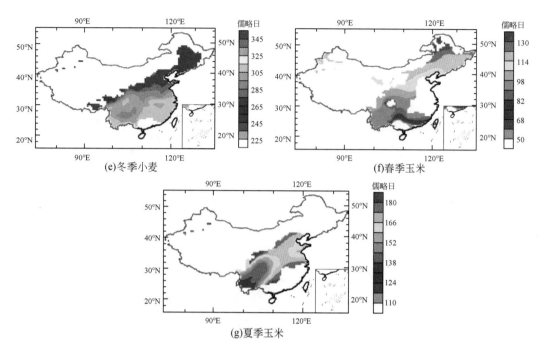

(e)冬季小麦　　　　　　　　　　　(f)春季玉米

(g)夏季玉米

图 1-42　中国区域内 7 种作物的播种时间

图 1-43 所示的是 7 种作物类型的收获时间。一般而言，作物的收获时间同样由南向北逐渐延迟，湿热的南方地区作物的收获时间较早。

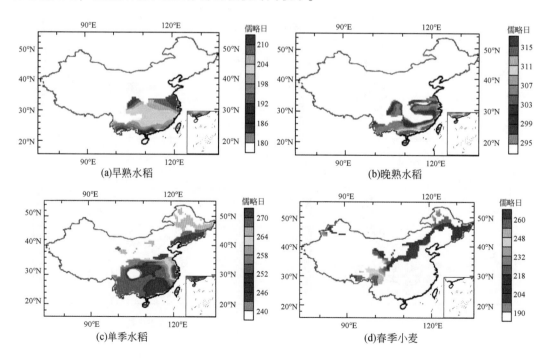

(a)早熟水稻　　　　　　　　　　　(b)晚熟水稻

(c)单季水稻　　　　　　　　　　　(d)春季小麦

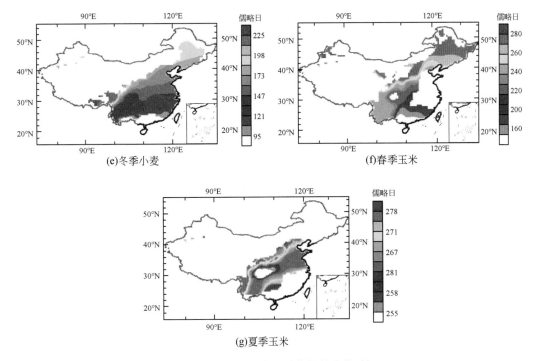

图 1-43 中国区域内 7 种作物的收获时间

对于作物品种及遗传参数，本书采用陈锋（2010）直接参考熊伟（2004）的工作做成的数据。中国区域内的小麦划分为 10 个子区域，玉米划分为 6 个子区域，而水稻也划分为 6 个子区域，每一区域的品种均给定了相应的遗传参数。

表 1-9 ~ 表 1-11 为参考前人工作的品种遗传参数，而水稻、玉米和小麦的种植子区域的分布图（图 1-44 ~ 图 1-46）则引自 1989 年中国地图出版社出版的《中华人民共和国国家农业地图集》。

表 1-9　小麦品种及各品种遗传参数和栽培地区[*]

序号	品种名称	P1V	P1D	P5	G1	G2	G3	PHINT	适宜种植地区
1	J411	2.2	4.3	0.1	12.4	3.5	1.6	95	北部冬麦区
2	Zhenhai1	1.5	4.3	5.2	4.5	6.3	5.1	95	黄淮冬麦区
3	Emai12	2.2	2.7	0.4	4.1	2.9	6.3	95	长江下游冬麦区
4	GM2	2.7	3.9	9.4	2.9	1.6	8.3	95	西南冬麦区
5	Yue6	0.2	1.8	9.9	8.0	1.9	1.8	81	华南冬麦区
6	Kefeng1	0.9	0.8	3.3	6.1	3.2	4.5	92	东北春麦区
7	NM20	1.0	4.5	3.5	2.3	3.0	7.8	95	北部春麦区
8	L2764-3	0.7	3.8	8.9	5.2	1.9	4.6	98	西北春麦区

续表

序号	品种名称	P1V	P1D	P5	G1	G2	G3	PHINT	适宜种植地区
9	Zhangchun6	3.0	6.2	8.0	3.1	1.0	8.5	95	青藏春麦区
10	Kuihua1	2.6	3.3	7.8	5.2	9.5	5.7	95	新疆春麦区

* P1V 表示春化作用系数, P1D 表示光周期系数, P5 表示灌浆期系数, G1 表示单位茎重的籽粒数, G2 表示潜在籽粒灌浆速率, G3 表示潜在茎秆重, PHINT 表示完成一张叶片所需要的温·时

表 1-10　玉米品种及各品种遗传参数和栽培地区*

序号	品种名称	P1	P2	P5	G2	G3	PHINT	适宜种植地区
1	Dongnong248	240	0.19	650	314	10.0	38.9	北方春玉米区
2	Yedan13	280	0.30	790	720	8.5	38.9	黄淮平原春夏播玉米区
3	Jiao3danjiao	320	0.30	900	700	8.0	38.9	西南山地丘陵玉米区
4	Sidan19	280	0.30	790	720	8.5	38.9	南方丘陵玉米区
5	Sc-704	270	0.30	900	700	9.2	38.9	西北内陆玉米区
6	—							青藏高原玉米区

* P1 表示完成基本营养生长期所需要的温·时, P2 表示光周期反应系数, P5 表示吐丝到生理成熟所需要的温·时, G2 表示潜在籽粒数, G3 表示潜在籽粒灌浆速率, PHINT 表示完成一张叶片所需要的温·时

表 1-11　水稻品种及各品种遗传参数和栽培地区*

序号		品种名称	P1	P2R	P5	P2O	G1	G2	G3	G4	适宜种植地区
1	1	Shouyou63（早稻）	880	58.7	318	12.0	45.0	0.2400	1.00	1.00	华南双季稻作区
		Rong33（晚稻）	830	50.0	550	15.0	100.0	0.0255	1.00	1.00	
2	2a	Er58（单季稻）	768	35.0	394	8.0	40.0	0.0280	1.00	1.00	长江流域北部稻作区（单季为主）
	2b	96143（早稻）	480	50.0	200	8.0	188.0	0.2800	1.00	0.71	长江流域南部稻作区（双季为主）
		Ningbo（晚稻）	450	115.0	390	11.7	88.0	0.2700	1.00	1.00	
3		8202	450	85.8	360	11.7	68.0	0.0230	1.00	1.00	华北单季稻作区
4	4a	Hejiang21	100	120.0	250	12.0	40.0	0.0250	1.00	1.25	东北特早稻稻作区
	4b	Zhengfu10	220	35.0	294	9.1	55.0	0.0220	1.00	1.00	东北早稻稻作区
5	5a	Xieyou3551	622	35.0	375	8.3	50.5	0.0280	1.00	1.00	西北干旱稻作区
	5b										西北半干旱稻作区
6	6a	—									青藏高原不宜种稻区
	6b	Hexi	596	52.0	344	12.0	65.0	0.2160	1.00	1.00	云贵高原稻作区

* P1 表示完成基本营养生长期所需要的温·时, P2R 表示光诱导期在不同光周期下所需要的温·时, P5 表示完成灌浆期所需要的温·时, P2O 表示最适合光周期, G1 表示日辐射与同化物之间的转换系数, G2 表示籽粒大小, G3 表示分蘖发生速度, G4 表示温度胁迫系数

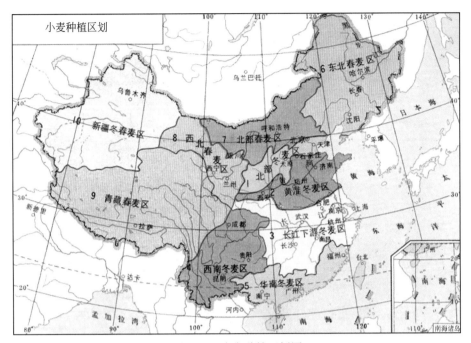

图 1-44　小麦种植区划图

引自 1989 年中国地图出版社出版的《中华人民共和国国家农业地图集》。

图 1-45、图 1-46 同。受资料限制，图片清晰度不佳，敬请读者谅解

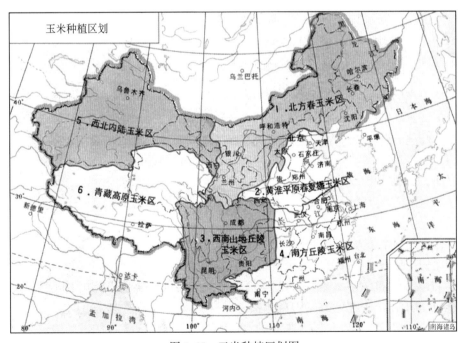

图 1-45　玉米种植区划图

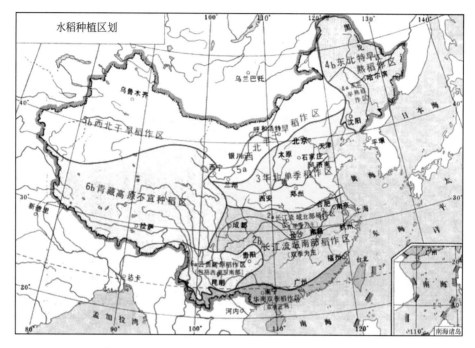

图 1-46　水稻种植区划图

1.5.3　CLM3.5_ CERES 的模拟验证

1.5.3.1　试验设计

对于耦合模型 CLM3.5_ CERES 的模拟验证试验，模拟时间由 1999 年 1 月 1 日~2004年 12 月 31 日，其中第一年作为起转时间。模拟区域为东经 70°~135°，北纬 15°~55°，覆盖了中国陆地的全境。模型的空间分辨率为 0.5°×0.5°，时间步长为 30min。耦合模型的模拟结果命名为 CLM_ CERES；而作为比较，采用相同设置的 CLM3.5 原模型也运行了相同的时间，模拟结果命名为 CTL。

1.5.3.2　结果分析

首先，采用两个单站资料对模拟结果进行比较。观测数据为湖南桃源站与山东禹城站的作物叶面积指数和地上部分生物量资料（尹志芳，2005）。

图 1-47 为湖南桃源站 2000 年的观测值与模拟值的比较。该站所在地区种植的主要作物为双季稻。图 1-47 中红色散点为观测值，蓝色实线为耦合模型模拟的早稻的结果，绿色虚线为耦合模型模拟的晚稻的结果，而黑色点划线为 CLM3.5 控制试验输出的作物类型的模拟值。如图 1-47 所示，耦合模型对双季稻的模拟与观测资料基本一致。早稻自 4 月下旬播种至 7 月下旬收割，最大的叶面积指数出现在 6 月末；模拟的晚稻长势相对不如早

稻，与实测资料有一定偏差。作为对比，控制试验 CTL 中的作物类型叶面积指数季节变率较差，无法反映作物叶面积指数在生长季与非生长季的悬殊差异。对年平均而言，耦合模型 CLM3.5_ CERES 与 CLM3.5 模拟效果差异不大，但在年内的季节变化方面二者存在一定的不同。对于地上部分生物量的模拟，CLM3.5 没有相关的输出，因此无法列出比较。

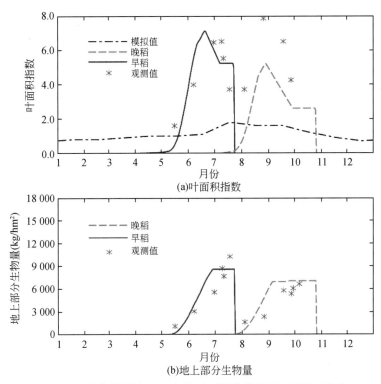

图 1-47　湖南桃源站 2000 年的叶面积指数与地上部分生物量

图 1-48 所示的是山东禹城站的观测与模拟结果，该地区种植的主要作物为冬小麦和夏玉米，因而图中给出了两类作物的模拟值。根据该地区的种植制度，冬小麦在前一年 10 月末播种，在来年 6 月初收割；而夏玉米在 6 月底播种，至 9 月底收割。如图 1-48 所示，耦合模式的模拟值与观测值十分吻合，冬小麦在播种之后的 4 个月里叶面积指数和生物量由于气温水分影响，始终处于较低水平。过冬之后，在 3 月底开始迅速生长，这与实际情况是十分符合的。由于山东禹城站的观测数据相对桃源站的数据更为精细，因而冬小麦、夏玉米的验证结果更有说服力。CLM3.5 模拟的作物类型的叶面积指数虽然也有季节变化，但总体模拟值较低。对于地上部分生物量，耦合模型较好地模拟出了冬小麦与夏玉米在生长期有机质迅速累积的过程。因此，通过与单站观测资料的验证，耦合模型对各类作物的生长过程均有较好的模拟能力。

除了单站的验证以外，图 1-49 也给出了耦合模型模拟的各陆表变量的空间分布。图 1-49 给出了耦合模型与 CLM3.5 原模型 2002 年平均的总叶面积指数分布及其差异，参与比较的是 AVHRR 反演的 2002 年平均叶面积指数。由于 CLM3.5 原模型中总叶面积指数由

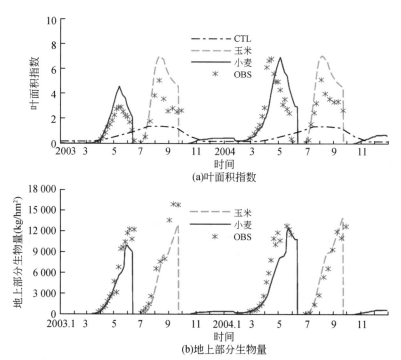

(a)叶面积指数

(b)地上部分生物量

图 1-48　山东禹城站 2003～2004 年的叶面积指数与地上部分生物量

CTL 表示对照组，OBS 表示观测，下同

MODIS 多年资料反演得到，因此 AVHRR 资料仅作为一种参考。如图 1-49 所示，耦合模型与原模型模拟的叶面积指数均比较合理，与 AVHRR 资料的差别不大。中国区域内的云南西双版纳附近、福建武夷山区、东北大小兴安岭林区等地，植被覆盖最为茂密，叶面积指数最大；而在西北干旱区植被覆盖度较低，叶面积指数较小。由于农作物在总植被分布中所占的比重较小，因此总体平均而言，耦合模型 CLM3.5_ CERES 与 CLM3.5 原模型模拟的总叶面积指数的差异并不大。根据耦合模型与原模型的总叶面积指数差异空间分布，耦合模型模拟的总叶面积指数在华北、东北地区有所增加，增加幅度约为 0.2°，这是由于该地区种植的主要作物小麦和玉米叶面积指数相对 CLM3.5 原模型的作物叶面积指数明显增加，使得总叶面积指数增加。在长江以南地区，耦合模型计算的总叶面积指数相对较小，以华南地区减少最明显。

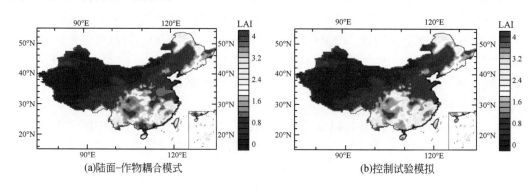

(a)陆面-作物耦合模式

(b)控制试验模拟

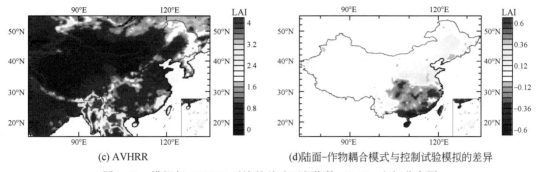

(c) AVHRR

(d)陆面-作物耦合模式与控制试验模拟的差异

图1-49　模拟与AVHRR反演的总叶面积指数（LAI）空间分布图

图1-50为耦合模型模拟的平均根系比例以及与原模型的差异。在原模型CLM3.5中，各层土壤中的根系比例为一个固定值，无法反映植被尤其是一年生草本植物的根系生长和消亡过程。耦合模型由于可以向CLM3.5反馈每天变化的根系比例，对于作物根系生长过程的描述相对一个固定值而言更为合理。根系比例的变化可以通过植被蒸腾作用间接影响根区的土壤湿度，而土壤中水分的再分布会进一步影响产流、地表通量的变化。如图1-50所示，由于原模型的根系比例固定，没有空间分布，因此不予给出。耦合模型计算的平均根系比例在华北及黄淮地区最高，东北地区最低。与原模型的固定值相比，中国东部大部分地区模拟的根系比例增加，在华北、黄淮平原上增加的比例甚至超过了0.1，中国区域内只有在东北平原上根系比例有所降低。

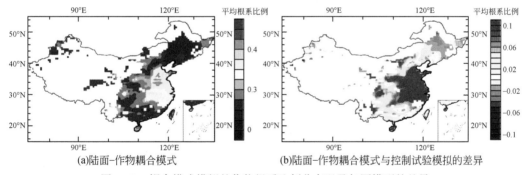

(a)陆面-作物耦合模式

(b)陆面-作物耦合模式与控制试验模拟的差异

图1-50　耦合模式模拟的作物根系比例分布以及与原模型的差异

图1-51显示的是耦合模式与原模式模拟2000～2004年5年平均的总径流深及其差异分布，参与比较的是GRDC多年平均径流数据，并无时间变率。如图1-51所示，模拟的径流深均由东南向西北递减，中国东南沿海地区径流深最大，这与GRDC数据的空间分布是吻合的，但模拟值由东南向西北递减的梯度相对较小，空间差异性不大。两组模拟结果相比较，耦合模型模拟的总径流深在江淮、黄淮地区有所减少，减少幅度大约为30mm/a。径流减少的现象主要是由于该地区的根系比例耦合模型模拟相对较高，更多水分由植被蒸腾作用耗散，在一定程度上限制了产流作用。在其他地区径流变化并不明显，仅在西南、华南地区有微弱的增加。

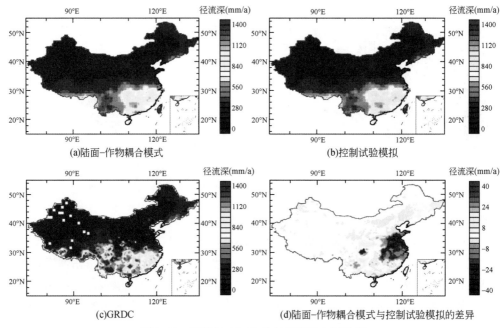

图 1-51　模拟与 GRDC 总径流深的空间分布

　　与径流深差异相对应，两组模拟土壤湿度（图 1-52）同样在华北、黄淮地区差异最大，这是由于该地区耦合模型模拟的叶面积指数和根系比例均相对较大，小麦、玉米等主要作物长势较为旺盛，使得更多的土壤水分用于作物的蒸腾作用，因此该地区土壤湿度有所下降。然而，这一差异并不明显，两组模拟结果均能较好地模拟西北干、东南湿的空间差异。

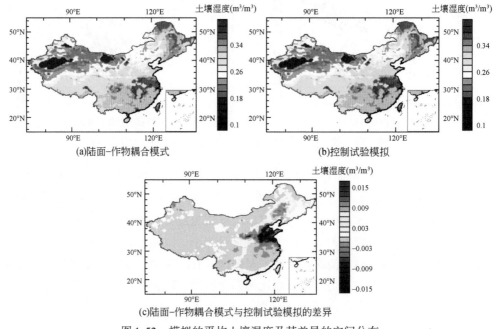

图 1-52　模拟的平均土壤湿度及其差异的空间分布

由于观测站点稀疏，土壤湿度的模拟验证仅采用区域平均的时间序列。根据站点分布，选取观测站点较为密集的 3 个区域：东北（122°E ~ 130°E，43°N ~ 47°N）、华北（112°E ~ 118°E，35°N ~ 40°N）和江淮区域（115°E ~ 120°E，30°N ~ 34°N）。图 1-53 所示的是 3 个典型区域的 10cm 土壤湿度的月平均序列，其中红色散点为观测值，蓝色直线为耦合模型的模拟值，绿色虚线为原模型模拟值。如图 1-53 所示，两组结果呈现十分微弱的月差异，仅在作物的生长季有所差异。其中，华北与江淮区域的差异远大于东北区域。

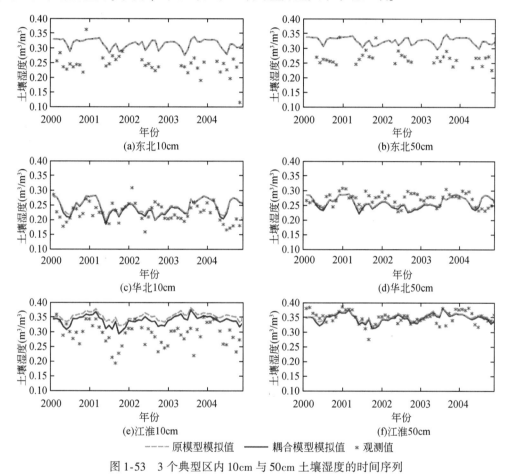

图 1-53　3 个典型区内 10cm 与 50cm 土壤湿度的时间序列

相同的变化也表现在 50cm 土壤湿度的差异中。两组模拟结果在东北地区均模拟偏湿，而在华北、江淮地区模拟较好，并且 50cm 土壤湿度的模拟效果相对 10cm 表层土壤更为接近观测值。

其他一些陆面变量的模拟差异在图 1-54 中给出。如图 1-54 所示，由于东北、华北地区耦合模型模拟的叶面积指数稍大，引起了到达地面的太阳辐射下降，地面吸收能量减弱，因而气温有所降低。与之相反，在我国南方地区，耦合模型模拟的叶面积指数稍小，因而气温有所升高。华北、黄淮地区较大的叶面积指数与根系比例使得该地区的植被蒸腾量增加，而在其他叶面积指数减小的区域植被蒸腾有所降低。叶面积指数的改变也会引起植被截流量的变化，其中 CLM_ CERES 在我国南方地区模拟的叶面积指数较小，植被截留量也会因此下降，在叶面积指数相对较高的华北地区，截留量有所增加，但并不明显。值得注意的是，这些差异均十分微弱，并不能通过显著性检验。

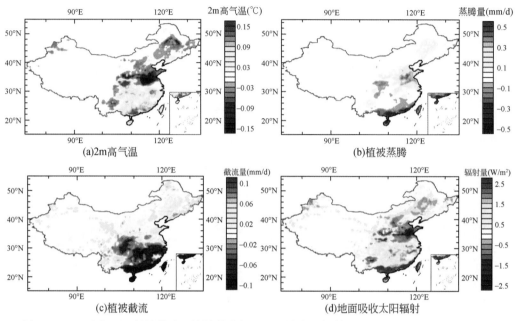

图 1-54　2m 高气温、植被蒸腾、植被截流与地面吸收太阳辐射的差异（CLM_ CERES-CLM）

1.6　大尺度陆地水循环模型 CLM-DTVGM 的构建

CLM3.5（community land model version 3.5）模式是 NCAR 发布的新一代陆面过程模式，是在 CLM3.0 的基础上对陆面参数和水文过程加以改进，引进并完善了径流、地下水、碳循环和冻土过程。其物理过程在文献中有较为详尽的描述（Oleson et al.，2004，2007）。

分布式时变增益水文模型（DTVGM）作为一种系统论与物理方法结合的模型，能较好地反映蓄满和超渗的地表产流过程，易建立土地利用/覆被变化联系，且能描述人类活动，简单实用效果好，对水文系统模拟的精度比较高，可广泛用于大尺度水文循环的模拟（夏军等，2004，2005）。本节针对 CLM3.5 中仅细致考虑了一维垂向上的水文过程，缺乏对二维水文过程的精确估算，尤其缺乏考虑人类活动对水文过程的影响等不足，采用 DTVGM 的时变增益因子概念和运动波汇流机制，改进 CLM3.5 中的产汇流模型，并在模型中考虑地下水开采、南水北调、三生用水、作物种植等人类活动影响，发展能够描述流域自然–人文过程的大尺度陆地水循环模型（CLM-DTVGM）（宋晓猛等，2011；Song et al.，2011；Zhan et al.，2013）。

1.6.1 模型改进和构建

1.6.1.1 产流模块改进

CLM3.5 模型参数化过程中考虑了植被截流、穿过植被冠层的降水、植被滴落的降水、雪的累积与融化、雪层间的水分传输、下渗、地表径流、次地表径流以及模型柱内的植被冠层水的变化量 ΔW_{can}、雪水变化量 ΔW_{sno}、土壤水变化量 $\Delta W_{liq,i}$、土壤冰变化量 $\Delta W_{ice,i}$ 等诸多水文变量。

系统中的水量平衡（图1-55）可以表示为

$$\Delta W_{can} + \Delta W_{sno} + \sum_{i=1}^{N}(\Delta W_{liq,i} + \Delta W_{ice,i}) = (q_{rain} + q_{sno} - E_v - E_g - q_{over} - q_{drai} - q_{rgwl})\Delta t$$

(1-77)

式中，q_{rain} 为液态降水；q_{sno} 为固态降水；E_v 为植被蒸散发；E_g 为地面蒸发；q_{over} 为地表径流；q_{drai} 为地下径流；q_{rgwl} 为冰川、湿地、湖泊类型中产生的径流；N 为土壤层数；Δt 为时间步长。

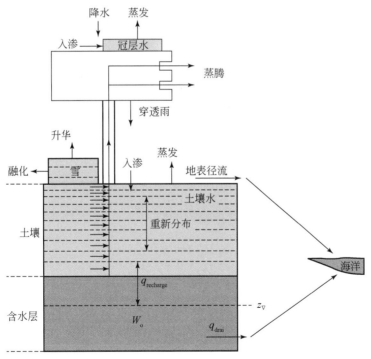

图 1-55　CLM3.5 水量平衡过程

CLM3.5 原有的地表产流采用 TOPMODEL 模型中的 SIMTOP 参数化方案，即根据蓄满产流和超渗产流的机制来计算，其中关键参数是计算单元的饱和因子，其依赖表层土壤的不透水面积，计算较为复杂（Oleson et al.，2004，2007）。

TOPMODEL 中产流计算包括不饱和层水分运动、饱和层水分运动以及地表径流。因此，模型中流域总径流 Q 是饱和坡面流 Q_s 和壤中流 Q_b 之和。

（1）饱和坡面流 Q_s

当某点的土壤饱和缺水量小于等于 0 时，意味着地下水抬升到地表，形成饱和坡面流，饱和坡面流计算式为

$$Q_s = \frac{\sum a_i |D_i|}{A} \tag{1-78}$$

式中，A 为流域面积；a_i 为与 D_i 对应的饱和面积；D_i 为非饱和层土壤的蓄水能力。

（2）非饱和层水分运动方程

假定不饱和层的水分流动是以一定速率垂直进入饱和地下水带的。对于任一点 i，下渗率 $q_{v,i}$ 函数形式可用土壤饱和缺水量表示：

$$q_{v,i} = \frac{S_{uz,i}}{D_i t_d} \tag{1-79}$$

式中，$S_{uz,i}$ 为点 i 之处的不饱和层蓄水量；t_d 为时间参数。

在计算整个流域的总下渗率 Q_v 时，通常采用加权平均法计算，即

$$Q_v = \sum q_{v,i} A_i \tag{1-80}$$

式中，A_i 为位置不同但地貌指数值相同的各处面积之和。

（3）饱和层水分运动方程

饱和带的出流为壤中流 Q_b，令 $\lambda^* = \frac{1}{A} \int_A \ln\left(\frac{\alpha_i}{\tan\beta_i}\right) dA$，$Q_0 = AT_0 \exp(-\lambda^*)$

则壤中流的计算公式为

$$Q_b = Q_0 \exp\left(-\overline{Z}/S_{zm}\right) \tag{1-81}$$

式中，S_{zm} 为非饱和区最大蓄水深度；T_0 为饱和导水率；A 为流域面积；$\overline{Z}$ 为流域平均饱和地下水水面深度；$\ln\left(\frac{\alpha_i}{\tan\beta_i}\right)$ 为流域内点 i 处的地貌指数；α 为单宽集水面积；$\tan\beta$ 为地表局部坡度。

流域平均饱和地下水水面深度 $\overline{Z}$ 的计算公式为

$$\overline{Z}^{t+1} = \overline{Z}^t - \frac{(Q_v^t - Q_b^t)}{A}\Delta t$$

初始平均饱和地下水水面深度 $\overline{Z}^1$ 的计算公式为

$$\overline{Z}^1 = -S_{zm} \cdot \ln(Q_b^1/Q_0)$$

式中，Q_b^1 为流域初始壤中流。

本书采用 DTVGM 模型的时变增益因子概念，改进 CLM3.5 中的产流模型，考虑降水径流的非线性关系，以及产流过程中土壤湿度不同引起的产流量变化，通过时变增益因子联系水文循环系统输入输出之间的非线性关系，其简化了复杂的非线性关系，避免了 Richard 方程等物理机制的繁琐计算，同时可以得到与一般 Volterra 泛函级数相同的模拟效

果，为简化 CLM3.5 模型产流计算和提高精度提供了很好的方法。

DTVGM 模型地表产流模型计算方法如下：

$$R = G(t)P(t) \tag{1-82}$$

式中，$G(t)$ 为时变增益系数；$P(t)$ 为降水量（mm）；R 为地表水产流量（mm）。

$$G(t) = g1 \left(\frac{W(t)}{Wm} \right)^{g2} \tag{1-83}$$

式中，$g1$、$g2$ 为时变增益因子；$W(t)$ 为土湿，即土壤含水量（mm）；Wm 为土壤饱和含水量（mm）。考虑利用菲利普下渗公式计算的平均下渗量为

$$\bar{F} = Fc \left(\frac{Wm}{W(t)} \right)^{n_1} = Ks\Delta t \left(\frac{Wm}{W(t)} \right)^{n_1} \tag{1-84}$$

式中，Fc 为 Δt 时段稳渗量（mm）；Ks 为土壤饱和状态的稳渗率（mm/d）；Δt 为计算的时段（d）；n_1 为模型指数参数，与土壤特性等下垫面条件有关，一般为 1.0 左右。考虑扣除下渗后的地表产流为

$$R = \begin{cases} P(t) - \bar{F} & P(t) \geqslant \bar{F}(t) \\ 0 & P(t) < \bar{F}(t) \end{cases} \tag{1-85}$$

联立方程，根据水量平衡关系得到：

$$G(t) = \begin{cases} 1 - Fc \left(\frac{Wm}{W(t)} \right)^{n_1} / P(t) & P(t) \geqslant Fc \left(\frac{Wm}{W(t)} \right)^{n_1} \\ 0 & P(t) < Fc \left(\frac{Wm}{W(t)} \right)^{n_1} \end{cases} \tag{1-86}$$

其关系式说明了时变增益因子与土壤含水量等的非线性函数关系，其具有明显的物理意义。

1.6.1.2　汇流模块改进

汇流计算中，CLM3.5 模型在坡面汇流和河道（网格间）汇流部分，都是采用一阶线性方程进行计算，但实际的汇流非常复杂，简单的线性描述不能有效地表达汇流过程。CLM3.5 中河流传输模型（RTM）采用线性传输方案将水量从每一格点传输到相邻的下游格点，方案分辨率为 0.5°。每一个 RTM 网格内的河水水量变化可以表示为

$$\Delta W_{can} + \Delta W_{sno} + \sum_{i=1}^{N} (\Delta W_{liq,i} + \Delta W_{ice,i})$$
$$= (q_{rain} + q_{sno} - E_v - E_g - q_{over} - q_{drai} - q_{rgwl})\Delta t \tag{1-87}$$

$$F_{out} = \frac{v}{d}S \tag{1-88}$$

式中，F_{out} 为从该网格流入下游邻近网格的流量；v 为有效流速（m³/s）；d 为相邻网格间的距离（m）；S 为一个网格单元的存储量（m³）。每个网格的流向为 8 个方向之一，并且流向是基于数字高程模型中的最陡坡度所做的（Graham et al.，1999）。

陆面模型在每个时间步长的总径流 R 为

$$R = q_{over} + q_{drai} + q_{rgwl} \tag{1-89}$$

式中，q_{over}为地表径流 $[kg/(m^2 \cdot s)]$；q_{drai}为地下排水 $[kg/(m^2 \cdot s)]$；q_{rgwl}为冰川、湿地、湖泊等径流 $[kg/(m^2 \cdot s)]$。

而 DTVGM 用非线性的方法进行汇流计算，其对汇流过程模拟是基于栅格的分级运动，波汇流模型是以栅格为基础划分汇流栅格等级（即汇流带），在此基础上应用运动波模型进行逐级汇流演算直至流域出口断面。因此，采取非线性的 DTVGM 汇流模块来修改线性的 CLM3.5 汇流模块，进而更加有效地进行汇流计算。

本书通过划分子流域、子流域与网格嵌套，然后采用运动波方程进行求解，得到更精确的研究区域流量过程。将水文单元分成坡面与河道两部分来进行汇流计算。在每个节点（产流单元）内用运动波计算，节点间通过网络连接汇流计算。该方法完全模拟实际的流域汇流路径与模式进行计算，理论合理。

（1）网格到子流域匹配计算

在陆面模式中习惯采用方形网格作为单元进行计算，而在水文上有着严格的流域要求。地表径流严格按照流域进行汇流计算。此处采用网格与子流域嵌套方法将陆面模式的产流插值到最近的子流域上（图 1-56）。

采用流域汇流的优点在于地表汇流过程按照地形进行汇流。当网格尺度较大时，若一个网格中出现了山脊，实际上这个网格将向周围多个网格进行汇流，而在单流向的算法中就无法实现这一点。采用子流域进行汇流计算时，子流域的边界是山脊，一个子流域中的水一般不会流向多个子流域，理论上说明采用子流域要比大尺度网格汇流合理。

（2）子流域内坡面汇流计算

为了使汇流模型简单可行，先假设忽略动量方程中的摩阻项，认为摩阻比降 S_f 等于坡度比降 S_0；在计算的水文单元很小时，假设坡面上积水均匀分布（图 1-57）。

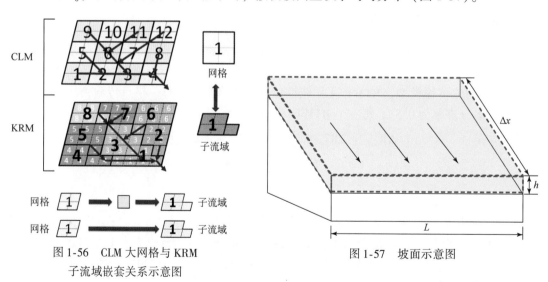

图 1-56　CLM 大网格与 KRM
子流域嵌套关系示意图

图 1-57　坡面示意图

半个坡面流入该子流域河道的流量 Q_s 可由下式计算：

$$Q_s = \alpha \cdot \left(\frac{A_t + A_{t-1}}{2} \right)^{\beta} \tag{1-90}$$

可得

$$(A_t - A_{t-1}) = \left[-\alpha \cdot \left(\frac{A_t + A_{t-1}}{2} \right)^{\beta} \right] \frac{\Delta t}{\Delta x} + R \cdot \frac{\text{Area}}{\Delta x} \tag{1-91}$$

令

$$f(A_t) = \left[-\alpha \cdot \left(\frac{A_t + A_{t-1}}{2} \right)^{\beta} \right] \frac{\Delta t}{\Delta x} + R \cdot \frac{\text{Area}}{\Delta x} - A_t + A_{t-1} \tag{1-92}$$

$$f'(A_t) = -\frac{\alpha\beta}{2} \cdot \left(\frac{A_t + A_{t-1}}{2} \right)^{\beta-1} \frac{\Delta t}{\Delta x} - 1 \tag{1-93}$$

则牛顿迭代式为

$$A_t^{(k)} = A_t^{(k-1)} - \frac{f\left[A_t^{(k-1)} \right]}{f'\left[A_t^{(k-1)} \right]} \tag{1-94}$$

式中，α、β 为经验参数；Area 为子流域面积。

通过迭代，即可求出断面面积 A_t。代入式（1-90）中可以计算出坡面的出流 Q_s。

（3）子流域内河道汇流计算

为了使汇流模型简单可行，首先假设忽略动量方程中的摩阻项，认为摩阻比降 S_f 等于坡度比降 S_0（图 1-58）。

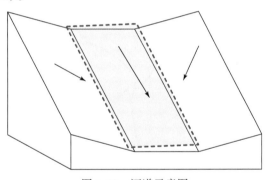

图 1-58　河道示意图

流入河道的流量 Q_1 等于上游汇入的网格流出流量的和，流出河道的流量 Q_0 可由下式计算得到：

$$Q_0 = \alpha \cdot \left(\frac{A_t + A_{t-1}}{2} \right)^{\beta} \tag{1-95}$$

令

$$f(A_t) = \left[Q_1 - \alpha \cdot \left(\frac{A_t + A_{t-1}}{2} \right)^{\beta} \right] \frac{\Delta t}{L} + \frac{Q_s \Delta t}{L} - A_t + A_{t-1} \tag{1-96}$$

$$f'(A_t) = -\frac{\alpha\beta}{2} \cdot \left(\frac{A_t + A_{t-1}}{2} \right)^{\beta-1} \frac{\Delta t}{L} - 1 \tag{1-97}$$

则牛顿迭代式为

$$A_t^{(k)} = A_t^{(k-1)} - \frac{f\left[A_t^{(k-1)}\right]}{f'\left[A_t^{(k-1)}\right]} \qquad (1\text{-}98)$$

式中，L 为河道长度。

通过迭代即可求出断面面积 A_t，从而可以计算出子流域的出流 Q_0。

（4）子流域间汇流计算

利用本书提出的提取河网的方法，通过 DEM 能够得到每个子流域的流向、水流累积值。确定出每个子流域的流入、流出子流域。该方法将整个流域建成了一个有向无环图，能够保证流域中的每个子流域的水流都能够流到流域的出口。

取阈值为–1，提取河网，则提取的河网包含了流域中的所有栅格。河网的编码是从流域出口到流域边界逐河段编码的，汇流计算则需从河源向流域出口逐河段计算，即按照编码从大到小计算（图 1-59）。给出区分坡面与河道的阈值，该阈值需要结合网格尺度的大小与流域特性确定。例如，在黄河流域的多沟壑区阈值则比较小，对于平原区阈值则比较大。将该阈值与每个网格的水流累积值进行比较。小于该阈值的用坡面汇流计算，大于该阈值用河道汇流计算。如此即可计算出每个网格的入流与出流。一般流域中至少有流域出口的实测流量。可以通过实测流量来拟定模型中的参数。

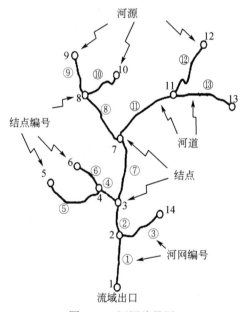

图 1-59　河网编号图

实际模型计算中，从编号最大的子流域开始计算，即从流域源头计算到流域出口。每个子流域的出口流量直接加到其流入流域的上游入流中。

1.6.1.3　类活动影响模块

（1）地下水开采和取用水过程

为了探讨人类取水用水过程对水循环过程的影响，本书提出了一个简单的概念式方案用以表示这一过程。方案的基本框架如图 1-60 所示。为了满足每个时间步长内的总需水量 D_t，人类需要从附近的河流和地下含水层汲取水源，从河流中和地下含水层汲取的水量分别记为 Q_s 和 Q_g；而开采的水资源量主要用于 3 个方面：人类生活 D_d、工业生产 D_i 和农业灌溉 D_a。对于人类生活和工业生产部分，用水主要消耗于蒸发，而剩余的水量作为废水（D_g）返回河道里；对于农业灌溉部分，所有的用水作为有效降水降落到土壤表面，并继续参加随后的产流等计算过程。

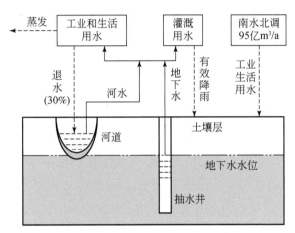

图 1-60   取水用水方案的框架示意图

基于上述的方案框架，在水资源的开采部分，从河流汲取的地表水供水量 Q_s 在 CLM3.5 中主要从每个格点的总径流（地表径流与地下径流之和）中扣除；而从地下含水层中汲取的地下水供水量 Q_g 是在计算陆地水储量时扣除，可以表示为

$$\frac{\mathrm{d}W}{\mathrm{d}t} = q_{\text{recharge}} - q_{\text{drai}} - Q_g \tag{1-99}$$

式中，W 为陆地水储量；q_{recharge} 为土壤水对地下含水层的补给量；q_{drai} 为地下径流。在水资源的利用部分，工业生产和人类生活产生的废水量 D_g 视为 α（D_i+D_d），且被直接从模式格点柱内移除，不再参与格点柱内的计算（α 为工业生产和人类生活用水中返回河道的废水比例），而模式中的蒸发量相应地增加（$1-\alpha$）×（D_i+D_d），到达地表的有效降水量也因灌溉而增加 D_a。

（2）调水过程

考虑调水输入，用水供需平衡关系将会被改写为

$$D_t = Q_s + Q_g + Q_d \tag{1-100}$$

式中，D_t 为总用水需求；Q_s 为地表水开采量；Q_g 为地下水开采量；Q_d 为调水量。受水区调水量的输入并没有改变局地水资源的利用过程，调水前与调水后用水消费没有变化，而调水量的加入仅仅限制了局地水资源的开采过程。

实际上，受水区所接受的调水一般存储在当地的水库中，主要用于供应工业生产、人类生活用水，并无季节变化。因此，在维持原有水资源消费的水平下，地下水开采量由于调水量 Q_d 的引入而相应减少，可表示为

$$Q_g = \max(D_t - Q_d - R_{sur} - R_{sub} ,\ 0) \qquad (1\text{-}101)$$

式中，R_{sur} 与 R_{sub} 分别为网格内各时间步的地表产流量与地下产流量。基于以上等式的修改，即可在原有地下水开采利用方案基础上考虑大型调水工程。

（3）作物种植的考虑

农作物作为受人类活动影响最大的植被类型，其生长过程受到气候变化和人类灌溉、施肥等活动的共同影响。而陆面过程模型 CLM-DTVGM 中未能考虑农作物的播种、生长、收割过程，因此本书根据中国种植的主要作物的分布，选取 CERES- Wheat、Maize、Rice 3 个模型与 CLM-DTVGM 进行耦合，用以增强 CLM-DTVGM 模型的模拟能力，探讨农作物生长对陆面过程的影响。

模型耦合设计如图 1-61 所示。CLM-DTVGM 的时间步长为 0.5h，而 CERES 作物模型的时间步长为 1 天，因此两个模型间的交换频率设定为 1 天 1 次。CLM-DTVGM 向 CERES 模型提供必要的强迫，包括降水、气温、辐射、反照率、风速、土壤湿度等；而在本书中，CERES 向 CLM-DTVGM 反馈叶面积指数、茎面积指数和根系比例 3 个参数。反馈的叶面积指数等变量通过影响植被蒸腾、到达地面的辐射量等进一步对陆面过程产生影响。

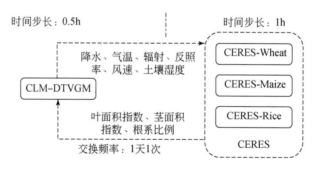

图 1-61　CLM-DTVGM 与 CERES 的耦合示意图

1.6.2　模型优化和不确定性分析

通常模型的不确定性量化研究包括参数筛选、敏感性分析、不确定性评价、率定、可行性分析、风险分析以及数值优化等。针对 DTVGM 的不确定性量化研究，开展了以下工作。

1.6.2.1　模型参数的不确定性影响

一般而言，一个模型的一个自由变化的参数必存在一个唯一的最优值，即不存在异参同效现象。随着参数个数的增加，参数间的相关性增高，异参同效性的现象逐步增加。通过改变自由参数的个数来分析参数对模型不确定性的影响，以地表水出流系数 $g1$ 和蒸发系数 Kaw 这两个参数的散点图为例，按照敏感度从小到大的顺序固定其他各个参数（最小土壤湿度 W_{mi}，土壤水蓄泄系数 Kr，地表产流指数 $g2$，蓄水容量 WM），计算相应的效率系数，观测模型不确定性的变化（图 1-62 ~ 图 1-65）。

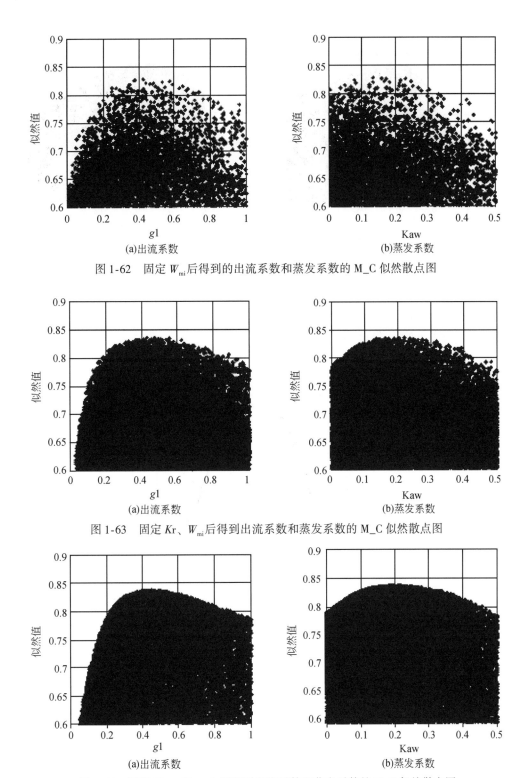

(a)出流系数 (b)蒸发系数

图 1-62 固定 W_{mi} 后得到的出流系数和蒸发系数的 M_C 似然散点图

(a)出流系数 (b)蒸发系数

图 1-63 固定 Kr、W_{mi} 后得到出流系数和蒸发系数的 M_C 似然散点图

(a)出流系数 (b)蒸发系数

图 1-64 固定 W_{mi}、Kr、$g2$ 后得到出流系数和蒸发系数的 M_C 似然散点图

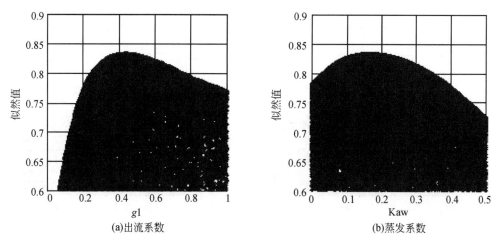

(a)出流系数   (b)蒸发系数

图 1-65   固定 W_{mi}、Kr、$g2$、WM 后得到出流系数和蒸发系数的 M_C 似然散点图

从图 1-66 可以看出，减少模型自由参数可以在一定程度上减小模型参数的不确定性影响，从 $g1$ 和 Kaw 的散点图变化可以看出，散点分布范围减少，形状凸起得更明显，从而缩减了模型参数的最优值范围。

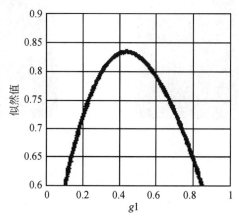

图 1-66   固定 W_{mi}、Kr、$g2$、WM 和 Kaw 后的出流系数的 M_C 似然散点图

1.6.2.2   模型输入的不确定性影响

针对模型输入系统误差对模型不确定性的影响，给定模型输入资料的系统误差，以降水为例，将降水减少和增加 10%，对比变化前后参数 $g1$ 和 Kaw 的 M_C 似然散点图。

图 1-67 和图 1-68 显示降水的系统误差对两个参数的影响不同。降水的输入误差对 $g1$ 和 Kaw 的不确定性影响程度不同，从上面可以看出对 Kaw 的影响更大一些。进一步深入分析可知，模型输入的不确定性导致模型结果的不确定性说明模型输入系统误差也是模型不确定性的主要因素之一。

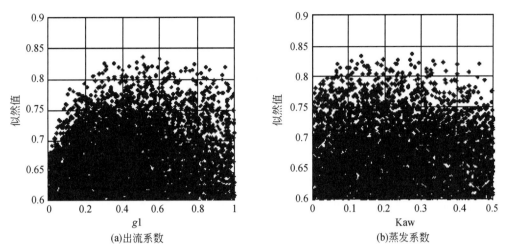

(a)出流系数   (b)蒸发系数

图 1-67 降水减少 10% 后出流系数和蒸发系数的 M_C 似然散点图

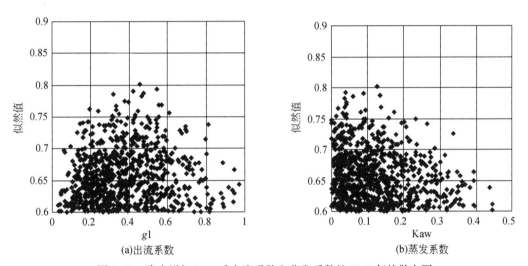

(a)出流系数   (b)蒸发系数

图 1-68 降水增加 10% 后出流系数和蒸发系数的 M_C 似然散点图

1.6.2.3 基于 PSUADE 的不确定性量化新方法研究

PSUADE（problem solving environment for uncertainty analysis and design exploration）是美国加利福尼亚州 Lawrence Livermore 国家重点实验室开发的一种新的不确定性量化平台，集成了多种不确定性分析方法，为复杂水文系统模型的不确定性量化提供了有力支持。具体流程如图 1-69 所示。

针对 CLM-DTVGM，PSUADE 不确定性分析简化过程及响应曲面构建如图 1-70 所示。

参数敏感度分析方法。多元自适应回归样条（multivariate adaptive regression splines，MARS）是由 Friedman 提出的一种针对多维变量的非参数建模方法。MARS 方法不需要对

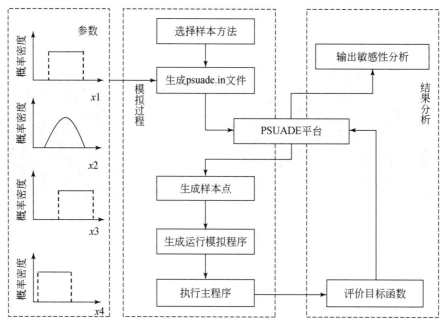

图 1-69　PSUADE 运行示意框架

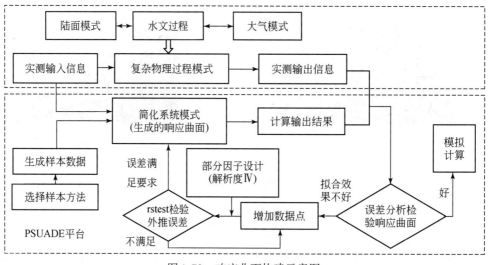

图 1-70　响应曲面构建示意图

模型的形式作特定的假设，其基函数的形式和个数都由数据通过搜索算法自动生成。建模过程首先将函数以加权和的形式引入到 MARS 模型中，生长一个过大的模型；然后对模型进行修剪，将造成模型过度拟合的基函数删除；最后从模型中选取较小的 MARS 模型作为最优模型。

　　MARS 方法的数学形式如下：

$$\hat{y}(x) = a_0 + \sum_{m=1}^{M} a_m B_m(x) \tag{1-102}$$

式中，a_m 为样条函数 $B_m(x)$ 的系数；M 为模型中含有的样条函数的数目。样条函数形式如下：

$$B_m(x) = \prod_{k=1}^{K_m} \left[S_{km} \left(x_{v(k,m)} - t_{km} \right) \right]_+ \tag{1-103}$$

式中，K_m 为结点数；t_{km} 为结点位置；$x_{v(k,m)}$ 为变量 x 的第 $v(k,m)$ 个分量；S_{km} 取值为+1 或 −1。$\left[x_{v(k,m)} - t_{km} \right]_+$ 为半截多项式，即

$$\left[x_{v(k,m)} - t_{km} \right]_+ = \begin{cases} x_{v(k,m)} - t_{km} & \text{当 } x_{v(k,m)} > t_{km} \text{ 时} \\ 0 & \text{其他} \end{cases} \tag{1-104}$$

结合之前 GLUE 方法的应用结果，选择上述 6 个参数作为模型的敏感性参数进行率定，构建响应曲面参数空间填充样本，其抽样方法采用蒙特卡罗抽样法，样本大小为 1000 组，根据 MARS 敏感性分析方法得出的结果与 GLUE 方法较相似，但也有差异，敏感度从高到低分别为 g2（1.00）>g1（0.9237）>Kr（0.3616）>Kaw（0.3176）>WM（0.2948）>W_{mi}（0.2724）。

1.6.2.4　DTVGM 参数的不确定性实例研究

通过对 DTVGM 模型参数进行敏感性分析与研究，发现某些参数对模型输出的影响较大。为了降低参数不确定性分析过程中的计算成本，仅考虑 DTVGM 筛选的 8 个相对重要的参数，选择典型流域——淮河流域 10 年数据（1991～2000 年），应用集合响应曲面方法和 RSM-MCMC 方法分析 DTVGM 模型参数的不确定性影响。

构建响应曲面模型训练样本的不确定性统计特征（表 1-12），目标函数 NS 和 RC 多数点落在均值的右侧，样本数据表现为负偏态。目标函数 WB 和总目标函数 OBJ 均表现为正偏态。总目标函数 OBJ 的最优结果应该为 0，均值为 0.44，即正偏条件下数据集落在（0，0.44）的概率较大。4 个目标函数的峰度均为正值，其中 NS 和 OBJ 的数值较大，其尖顶峰现象较为显著。

表 1-12　不确定性统计指标

指标	WB	NS	RC	OBJ
样本均值	1.1679	0.2174	0.7611	0.4403
标准差	0.4236	0.8109	0.1023	0.4404
偏度	2.4088	−4.6099	−1.2807	5.1413
峰度	12.153	42.437	4.1877	40.768

采用 Gibbs 抽样方法抽取参数样本，结合 MCMC 算法进行不确定性分析。通过多次抽样和分析计算，直至收敛结束。针对不同的目标函数，给出了 4 个目标函数条件下的单参数后验分布（图 1-71）。

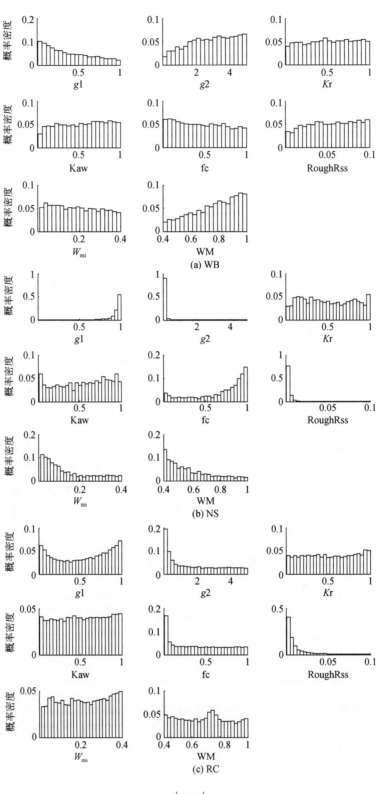

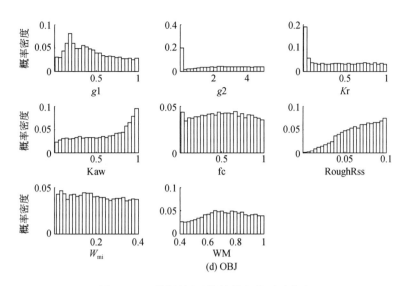

图 1-71　不同目标函数的单参数后验分布

从单参数后验分布分析，相对敏感性较大的参数其不确定性表现也较明显，后验分布出现明显的聚类现象，说明敏感性参数的不确定性影响也是参数对模拟结果的不确定性影响的重要部分，需要重点考虑。例如，$g1$ 和 RoughRss 表现显著，其在相应的区间范围内，参数分布出现明显峰值，也反映了参数在区间的不确定性表现较大，即参数值的选择将对模型模拟效果的影响较大。对于不同的目标函数来说，参数的不确定性表现存在一些差异，如 RoughRss 参数在水量平衡目标函数方面表现较平坦，而在反映拟合效果的目标函数方面其表现出较大的不确定性，这也与参数的物理意义相符合。

水量平衡主要考虑模型的产流计算过程，对于反映拟合效果的目标函数其更关注模型的汇流过程，侧重于实测流量过程线与模拟过程线的匹配程度，因此汇流参数 RoughRss 的影响表现突出。不同目标函数下参数的峰值区间也存在差异，如 $g1$ 在水量平衡目标函数下的峰值偏于参数范围的左侧，而对于 Nash-Sutcliffe 效率系数目标函数的峰值偏于参数区间右侧，同样 WM 参数也具有上述特点。

根据前面所提的不确定性区间估计方法，分别计算 1991 ~ 2000 年 DTVGM 模型的不确定性预测区间，计算预测区间的覆盖度和区间平均宽度见表 1-13。

表 1-13　不确定性评价指标

年份	1991	1992	1993	1994	1995	1996	1997	1998	1999	2000	平均
覆盖度	0.6	0.81	0.95	0.88	0.91	0.77	0.70	0.90	0.84	0.46	0.782
区间宽度	1.99	4.49	3.35	6.11	7.14	5.80	6.31	2.35	4.16	1.60	4.33

从表 1-13 可以看出，多数年份的不确定性覆盖度（统计实测值在模拟区间的概率）都在 0.7 以上，但 1991 年和 2000 年的 95% 区间覆盖度较小。对于区间平均宽度（区间最大值与区间最小值的差值与实测值的比值的算术平均）指标，平均宽度越小则说明不确定

性程度越小。从表 1-13 中可以得出，多年平均的区间宽度为 4.33，即借助于响应曲面方法和 MCMC 方法进行的模型参数不确定性分析结果有效。两个不确定性评价指标，覆盖度越大越好，且最优为 1；区间宽度越小越好。综合两项指标，该方法应用的效果较好，满足不确定性分析的要求。

1.6.3 CLM-DTVGM 模型评估

1.6.3.1 基于 NCEP 再分析数据评估

NCEP/NCAR 再分析资料（Kalnay et al.，1996）是美国国家环境预报中心与美国国家大气研究中心合作开发的一套全球大气和地表区域再分析资料。该项目于 1991 年开始，在当时是作为 NCEP 气候数据同化系统项目的一个自然延伸，其目的在于消除因早期全球资料同化系统自身的一些变动而导致的输出资料中的一些"气候变化"。基本思路是用一套固定的而且最先进的分析/预报系统来代替原来的同化系统，通过将可获得的历史观测数据输入一套固定版本的资料同化系统（其核心为一个水平分辨率约为 2.0°，垂直 28 层的谱模式）中，最终得到一套空间上连续的、从 1948 年延续至今的、时间分辨率为 6h 的格点再分析资料。

本书以我国东部季风区为研究区，以来自 NCEP 再分析数据（1.875°×1.875°）为气象输入，CLM 官网上的地表数据集作为地表数据输入，模拟时间为 1998/01/01 ～ 2003/12/31，其中 1998 年为 spin-up 期，时间步长为 24h，模型分辨率为 1°×1°；运行 CLM-DTVGM 和 CLM3.5，对比分析结果（图 1-72）。

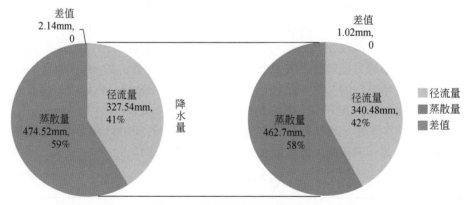

图 1-72 模型水量平衡模块分析

图 1-73 给出了模型水量平衡要素的降水量、径流量和蒸散发量。东部季风区多年平均降水量约为 804.2mm，从径流和蒸散发的模拟结果看，CLM-DTVGM 模拟的径流量略微增多，蒸散发量有所减少，但变化都并不明显（变化约 1%）。尽管总的径流量变化不大，但地表径流量变化非常明显，CLM-DTVGM 的地表产流量增加超过了 1 倍（图 1-73）；但相应的地下径流量减小幅度也较大，所以总径流量变化不明显。虽然模型运行时间仅为 5

年，并不能从整体上涵盖丰、平、枯多年变化的特点，但水量平衡模拟结果已经基本满意，降水量与径流量和蒸散量间的差值（研究区蓄水量）约为2%，今后若选取更多年序列进行模拟，土壤蓄水量变化应趋于0。从整体上看，研究区径流量和蒸散发量的比例分别约为40%和60%。

图1-73给出了水量平衡要素的年际变化，包括降水量、径流量、蒸散发量及地表径流量。因为CLM-DTVGM修正了CLM3.5地表产流模块，地表产流量变化非常明显，CLM3.5模型原始的产流模块模拟的地表径流量约为50mm/a，而CLM-DTVGM模拟的地表产流量超过了100mm/a；CLM-DTVGM模拟径流总量和蒸散发量变化并不十分明显。

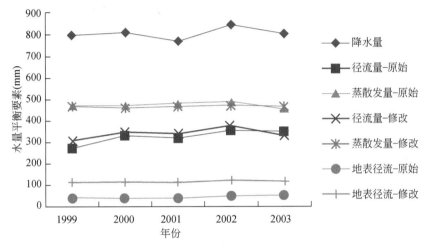

图1-73　水量平衡主要要素的年际变化（包括模型修改前、后的模拟值）

图1-74～图1-76给出了东部季风区1999～2003年的年降水量、径流量和蒸散发量的空间分布变化。从图1-74～图1-76中可以看出，降水量和径流量的南北差异明显，呈南多北少，但蒸散发量南北差异并不明显。从整体上看，东北部和西北部的蒸散发量相对较少，而东部和南部沿海地区蒸散发量较高。

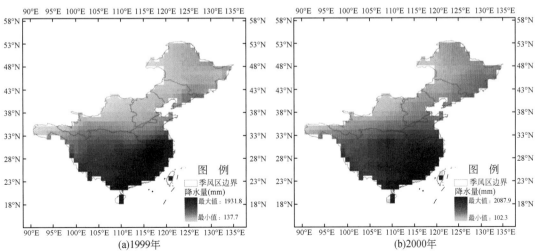

(a)1999年　　　　　　　　　　　　　(b)2000年

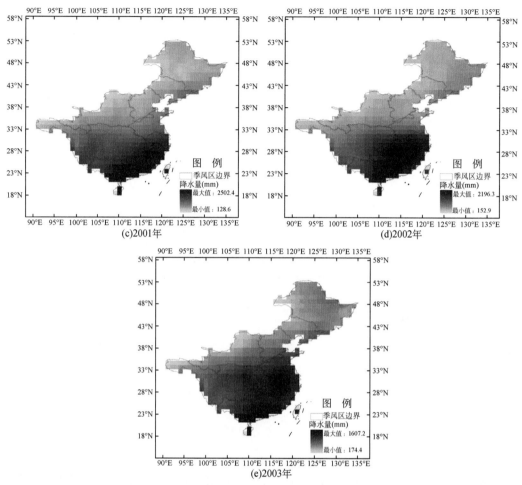

(c)2001年   (d)2002年

(e)2003年

图 1-74　东部季风区年降水量的空间分布图

左边为 CLM-DTVGM，右边为 CLM3.5

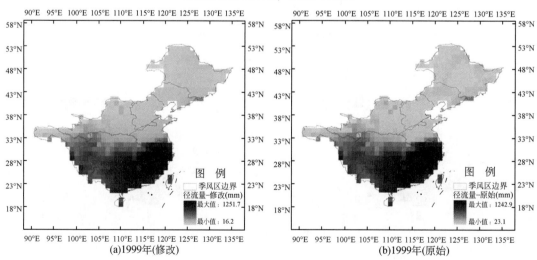

(a)1999年(修改)   (b)1999年(原始)

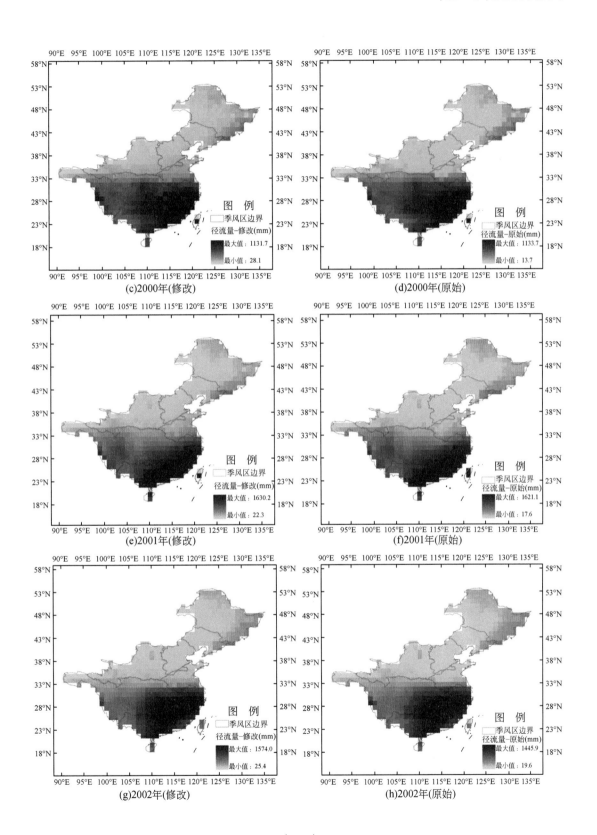

(c)2000年(修改)

(d)2000年(原始)

(e)2001年(修改)

(f)2001年(原始)

(g)2002年(修改)

(h)2002年(原始)

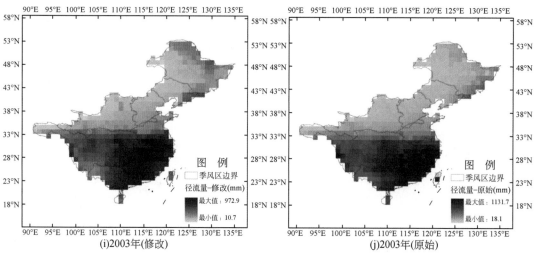

(i)2003年(修改)　　　　　　　　　　　　　　　(j)2003年(原始)

图 1-75　东部季风区年径流量的空间分布

左边为 CLM-DTVGM，右边为 CLM3.5

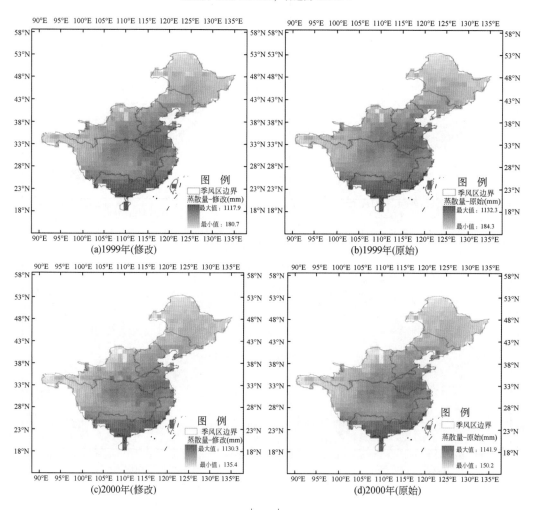

(a)1999年(修改)　　　　　　　　　　　　　　　(b)1999年(原始)

(c)2000年(修改)　　　　　　　　　　　　　　　(d)2000年(原始)

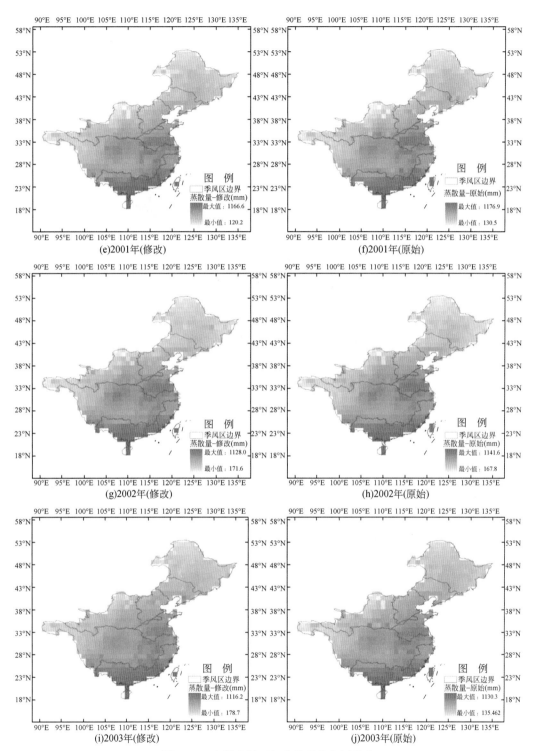

图 1-76 东部季风区年蒸散量的空间分布

左边为 CLM-DTVGM，右边为 CLM3.5

模型修改前后模拟地表产流量变化的空间分布如图 1-77 所示。由图 1-77 可以看出，修改后模型模拟的地表产流量不仅整体明显增多，空间分布上，各个模拟网格内产流量都较修改前有所增加，增加量在 11.3 ~ 168.7mm。

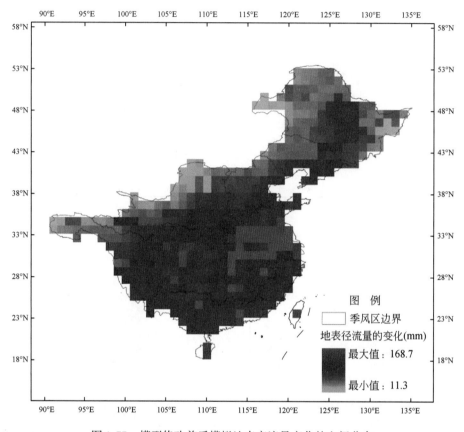

图 1-77　模型修改前后模拟地表产流量变化的空间分布

1.6.3.2　基于 Princeton 再分析数据评估

使用由 Sheffield 等（2006）开发的全球大气强迫数据 Princeton 再分析数据和国际地圈–生物圈计划（IGBP）全球 1km 土地覆盖数据集驱动 CLM。该大气强迫数据集包含降水、地面温度、压力、湿度、风速和长短波辐射，空间分辨率为 1.875°，时间分辨率为 3h。在中国区域，将强迫数据和陆面数据以 0.5° 的水平分辨率插值到网格，驱动 CLM3.5，采用 CLM3.5 产流结果，计算 CLM3.5 的 RTM 与 CLM-DTVGM 的运动波汇流（KRM）结果。RTM 采用 0.5°×0.5° 网格汇流（图 1-78）。KRM 将中国区域划分成 37 992 子流域进行计算（图 1-79），子流域面积阈值为 100 km²。研究区域为 89.5°E ~ 134.5°E，17.5°N ~ 54.5°N，典型水文站的位置如图 1-80 所示。

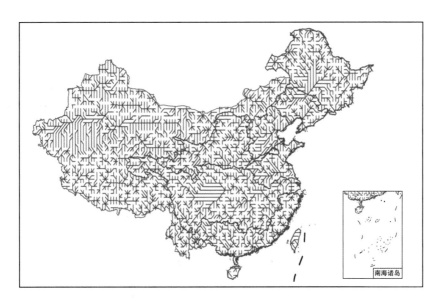

图 1-78　RTM 网格汇流流向

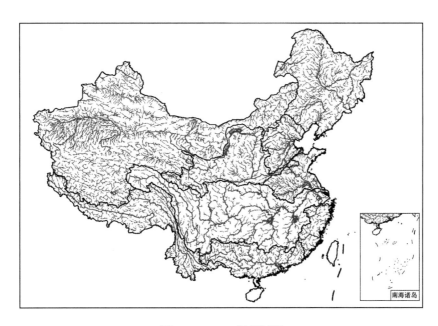

图 1-79　KRM 汇流河道

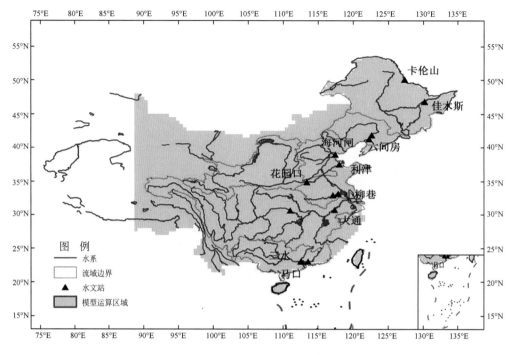

图 1-80　东部季风区流域主要水文控制站

　　图 1-81 显示了 2003 年和 2004 年 CLM 模拟的年径流。然后用模拟径流驱动 RTM 和
KWR。KWR 的空间分辨率比 RTM 的更高，且比 RTM 的流动方向更加逼真。KWR 模拟
汇流主要集中在河道。因为 RTM 在 0.5°×0.5°网格运行，RTM 的河流宽度为 50km，这
比实际要大得多。另外，RTM 流向的进一步验证表明它们与实际情况不太相符。

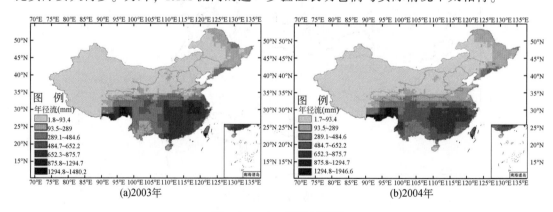

图 1-81　CLM 模拟年径流

　　图 1-82 为多站点观测模拟流量过程图。虽然 KWR 和 RTM 模拟结果均与观测流量之
间有一定差异，但 KWR 模拟流量过程比 RTM 更接近观测值，尤其在洪峰出现时间和流量
突变点的模拟上。

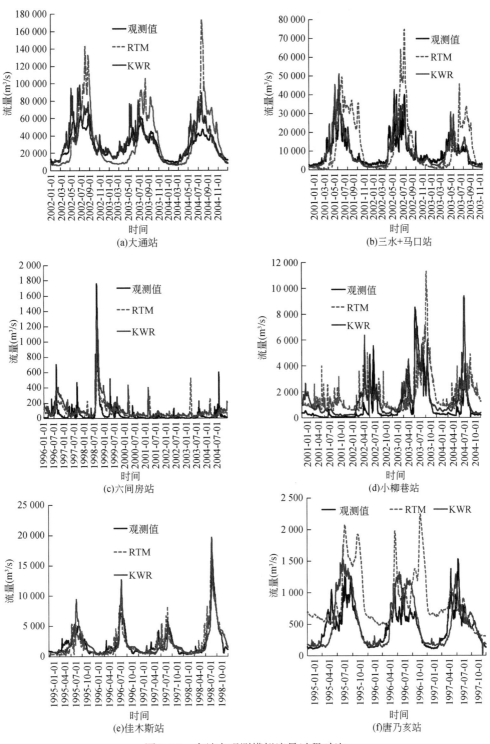

图 1-82　多站点观测模拟流量过程对比

表 1-14 显示了 KWR 和 RTM 模拟结果与观测值的比较，评价指标为纳什效率系数（NSE）E、相关系数 R、水量平衡系数 B，计算公式如下：

$$E = \left[1 - \frac{\sum (Q_c - Q_0)^2}{\sum (Q_0 - \overline{Q_0})^2} \right] \times 100\% \tag{1-105}$$

$$R = \frac{\sum (Q_c - \overline{Q}_c)(Q_0 - \overline{Q}_0)}{\sqrt{\sum (Q_c - \overline{Q}_c)^2 \sum (Q_0 - \overline{Q}_0)^2}} \tag{1-106}$$

$$B = \frac{SR}{OR} \tag{1-107}$$

式中，Q_0、Q_c、$\overline{Q_0}$、$\overline{Q_c}$ 分别为观测流量、模拟流量、观测流量均值、模拟流量均值；SR 为模拟流量总和；OR 为观测流量总和；对于 E 和 R，其值越大说明模拟效果越好；对于 B，越接近 1 说明模拟效果越好。从图 1-82 和表 1-14 可以看出，本书开发的 CLM-DTVGM 较陆面模式中的 RTM 汇流结果具有非常大的改进，模拟精度显著提高。

表 1-14 模拟结果比较分析

站名	流域	水资源利用率（%）	E		R		B	
			KWR	RTM	KWR	RTM	KWR	RTM
大通	长江	17.193	0.79	-1.95	0.95	0.79	1.07	1.24
三水+马口	珠江	18.619	0.73	-1.46	0.91	0.56	1.02	1.34
佳木斯	松花江	44.274	0.76	0.75	0.90	0.89	1.00	0.97
六间房	辽河	44.274	0.44	0.41	0.79	0.67	1.95	1.45
小柳巷	淮河	44.746	0.44	-0.20	0.78	0.54	1.56	1.87
唐乃亥	黄河	69.167	0.11	-2.91	0.74	0.40	1.15	1.85
花园口	黄河	69.167	-1.67	-0.34	0.36	0.19	1.67	0.92

第 2 章　区域气候−陆面水文耦合模式

2.1　地下水位动态变化对区域气候及极端气候事件的影响

为了提高气候−地下水相互作用的数值模拟能力，本节利用考虑地下水位动态变化的地下水模型及地表、地下径流机制和区域气候模式 RegCM3 的耦合模式 RegCM3_Hydro，通过 20 年的长期模拟，探讨地下水、地表/地下径流对中国七大流域区域气候的影响（秦佩华，2012；Qin et al., 2013；Qin et al., 2014）。

2.1.1　地下水模型与区域气候模式的耦合过程

本节基于 Liang 等（2003）给出的地下水模型并结合 Yang 和 Xie（2003）的坐标变换对其简化，即假设在地表和基岩之间存在一个潜水面，将陆面模式中地下水位动态表示问题归结为一个运动边界问题，表示为

$$
\begin{cases}
\dfrac{\partial \theta}{\partial t} = \dfrac{\partial}{\partial z}\left[D(\theta)\dfrac{\partial \theta}{\partial z} - K(\theta) \right] - S(z,\ t) \\[2mm]
\left[K(\theta) - D(\theta)\dfrac{\partial \theta}{\partial z} \right] \big|_{z=0} = q_0(t) \\[2mm]
\theta(z,\ t)\,|_{z=\alpha(t)} = \theta_s \\[2mm]
\theta(z,\ 0) = \theta_0(z),\ 0 \leqslant z \leqslant \alpha(t) \\[2mm]
\left[K(\theta) - D(\theta)\dfrac{\partial \theta}{\partial z} \right] \big|_{z=\alpha(t)} = Q_b(t) + E_2(t) - n_e(t)\dfrac{\mathrm{d}\alpha}{\mathrm{d}t}
\end{cases}
\tag{2-1}
$$

式中，θ 为土壤体积含水率（L^3/L^3）；$D(\theta)$ 为水分扩散系统（L^2/T）；$K(\theta)$ 为水力传导度（L/T）；$S(z,\ t)$ 为植被蒸腾相关的源汇项；$q_0(t)$ 为陆表通量（即 $z=0$）；$\alpha(t)$ 为地下水埋深（L），即从地下水水位到陆表的距离；θ_s 为土壤孔隙度（L^3/L^3）；$Q_b(t)$ 为基流（L/T）；$E_2(t)$ 为饱和区的蒸腾率（L/T）；$n_e(t)$ 为多孔介质的有效孔隙度（L/L）。

通过如下的坐标变换（Yang and Xie, 2003）：

$$
x = \frac{z}{\alpha(t)},\ \tau = t
\tag{2-2}
$$

原运动边界问题可以简化成如下的固定边界问题：

$$\begin{cases} \dfrac{\partial \theta}{\partial \tau} - \dfrac{x}{\alpha} \dfrac{\mathrm{d}\alpha}{\mathrm{d}\tau} \dfrac{\partial \theta}{\partial x} = \dfrac{\partial}{\partial x}\left[\dfrac{D(\theta)}{\alpha^2} \dfrac{\partial \theta}{\partial x} - \dfrac{K(\theta)}{\alpha} \right] - S(z, \tau) \\ \left[K(\theta) - \dfrac{D(\theta)}{\alpha} \dfrac{\partial \theta}{\partial x} \right] \mid_{x=0} = q_0(\tau) \\ \theta(x, \tau) \mid_{x=1} = \theta_s \\ \theta(x, 0) = \theta_0(x), \ 0 \leqslant x \leqslant 1 \\ \left[K(\theta) - \dfrac{D(\theta)}{\alpha} \dfrac{\partial \theta}{\partial x} \right] \mid_{x=1} = Q_b(\tau) + E_2(\tau) - n_e(\tau) \dfrac{\mathrm{d}\alpha}{\mathrm{d}\tau} \end{cases} \tag{2-3}$$

将 Richards 方程在区间（0，1）上积分，上述固定边界问题可以通过有限元方法解决（Liang et al.，2003）。

更新原地下水模块，并将上述包含地下水位动态变化的地下水模型与区域气候模式 RegCM3 的陆面过程分量 BATS1e（Dickinson et al.，1993）耦合，得到一个考虑地下水位动态变化的区域气候模式。

此外，本书还考虑了在模式计算网格内同时动态考虑超渗蓄满产流机制以及土壤性质次网格空间变率的地表径流机制（Liang and Xie，2001）。该地表径流机制在陆面过程模式中得到了广泛应用并取得了很好的效果（Liang et al.，2003；Tian et al.，2006）。

地下径流（R_{sb}）机制采用 Niu 等（2005）基于 TOPMODEL 发展的随地下水埋深呈指数衰减的机制，即

$$R_{sb} = R_{sb,max} e^{-f z \nabla} \tag{2-4}$$

式中，$R_{sb,max}$ 为最大地下径流（地下水埋深为零时），取为常数 1.0×10^{-4} mm/s；f 为衰减因子，通过敏感性分析待率定的参数，这里取为 2.0；$z\nabla$ 为单元格内的地下水埋深。

如图 2-1 所示，将上述地表、地下径流机制耦合到建立的考虑地下水位动态变化的区域气候模式中，从而得到一个考虑地表、地下径流机制以及地下水位动态表示的地下水–区域气候耦合模式，记为 RegCM3_ Hydro（Yuan et al.，2008b；袁星，2008）。

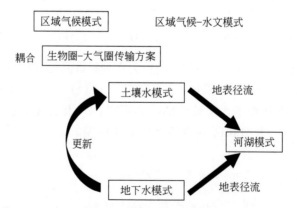

图 2-1　地表、地下径流机制和地下水模型与区域气候模式 RegCM3 耦合示意图

2.1.2　试验设计

下面利用区域气候模式 RegCM3 和 RegCM3_ Hydro 对我国东部季风区进行长时间积分，探讨地表、地下水文过程参数化的改进对我国流域气候模拟的影响。模拟区域包含整个中国大陆的东亚区域（图2-2），中心点位于（36°N，102°E）水平分辨率为60km，网格数为 120 ×90，垂直方向按 σ-坐标分为 18 层，模式顶层气压为 50hPa。大气时间积分步长为 200s，陆面时间积分步长 1800s。区域气候模式的初边值驱动场采用欧洲中期天气预报中心（ECMWF）的 40 年再分析资料（ERA-40），海表温度（SST）采用 Hadley 中心的全球 1° 的月平均海温资料（GISST），积云对流方案采用 GrellFC 方案（Fritsch and Chappell，1980；Grell，1993）。初始的地下水埋深取为模式的土壤总厚度3m。模式积分时间为1957 年 9 月 1 日 ~ 2002 年 8 月 28 日，结果分析从 1982 年 9 月 1 日开始，前 25 年（1957 ~ 1982 年）作为 spin- up。

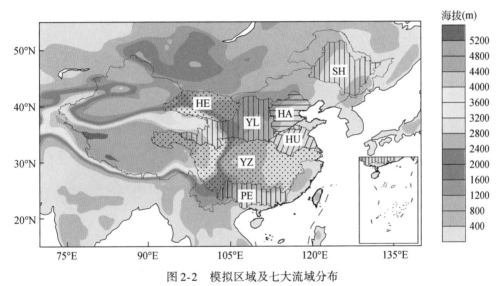

图 2-2　模拟区域及七大流域分布

YZ，长江流域；HA，海河流域；HE，黑河流域；HU，淮河流域；YL，黄河流域；SH，松花江流域；PE，珠江流域

2.1.3　结果分析

2.1.3.1　降水和温度

降水和温度是气候研究中重要的气象要素，图 2-3 是观测的和 RegCM3 模拟的东亚季

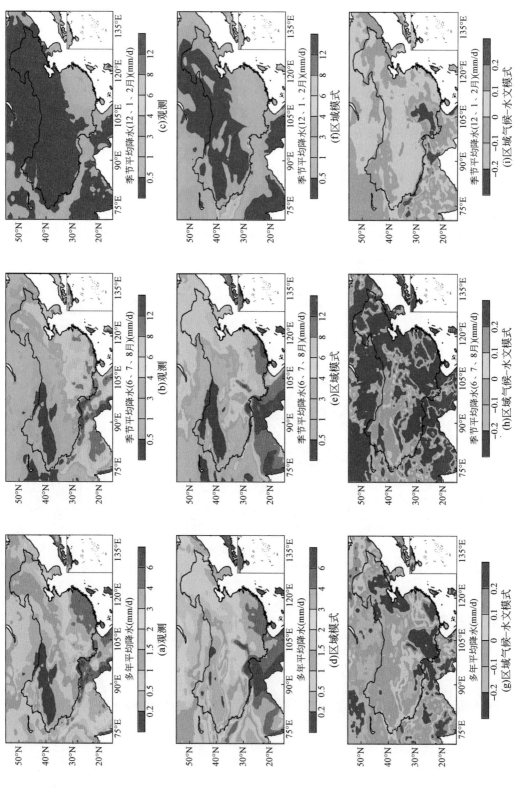

图 2-3　多年平均和季节平均(JJA、DJF)降水的空间分布

风区多年平均及季节平均（JJA，DJF)① 降水空间分布，以及耦合模式 RegCM3_ Hydro 跟 RegCM3 模拟的降水空间分布的差异。两个模式都能够模拟出我国降水的空间格局，即南涝北旱，绝大部分降水发生在中国东南地区的夏季［图 2-3（a）～图 2-3（b），图 2-3（d）～图 2-3（e），图 2-3（g）～图 2-3（h）］。考虑了地表、地下径流机制以及地下水位的动态表示后，耦合模式模拟的多年平均降水及夏季平均降水跟对照试验相比有所减少，从而降低了除淮河流域外的其他 6 个流域的降水正偏差（其中，在海河流域减少了0.22mm/d)，而在中国东部的淮河流域降水负偏差增加了 0.20mm/d［图 2-3（g）及表 2-1］。在珠江流域（PE）及长江下游地区耦合模式模拟的多年平均降水的负偏差有所减少，但是在黑龙江以北耦合模式模拟的多年平均降水的正偏差反而变大［图 2-3（g）］。由于我国大部分地区冬季相对寒冷、干燥，夏季相对炎热、潮湿，多年平均降水主要来自夏季降水（图 2-3）。耦合模式模拟的整个模拟区域上夏季降水的系统偏差为 0.35mm/d，相对于RegCM3 的偏差 0.31mm/d 有所改善。就整个模拟区域而言，RegCM3_ Hydro 模拟的多年平均降水改善了 0.06mm/d。

表 2-1　RegCM3 和 RegCM3_ Hydro 模拟的多年平均降水及 2m 高温度与观测的空间偏差（ME）、绝对误差（RMSE）与相关系数（CC）

| 流域 | 降水 | | | | | | 2m 高温度 | | | | | |
| | ME（mm/d） | | RMSE（mm/d） | | CC | | ME（℃） | | RMSE（℃） | | CC | |
	CTL	HYD	CTL	HYD	CTL	HYD	CTL	HYD	CTL	HYD	CTL	HYD
长江流域	0.34	0.24	1.10	1.11	0.50	0.50	−5.83	−5.25	6.58	6.15	0.94	0.94
海河流域	0.81	0.59	0.95	0.76	0.04	−0.11	−3.55	−2.75	3.87	3.17	0.90	0.90
黑河流域	0.35	0.32	0.67	0.65	0.80	0.8	−4.29	−3.91	4.73	4.39	0.83	0.83
淮河流域	−0.01	−0.21	0.20	0.29	0.90	0.92	−2.39	−1.51	2.44	1.60	0.80	0.79
黄河流域	0.53	0.47	0.66	0.64	0.69	0.65	−4.49	−3.88	4.80	4.28	0.96	0.96
松花江流域	1.10	0.99	1.11	1.00	0.88	0.89	−1.11	−0.85	1.50	1.26	0.87	0.88
珠江流域	0.34	0.28	0.62	0.57	0.80	0.82	−5.46	−4.94	5.51	4.99	0.95	0.95

图 2-4 是观测的及 RegCM3 和 RegCM3_ Hydro 模拟的多年平均和季节平均 2m 高温度的空间分布对比图。跟观测值相比，两个模式大体上能够模拟出温度的空间分布，但是模式模拟的温度在整个研究区域上有一个低估［图 2-4（a），图 2-4（d），图 2-4（g）］。绝大部分地区 RegCM3_ Hydro 模拟的温度比 RegCM3 模拟的温度要高，从而将模式模拟的冷偏差改善 0.6℃ 以上［图 2-4（g）及表 2-1］，特别是在海河流域和淮河流域，温度负偏差分别减少了 0.80℃ 和 0.88℃。就整个区域而言，改进地下水文过程后，模拟的 2m 高温度的系统偏差相对于 RegCM3 改善 0.25°C。跟 RegCM3 模拟结果相比，在东北地区RegCM3_ Hydro 模拟的夏季 2m 高温度更接近于观测的温度，但是模拟的冬季 2m 高温度并没有明显改善［图 2-4（h）～图 2-4（i）］。就整个区域而言，改进地下水文过程后，耦合模式模拟的 2m 高温度的负偏差相对于 RegCM3 有所改进，模拟的夏季温度负偏差从3.35°C 降低到 2.83°C，冬季温度负偏差从 1.23°C 降低到 1.1°C。

---

① JJA 表示 6~8 月，夏季；DJF 表示 12 月~翌年 2 月，冬季。

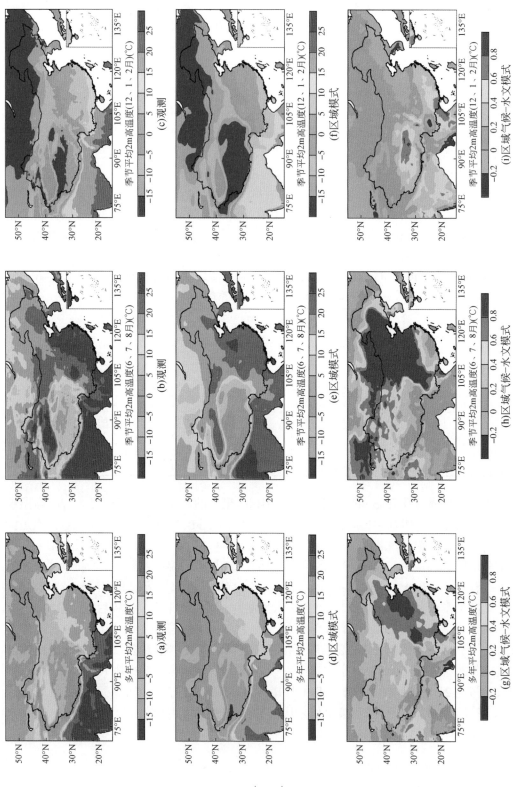

图 2-4 多年平均与季节平均(JJA、DJF)2m高温度的空间分布

图 2-5（a）~图 2-5（g）是七大流域多年月平均观测及模拟的降水序列。RegCM3 和 RegCM3_Hydro（HYD）都能够模拟出降水的季节变异性以及不同流域上的差异。考虑地下水位动态变化后，RegCM3_Hydro 明显降低了海河流域、黑河流域、珠江流域夏季多年月平均降水的正偏差，淮河流域夏季降水负偏差反而有所增加。总体而言，跟观测降水和 RegCM3 的模拟降水相比，除淮河流域外，其他 6 个流域上 RegCM3_Hydro 模拟的夏季降水更接近于观测的结果。图 2-5（h）~图 2-5（n）七大流域 2m 高温多年月平均的观测及模拟序列。类似于降水的模拟结果，RegCM3 和 RegCM3_Hydro 都能够很好地模拟出温度的季节变化和不同流域上的差异。此外，改进地下水文过程后，在研究的所有流域上 RegCM3_Hydro 降低了模拟夏季温度的负偏差，相比较而言，其模拟的夏季温度在淮河流域跟观测的温度更加吻合。

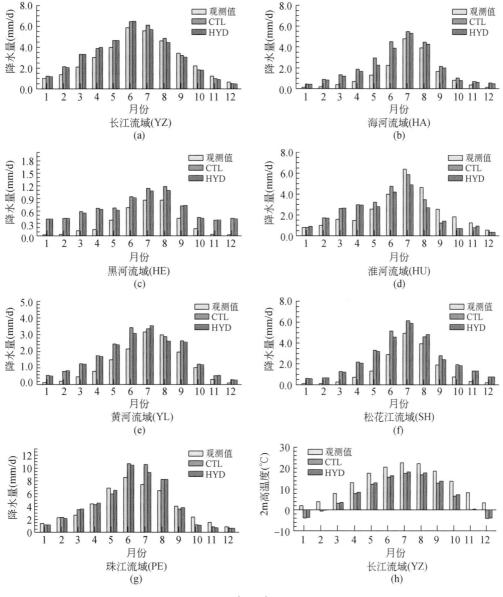

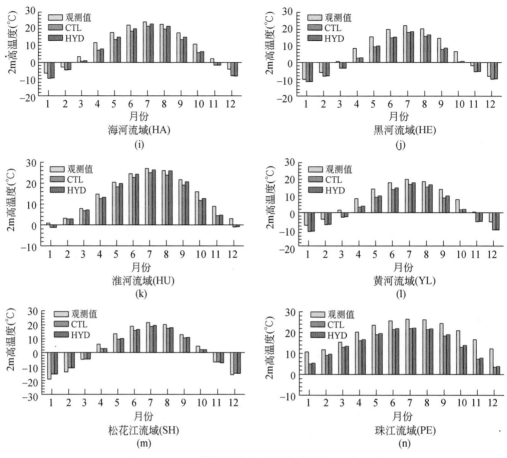

图2-5 观测及模拟的多年月平均降水与2m高温度

2.1.3.2 地下水对陆面过程变量的影响

地下水作为土壤柱的下边界，通过影响最下层的土壤湿度进而影响上层的土壤湿度。图2-6是RegCM3与RegCM3_ Hydro模拟的多年平均顶层土壤湿度、根区土壤湿度、潜热通量、感热通量、地表径流和地下水埋深。表2-2列出了我国七大流域上1982年9月1日~2002年8月28日期间两个模式模拟的多年平均和季节平均陆面水分和能量变量的差异，由图2-6和表2-2可以看出，改进地下水文过程后，RegCM3_ Hydro模拟的表层土壤湿度和根区土壤湿度比，RegCM3模拟的结果偏干［图2-7（a）~图2-7（n）］，这会引起裸土蒸发偏小，从而导致在所有流域上模拟的蒸散发跟RegCM3模拟结果相比偏小，特别是在淮河流域上夏季的蒸散发减少了1.18mm/a（表2-2）。模拟的夏季蒸散发的减少引起潜热通量的减少，长江流域、海河流域、黑河流域、淮河流域、黄河流域、松花江流域、珠江流域的潜热分别减少了16.74W/m²、29.87W/m²、3.27W/m²、34.27W/m²、17.05W/m²、8.38W/m²、6.43 W/m²，从而导致这些区域上模拟的地表温度升高。这些陆面水分及能量变量的差异通过影响行星边界层引起总降水的改变。此外，考虑了地表径流机制后，RegCM3_

Hydro 模拟的夏季地表径流在长江流域、海河流域、黑河流域、淮河流域、黄河流域、松花江流域和珠江流域分别增加了 0.84mm/d、0.71mm/d、0.22mm/d、0.55mm/d、0.55mm/d、0.75mm/d 及 1.10mm/d，相应地，年平均地表径流分别增加了 0.48mm/d、0.31mm/d、0.11mm/d、0.37mm/d、0.29mm/d、0.29mm/d、0.62mm/d。而 RegCM3_Hydro 模拟的总径流在所研究流域上要低于 RegCM3 的模拟结果 [图 2-7（o）~图 2-7（u）]。

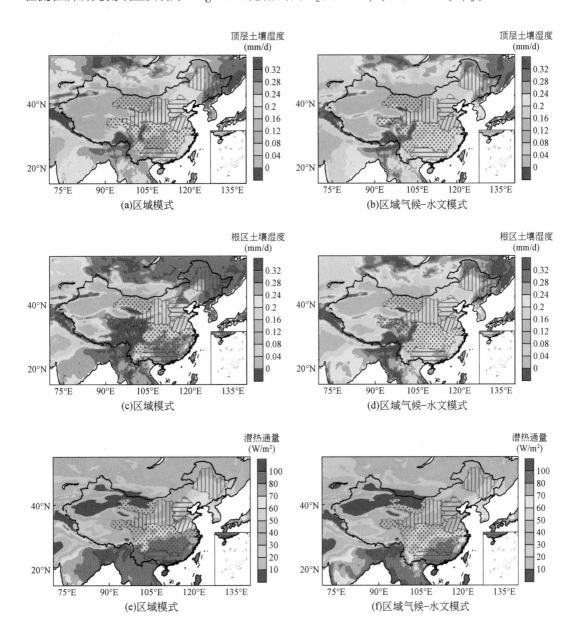

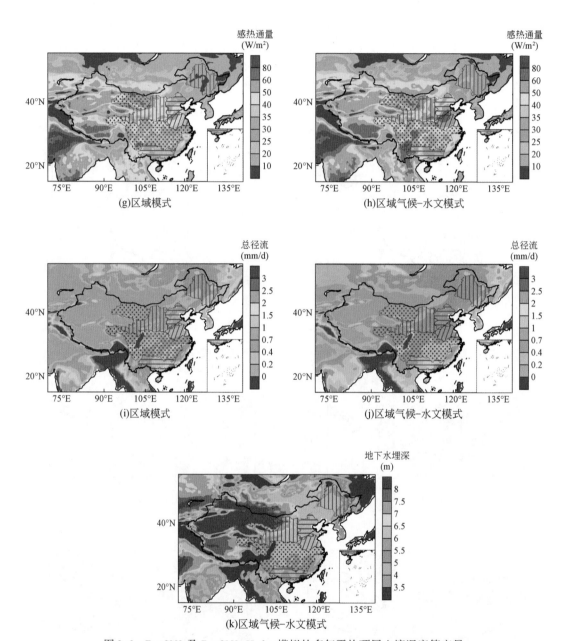

图 2-6　RegCM3 及 RegCM3_Hydro 模拟的多年平均顶层土壤湿度等变量

表2-2 RegCM3 与 RegCM3_Hydro 模拟的七大流域上多年平均及多年夏季平均气候变量的差异（RegCM3_Hydro 减 RegCM3）

	变量	YZ		HA		HE		HU		YL		SH		PE	
		ANN	JJA	ANN	JJA	ANN	JJA	ANN	JJA	ANN	JJA	ANN	JJA	ANN	JJA
水分循环变量	表层土壤湿度（mm/mm）	-0.34	-0.58	-0.50	-1.03	-0.05	-0.11	-0.56	-1.18	-0.26	-0.59	-0.14	-0.29	-0.38	-0.22
	根区土壤湿度（mm/mm）	-0.05	-0.05	-0.04	-0.05	-0.01	-0.01	-0.02	-0.04	-0.04	-0.04	-0.06	-0.06	-0.05	-0.05
	地表径流（mm/d）	0.48	0.84	0.31	0.71	0.11	0.22	0.37	0.55	0.29	0.55	0.29	0.75	0.62	1.10
	蒸散发（mm/d）	-0.34	-0.58	-0.50	-1.03	-0.05	-0.11	-0.56	-1.18	-0.26	-0.59	-0.14	-0.29	-0.38	-0.22
	总降水（mm/d）	-0.10	-0.28	-0.22	-0.44	-0.03	-0.07	-0.20	-0.78	-0.05	-0.15	-0.11	-0.16	-0.06	-0.53
能量循环变量	2m高温度（℃）	0.58	0.83	0.80	1.67	0.38	0.71	0.88	1.69	0.60	1.17	0.26	0.75	0.52	0.43
	净短波辐射（W/m²）	3.85	5.43	2.76	5.83	1.12	1.43	3.35	10.24	1.33	2.42	4.49	10.73	3.99	6.25
	净长波辐射（W/m²）	5.13	7.25	6.15	12.51	1.42	2.67	5.96	13.49	3.38	7.12	4.34	8.48	5.53	4.78
	潜热通量（W/m²）	-9.97	-16.74	-14.49	-29.87	-1.32	-3.27	-16.27	-34.27	-7.66	-17.05	-3.92	-8.38	-11.08	-6.43
	感热通量（W/m²）	8.75	15.14	11.05	22.78	1.15	1.91	13.43	30.42	5.56	12.2	4.68	10.89	9.35	8.02

注：ANN 为多年平均；JJA 为 6～8 月，表示夏季平均

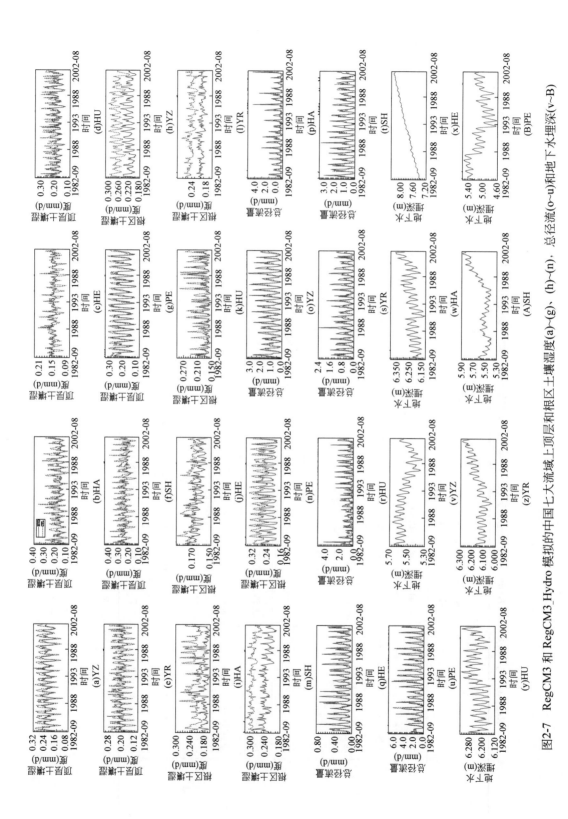

图2-7 RegCM3 和 RegCM3_Hydro 模拟的中国七大流域上大流域上顶层和根区土壤湿度(a)~(g)、(h)~(n)、总径流(o~u)和地下水埋深(v~B)

图 2-8 是 RegCM3 及 RegCM3_ Hydro 模拟的七大流域上陆面变量月平均值的空间分布。跟 RegCM3 的模拟结果相比，RegCM3_ Hydro 模拟的顶层土壤湿度和根区土壤湿度偏干，潜热通量偏低，感热通量偏高，除黑河流域外，其他流域上模拟的夏季地表径流偏高。

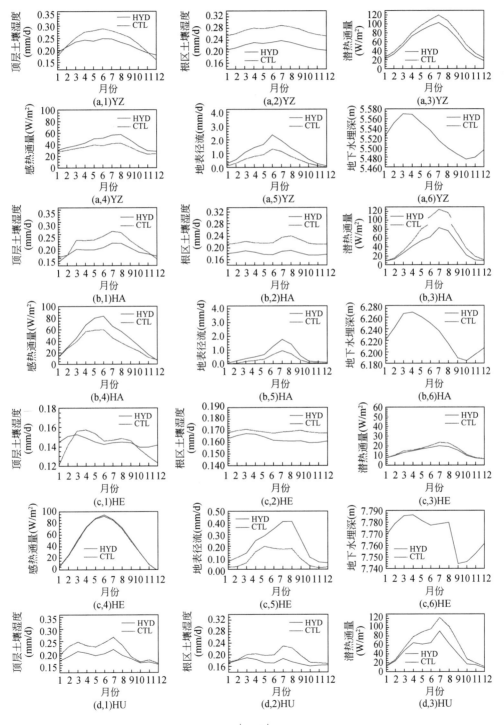

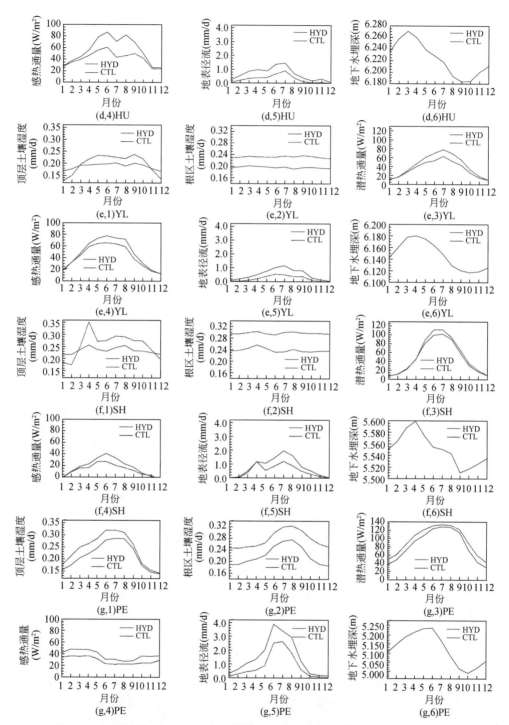

图 2-8 RegCM3 及 RegCM3_ Hydro 模拟的七大流域上的陆面变量月平均值序列

顶层土壤湿度（a，1）~（g，1），根区土壤湿度（a，2）~（g，2），潜热通量（a，3）~（g，3），
感热通量（a，4）~（g，4），地表径流（a，5）~（g，5）以及地下水埋深（a，6）~（g，6）

此外，RegCM3_Hydro 成功模拟出了研究区域地下水位的空间分布（图 2-6），即在我国长江以南地下水埋深比较浅，而在我国北部及西北部地下水埋深比较深。在埋深较浅的长江以南地区，地下水埋深季节变化比较明显，最小埋深出现在秋季，最大埋深出现在夏季［图 2-7（a，6）~图 2-7（g，6）］。

2.1.3.3 地下水地下水位动态变化对极端降水事件的影响

采用上文耦合模式模拟的 20 年（1982 年 9 月 1 日 ~2002 年 8 月 28 日）模拟降水结果，分析改进水文过程后的区域气候模式对过去极端降水事件的模拟能力。通过上文的分析发现，跟观测值相比，RegCM3_ Hydro 能够很好地模拟降水，在大部分流域降低了模拟降水的偏差。跟 RegCM3 相比，尽管 RegCM3_ Hydro 模拟的日降水序列标准差稍有增加，最大日降水值略微偏高，但是其模拟的日降水均值、25% 分位数、中位数、75% 分位数更加接近观测值。

若 X 是某个气候变量的时间序列，如日降水、温度等，超过门限值的相关数据服从广义帕累托分布，其累计概率分布函数如下：

$$F(x) = 1 - \left(1 - k\frac{x - \xi}{\alpha}\right)^{\frac{1}{k}}, \ k \neq 0, \ \xi \leqslant x \leqslant \frac{\alpha}{k} \tag{2-5}$$

相应的概率密度函数如下：

$$f(x) = \frac{1}{\alpha}\left(1 - k\frac{x - \xi}{\alpha}\right)^{\frac{1}{k}-1} \tag{2-6}$$

式中，ξ 为门限值，$\xi \in \mathbf{R}$；α 为尺度参数，$\alpha>0$；k 为形状参数，$k \in \mathbf{R}$，$\mathbf{R}$ 为实数。

基于 POT 的 GPD 分析中门限值的选取非常重要，一般需要符合当地的气候特征，总的说来，一方面门限值的选取要足够高，保证超过该门限值的极值符合 GPD 分布；另一方面，门限值又不能选得太高，没有足够的样本数据估计分布中的参数，就会导致比较高的变异性。

关于 GPD 分布的参数估计，L-矩法比较容易计算，对门限值的选取不是特别敏感，并且对于样本比较少的回归水平估计有比较好的效果（Mackay et al.，2011），因此使用 L-矩法估计 GPD 分布中的参数，即尺度参数 κ 和形状参数 k。L-矩法的前 R 个 L-矩是由前 R 个概率加全矩（PWM）的线性组合构成的（Hosking，1990），其中第 r 阶 PWM 定义为

$$B_r = E\left\{x\left[F\left(x\right)\right]^r\right\}, \ r=0, \ 1, \ 2, \ \cdots \tag{2-7}$$

B_r 的无偏估计可以写为

$$b_r = \frac{1}{r + 1}\sum_{j=1}^{n-r}\frac{\binom{n - j}{r}X_j}{\binom{n}{r + 1}}, \ r=0, \ 1, \ 2, \ \cdots \tag{2-8}$$

由 L-矩的定义（Hosking，1990），即前 r 阶 PWM 的线性组合，有

$$\lambda_1 = b_0$$

$$\lambda_2 = 2b_1 - b_0 \tag{2-9}$$

式中，一阶 L-矩 λ_1 为均值；二阶 L-矩 λ_2 为标准差。由式（2-8），可以推得

$$\lambda_1 = \xi + \frac{\alpha}{1+k}$$

$$\lambda_2 = \frac{\alpha}{(1+k)(2+k)} \tag{2-10}$$

从而得到 GPD 分布参数的 L-矩估计式：

$$\hat{\alpha} = -\frac{(b_0 - \xi)(2b_0 - 2b_1 - \xi)}{b_0 - 2b_1}$$

$$\hat{k} = \frac{-3b_0 + 4b_1 + \xi}{b_0 - 2b_1} \tag{2-11}$$

由式（2-11）可以得到，T 年回归水平（T 年一遇）X_T 的极端事件。令 λ 为年平均交叉率，即每年超过门限值 ξ 的次数，从而 $1 - F(x) = \dfrac{1}{\lambda T}$。由累积分布函数 $F(x)$ 的定义 ［式（2-5）］ 及估计得到的 GPD 分布参数 ［式（2-11）］，即可得到关于 GPD 的分位数 X_T 的近似公式：

$$X_T = \xi + \frac{\hat{\alpha}}{\hat{k}}\left[1 - (T\lambda)^{-\hat{k}}\right] \tag{2-12}$$

本书运用 R 语言软件及极端事件分析软件包 extRemes（Gilleland and Katz，2011），针对观测及模式模拟得到的海河流域上日降水序列，采用 POT 方法将其超过阀值的部分拟合为 GPD，分析模式对海河流域上极端降水事件的模拟能力。

一般来说，门限值的选取应该考虑当地的气候特征。例如，在降水比较多的流域，平均降水量大，GPD 中门限值的选取相应地也会高一些。此外，门限值的选取也非常讲究，在本书中，门限值的选取采用平均残差寿命图获取，该方法基于 GPD 的性质：如果样本服从门限值 u_0 及形状参数 k 的 GPD 分布，那么对任意的 $u > u_0$，样本同样服从门限值 u 值及同样的形状参数的 GPD 分布，且尺度参数线性依赖于门限值 u 及尺度参数（Coles，et al.，2001）。从而，对 $u > u_0$，超过门限值 u 的均值 $E(X - u \mid X > u) = \dfrac{1}{n_u}\sum_{i=1}^{n_u}(x_i - u)$ 是 u 的线性函数。

图 2-9 是 RegCM3_ Hydro 模拟的海河流域上 1982 年 9 月 1 日~2002 年 8 月 28 日的日降水时间序列平均剩余残差图（通过 95% 信度检验），可以发现门限值 u 在 10~28 的取值范围内接近直线，超过 28 后急剧下降。因此，为了保证更多的样本，GPD 门限值 $u_0 = 10$，另外，为了确认门限值取值的合理性，给出了当 GPD 门限值取值为 5~25mm 时相应的 GPD 形状参数及尺度参数的取值情况（图 2-10），可以发现门限值 $u_0 = 10$ 的取法比较合理，即 GPD 形状参数 k 近似为常数，而尺度参数 α 应该是门限值 u_0 的线性函数。超过门限值 $u_0 = 10$ 的降水日数为 369 天，采用 L-矩法估计得到 GPD 尺度参数和形状参数 $\alpha = 5.989$，$k = 0.102$。

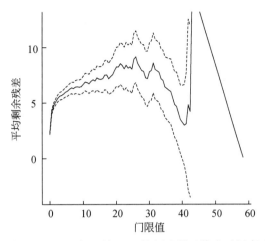

图 2-9　1982 年 9 月 1 日～2002 年 8 月 28 日海河流域日降水时间序列的平均剩余残差

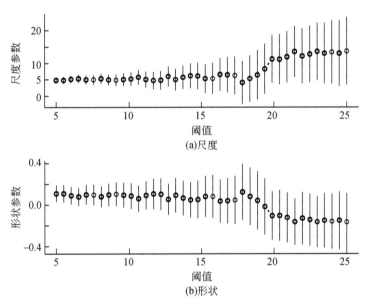

图 2-10　海河流域上 1982 年 9 月 1 日～2002 年 8 月 28 日 RegCM3_ Hydro 模拟的日降水序列服从 GPD 分布

　　图 2-11～图 2-13 分别是海河流域多年观测及 RegCM3 和 RegCM3_Hydro 模拟的日降水序列概率分布函数拟合诊断图（概率图、分位数图、重现水平图、密度函数图），通过图 2-11～图 2-13 中的分位数图发现虽然有些点不在对角线上，但考虑到样本的随机性及重现水平都落在 95% 置信区间内，因此样本数据与模型的偏差不大；同时由概率密度图发现分布函数的估计和频率图拟合得也相对较好，因此本书采用基于 POT 的 GPD 所拟合的海河流域日降水概率分布模型是合理的。模式模拟日降水的重现周期跟观测结果也比较吻合，如 50 年一遇的极端降水事件，模式模拟的回归水平接近 50mm，跟观测的结果一致。

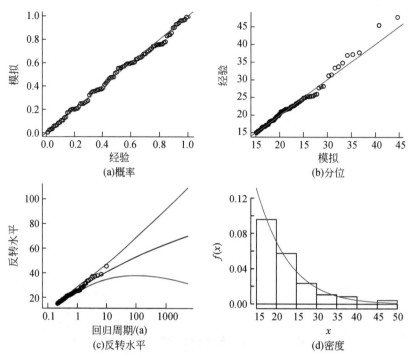

图 2-11　海河流域上 20 年观测的日降水序列概率分布函数拟合诊断

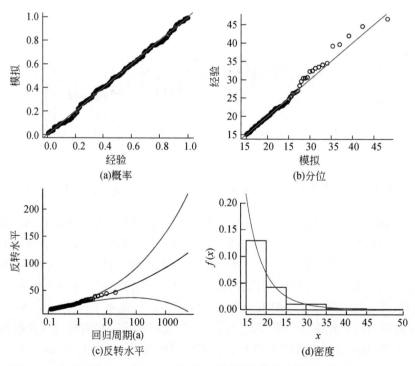

图 2-12　海河流域上 20 年 RegCM3 模拟的日降水序列的概率分布函数拟合诊断

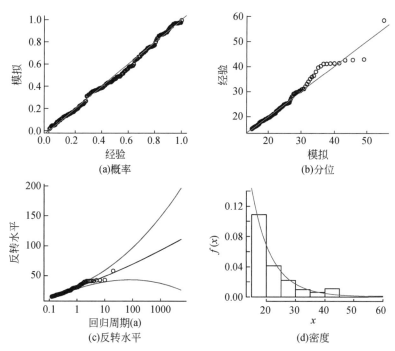

图 2-13　海河流域上 20 年 RegCM3_ Hydro 模拟的日降水序列的概率分布函数拟合诊断

　　为了更加细致地分析考虑地表/地下径流及动态变化的地下水过程对极端降水事件的影响，我们还采用了如下极端降水指标：①日降水大于或者等于 10mm 的天数（R10）；②日降水超过 1mm 的 95% 分位数（R95p）；③连续 5 天最大降水量（R5d）（Frich et al.，2002；Li et al.，2011）。图 2-14 是日降水超过或者等于 10mm 的天数（R10）的空间分布，松花江流域所在的东北地区，由于冬天有大面积的冻土等，导致模拟的降水比观测结果要高，改进了地下水过程后对降水没有明显改进，日降水超过 10mm 的天数比观测多 5天左右，RegCM3_ Hydro 能够很好地模拟出主要雨带，即华南地区及长江中下游地区和西

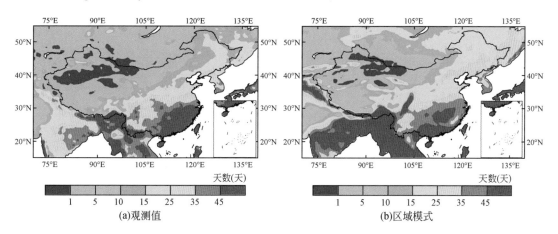

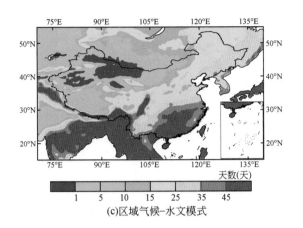

图 2-14 多年平均日降水超过或者等于 10mm 的天数分布

北干旱地区（如黑河流域）的 R10。图 2-15 是七大流域日降水超过 1mm 的 95% 分位数（R95p，mm）的时间序列及其变化趋势，模式能够模拟出长江流域和珠江流域降水充足的地方 R95p 随时间增长的趋势，以及在松花江流域 R95p 随时间减少的趋势，而在淮河流域不能够模拟出 R95p 减少的趋势，并且在其他几个流域没有明显的变化趋势。在长江流域、黑河流域、珠江流域，RegCM3_Hydro 模拟的 R95p 跟观测结果能够更好地吻合，如能够模拟出珠江流域整个时间段的 R95p 及其变化趋势。

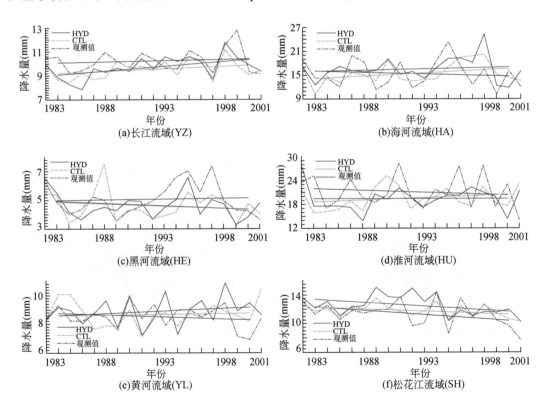

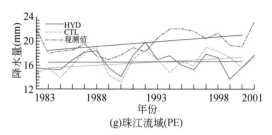

(g)珠江流域(PE)

图 2-15　七大流域上日降水超过 1mm 的 95% 分位数（R95p，mm）时间序列及其变化趋势

红线，RegCM3_ Hydro 模拟的降水；绿色虚线，RegCM3 模拟的降水；蓝色虚线，观测降水。下同

　　连续 5 日总降水是引起洪水等自然灾害的主要原因，图 2-16 是七大流域上模拟及观测的连续 5 日最大总降水量的时间序列，RegCM3_ Hydro 很好地模拟出了珠江流域和淮河流域 R5d 随时间增加的趋势，而在其他几个流域 R5d 没有明显的变化趋势，这也跟观测结果比较接近。

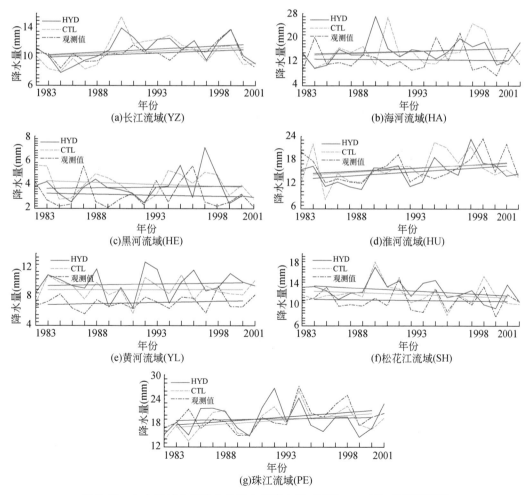

(a)长江流域(YZ)　　　　　　　　　　(b)海河流域(HA)

(c)黑河流域(HE)　　　　　　　　　　(d)淮河流域(HU)

(e)黄河流域(YL)　　　　　　　　　　(f)松花江流域(SH)

(g)珠江流域(PE)

图 2-16　七大流域上连续 5 日最大总降水量（R5d，mm/d）的时间序列

2.2 地下水开采利用对区域气候的影响

2.2.1 试验设计

本次试验的研究区域仍以海河流域及其周边区域为例。试验采用 RegCM4 进行了 3 组在线试验。模拟时间为 1971~2000 年。开采试验 1（Test 1）采用固定的 2000 年的用水需求，而开采试验 2（Test 2）采用 Test 1 中的一半用水需求和相同用水分配比例。控制试验（CTL）并不考虑人类活动。另外，为了区分地下水开采利用直接影响和由于气候反馈进一步引起的间接影响，本书也利用 CLM3.5 进行了 3 组离线试验，试验所用的需水量与 3 组在线试验设置一致（邹靖，2013；Zou et al.，2014b）。

RegCM4 模型中心点设为 116°E，38°N，空间分辨率为 30km ×30km。侧边界驱动数据采用 ERA40 再分析资料，陆面模块选用 CLM，并且积云对流方案采用 Grell 方案。模拟区域的范围及海拔高度如图 2-17（a）。

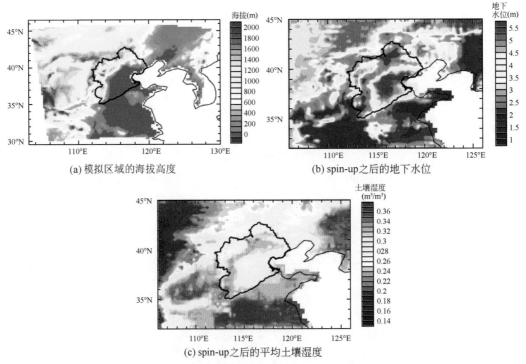

(a) 模拟区域的海拔高度　　　　　(b) spin-up 之后的地下水位

(c) spin-up 之后的平均土壤湿度

图 2-17　海河流域及其周边区域地形水位、土壤湿度的空间分布

在模拟之前，为了获得稳定的地下水位，本次试验采用 CLM3.5 首先进行了 100 年的模拟作为离线的 spin-up，驱动数据采用预先准备的 RegCM41961~1970 年输出循环 10 次进行重复强迫。基于离线 spin-up 之后的地下水位，利用 RegCM4 模型进行了 1961~1970

年的模拟，并将此时段的模拟结果视为在线的 spin-up。

如图 2-17（b）~图 2-17（c）所示，spin-up 之后，1971 年起始的地下水位和平均土壤湿度的空间分布与区域的气候状况较为吻合。模拟区的西北部以沙漠、草地为主，地下水位较深，土壤较干；而在模拟区东南部的湿润地区，土壤湿度较干，地下水位较浅。

对于 3 组离线试验而言，基于 100 年的离线 spin-up 之后的结果，先进行了 1961 ~ 1970 年的模拟。3 组离线试验利用 1970 年的最终模拟结果，分别采用不同的用水需求进行模拟。3 组离线试验由 RegCM4 的在线控制试验 CTL1961 ~ 2000 年的模拟结果驱动。

2.2.2 结果分析

由于 2.2.1 已对 RegCM4 模式的模拟能力进行了较为详细的探讨，因此本节不再进行模式控制试验 CTL 的验证。对于地下水位的模拟，RegCM4 的在线模拟试验结果基本与 CLM3.5 的离线模拟结果相似，地下水位为 3 ~ 6 m。

1970 ~ 2000 的地下水开采不仅改变了流域内的局地气候，也改变了流域周围区域的气候。如图 2-18（a）~图 2-18（b）所示，与离线试验相似的是，流域平原区内地下水位出现了显著的下降。然而，在流域西部和北部的山区并未出现明显的下降。两组开采试验中地下水位下降程度基本与其需水量相对应，试验 2 中的地下水位变化基本为试验 1 中的一半。对于其他气候变量而言，两组开采试验的变化均未呈现与地下水位相似的线性关系。平均土壤湿度差异如图 2-18（c）~图 2-18（d）所示。对于流域内的差异，在线试验与 2.1.2 离线试验的结果基本一致，在试验 1 中，流域以外的东北地区土壤湿度也呈现明显的增加；而对于试验 2 而言，流域之外的地区土壤湿度并未出现明显的变化，流域东北方土壤湿度有所减少，这与其降水差异的空间分布是一致的。图 2-18（e）和图 2-18（f）中的总径流差异主要表现为试验 1 中，流域内北部与西部的山区总产流量增加，而在南部平原区变化并不明显；试验 2 的径流变化明显小于试验 1 的一半，其空间分布与土壤湿度差异分布基本一致。

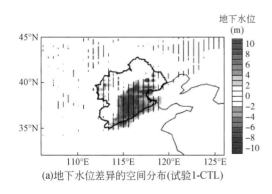

(a)地下水位差异的空间分布(试验1-CTL)

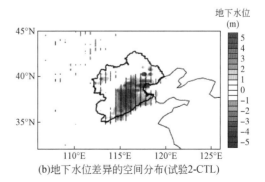

(b)地下水位差异的空间分布(试验2-CTL)

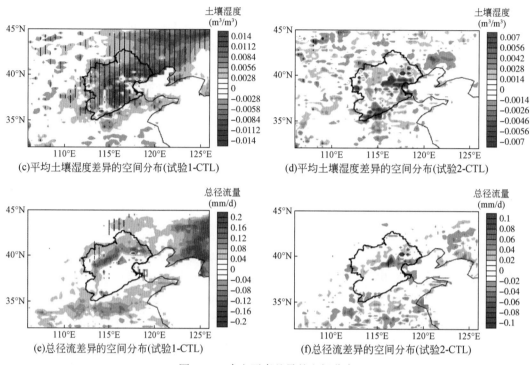

(c)平均土壤湿度差异的空间分布(试验1-CTL)　　(d)平均土壤湿度差异的空间分布(试验2-CTL)

(e)总径流差异的空间分布(试验1-CTL)　　(f)总径流差异的空间分布(试验2-CTL)

图2-18　水文要素差异的空间分布

阴影表示通过显著性检验，下同

随着越来越多的地下水用于蒸发耗散，由地面向对流层底层传输的水汽也随之增加。增强的蒸散发会进一步增强局地的对流活动，从而改变区域内的大气运动。两组开采试验的大气湿度因为蒸散发的增加而增加，从而增加了降水发生的概率。如图2-19（a）~图2-19（b），试验1的流域内以及流域以东的地区均呈现850hPa大气增湿的现象，这与降水变化的空间分布是一致的。试验2中大气虽然有所变湿，但其增湿程度甚至小于试验1变化量的1/4。对于试验1而言，在流域内及以东的盛行西风带下游地区均呈现降水增加的现象。另外，增加的降水中很大一部分源于对流降水的增加，然而这一比例分布并不一致，在流域东部的辽东地区对流性降水增加的比例相对较小，说明大气环流的改变很可能增强夏季由南部海洋和海河流域南部向辽东地区的水汽传输［图2-20（a）］，并促进大尺度降水事件的发生。作为对比，试验2中的降水变化甚至不及试验1的1/4，且空间分布极为杂乱，研究区域内并未出现明显的增加或减弱，这是由于其较弱的湿度通量变化无法引起足够强的大气扰动，使得研究区域内普遍增湿。

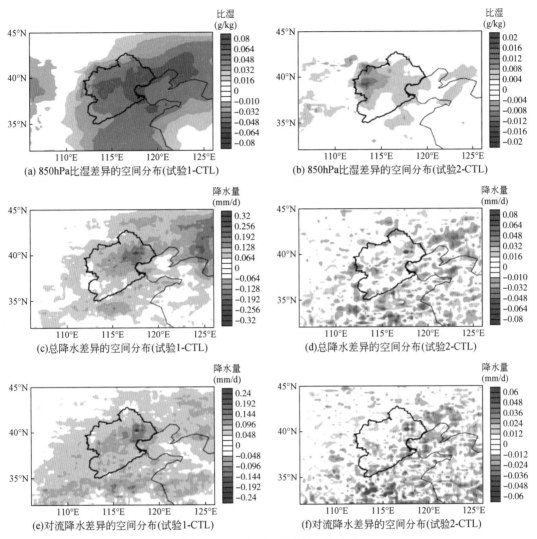

图 2-19 大气要素差异的空间分布

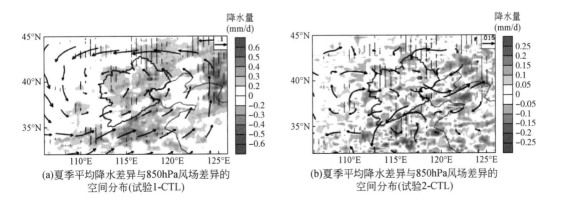

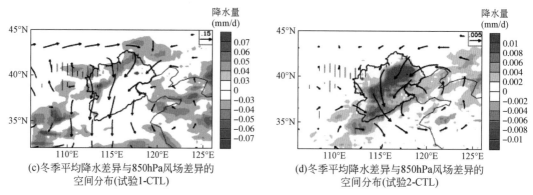

(c)冬季平均降水差异与850hPa风场差异的
空间分布(试验1-CTL)

(d)冬季平均降水差异与850hPa风场差异的
空间分布(试验2-CTL)

图 2-20 夏季和冬季降水差异及风场差异的空间分布

为了进一步探讨水汽传输的变化,图 2-20 给出了两组开采试验冬夏季平均的降水与
850hPa 风场的差异分布。试验 1 中,夏季降水差异的空间分布与年均降水差异基本相似,
且在对流层底层存在明显的气旋型差异,这样的环流差异将会导致以流域为中心的大气上
升辐合运动加强。试验 2 中,风速差异相对试验 1 明显较小。在冬季,试验 2 的微弱响应
使其降水、风速差异不及试验 1 差异的 1/10,甚至可以忽略不计。

湿度条件的改变也引起了能量平衡的改变。如图 2-21 所示,冷却效应不仅出现在流
域内,而且也出现在流域以外的地区。两组试验的土壤温度负差异在流域内分别为 0.35K
和 0.1K,2m 高气温的负差异分别为 0.25K 和 0.07K,850hPa 气温的负差异分别为 0.06K

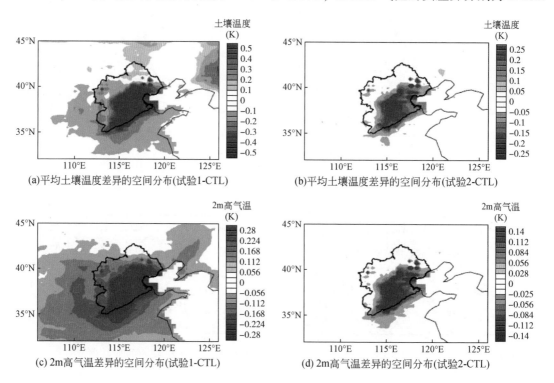

(a)平均土壤温度差异的空间分布(试验1-CTL)

(b)平均土壤温度差异的空间分布(试验2-CTL)

(c) 2m高气温差异的空间分布(试验1-CTL)

(d) 2m高气温差异的空间分布(试验2-CTL)

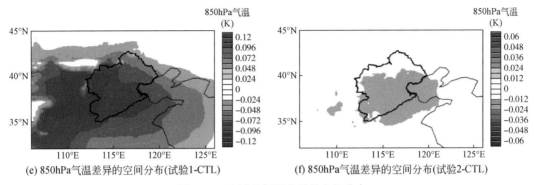

(e) 850hPa气温差异的空间分布(试验1-CTL)　　　　(f) 850hPa气温差异的空间分布(试验2-CTL)

图 2-21　土壤及气温差异的空间分布

和0.01K，且最明显的降温效果出现在流域平原区。对于大气响应更为明显的试验1试验而言，流域以西的地区也出现了冷却效应，这与流域西部地区冬夏季均存在的北风差异有密切联系。对于大气响应较弱的试验2而言，其冷却效应仅限于流域内部，而流域外的地区变化并不明显。

流域各气候要素差异的时间序列如图 2-22 和图 2-23 所示。时间序列如上一节一样，是 12 个月的滑动平均结果。如图 2-22 所示，各陆面变量的变化趋势基本与离线试验结果一致。有所不同的是，RegCM 模拟结果在 1985 年左右气候偏湿，地下水位有缓慢回升的趋势。至模拟期末，两组试验的地下水位平均下降了 5m 和 2.5m。各气候要素与离线试验相似，流域内同样呈现逐渐增强的降温增湿效应，尤其在 1985 年之后，这种冷湿趋势更为明显。平均而言，两组开采试验中流域内平均蒸散发约增加 0.15mm/d 和 0.03mm/d，总径流变化约为 0.035mm/d 和 -0.01mm/d，土壤湿度变化约为 0.005m³/m³ 与 -0.003m³/m³。另外，总降水增加约为 0.12mm/d 和 0.003mm/d，而对流降水约增加 0.09mm/d 与 0.002mm/d。

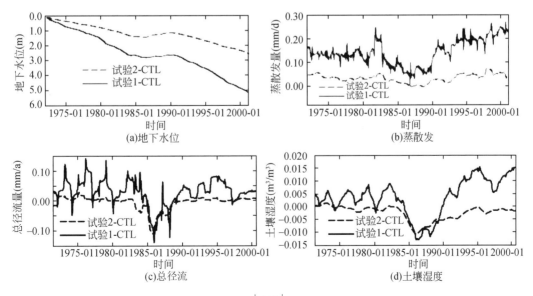

(a)地下水位　　　　　　　　　　　　(b)蒸散发

(c)总径流　　　　　　　　　　　　(d)土壤湿度

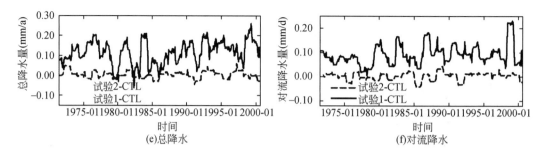

图 2-22　气象–水文模拟结果的时间序列

如图 2-23 所示，流域内土壤温度平均下降约 0.6°K 和 0.18°K，2m 高气温变化较小，约下降-0.28°K 和-0.07°K，感热通量约下降 3.3W/m² 和 0.6W/m²，潜热通量约增加 3.5W/m² 与 1.1W/m²。潜热通量增加的程度较感热通量下降的程度大，因此陆面向大气发射的总能量通量增加，进入土壤层的辐射能量减少。这一冷湿效应传递至大气之后，850hPa 大气温度下降约为 0.1°K 和 0.02°K，而空气比湿也相应增加 0.06g/kg 和 0.01g/kg。

除了时间变率的探讨之外，图 2-24 给出了流域内大气温湿度差异和土壤温湿度差异的垂直廓线。对于大气廓线而言，两组开采试验的大气低层均呈现不同程度的降温增湿的变化。在实验 1 中，200～600hPa 高度上出现微弱的大气增暖差异，这是由对流活动增强引起的水汽在这一高度上凝结，释放更多的潜热所致。而在图 2-24（b）中，试验 1 中的增湿效应甚至影响了 500hPa 高度以上的大气。对于大气响应较弱的试验 2 而言，其冷湿效果仅仅对 700hPa 以下的大气影响较为明显，这种微弱的影响并不能为降水增加提供更大的概率，因而大气对陆面的进一步反馈也会相应减弱。土壤温湿度差异的垂直廓线与离线试验基本一致：土壤温度差异随深度变化不大，而土壤湿度差异表现为表层土壤增湿而深层土壤变干。

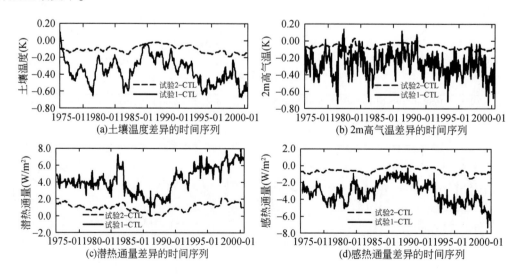

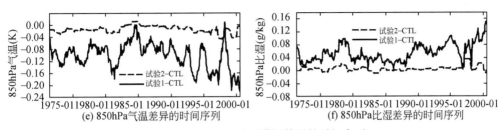

图 2-23 各温度及热量模拟结果的时间序列

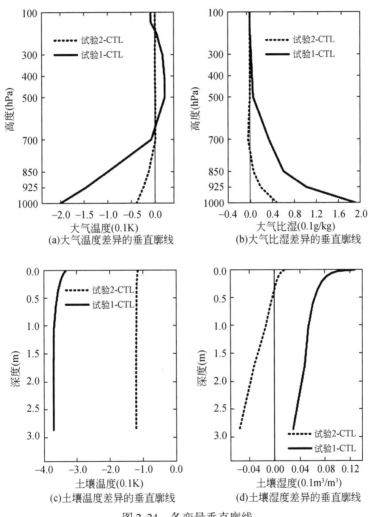

图 2-24 各变量垂直廓线

2.2.3 取水用水过程的直接影响与间接气候反馈的分离

如上所述，人类水资源开采利用过程改变了流域内陆面水分和能量平衡，并通过大气运动的改变影响了区域内的水循环过程。而关于这一过程对陆面过程的直接影响如何，间接气候反馈多大的问题，本节将进行简单的探讨。以下的探讨基于几个假设，包括①所有模拟结果仅含有统一的系统性误差，并且可以描述为系统性误差与真值之和，因而两组模拟结果之差可以消除所有系统性误差；②在线试验中陆面变量的变化可以简单认为是不考虑气候反馈的直接变化和间接气候反馈所引起的变化之和。流域局地的直接变化可以认为是两组离线试验之差：

$$\text{Direct Changes} = R_{\text{off-EX}} - R_{\text{off-CTL}} \tag{2-13}$$

式中，$R_{\text{off-EX}}$ 为离线开采试验的结果；$R_{\text{off-CTL}}$ 为离线控制试验的结果。气候反馈所引起的间接变化可以视为在线试验的总变化与直接变化之差，表示为

$$\begin{aligned}\text{Indirect Changes} &= (R_{\text{on-EX}} - R_{\text{on-CTL}}) - (R_{\text{off-EX}} - R_{\text{off-CTL}}) \\ &= (R_{\text{on-EX}} - R_{\text{off-EX}}) - (R_{\text{on-CTL}} - R_{\text{off-CTL}})\end{aligned} \tag{2-14}$$

式中，$R_{\text{on-EX}}$ 为在线开采试验；$R_{\text{on-CTL}}$ 为在线控制实验。根据式（2-14），间接变化为模拟的总气候反馈（$R_{\text{on-EX}} - R_{\text{off-EX}}$）减去离线控制试验与在线控制试验平衡态的差异（$R_{\text{on-CTL}} - R_{\text{off-CTL}}$）。虽然气候系统是高度非线性的，但如此简单的分割仍可以在一定程度上反映陆面直接变化与总变化间的差异。对于流域以外的区域，离线试验中并没有差异，因此在线试验中陆面变量的差异全部由间接气候反馈所致，无法继续分割。

流域内多年平均的直接变化与间接气候反馈见表 2-3。总体而言，在试验 1 中，不考虑气候反馈陆面变量的直接变化小于总变化量的 40%，这表明在线试验中的间接气候反馈强于其直接变化。在试验 2 中，气候反馈相对较弱，因而直接变化所占的比重更大。如果仅比较两组在线试验的直接变化，试验 2 中的直接变化为试验 1 变化的 30% ~ 50%。这表明，如果不考虑非线性的气候反馈，陆面变量的变化程度基本与其需水量呈线性关系，而非线性的气候反馈明显增大了两组在线开采试验之间的差异，使得试验 1 中的总变化量远远大于试验 2 中的总变化量。例如，两组在线试验中地面吸收太阳辐射量的直接变化基本一致，因为离线试验均采用相同的气候强迫，但试验 1 中的间接变化甚至大于试验 2 的 10 倍以上。两组实验中悬殊的间接变化差异可以归结于气候系统的高度非线性，因而人类取水用水过程所引起的气候响应与其需水量不再满足线性关系，而是类似指数型的高度非线性关系。试验 1 中，流域内足够强的扰动引起了流域以外的冷湿效应，而试验 2 中气候响应较弱，不足以使得周围区域的气候产生明显的差异和变化。

表 2-3　陆面变量的平均直接变化与间接变化

变量	试验 1		试验 2	
	直接	间接	直接	间接
Evp（mm/d）	0.048	0.106	0.020	0.018
R_{t}（mm/d）	0.006	0.028	−0.002	−0.006
Q_{soi}（m³/m³）	−0.0004	0.0049	−0.0009	−0.0021
T_{2m}（K）	−0.084	−0.200	−0.043	−0.031
T_{soi}（K）	−0.157	−0.214	−0.076	−0.045

变量	试验 1		试验 2	
	直接	间接	直接	间接
F_{sa}（W/m²）	−0.012	−0.659	−0.011	−0.058
SH（W/m²）	−0.730	−2.538	−0.277	−0.383
LH（W/m²）	1.409	3.071	0.594	0.529

注：Evp，蒸散发；R_t，总径流；Q_{soi}，平均土壤湿度；T_{2m}，2m 高气温；T_{soi}，土壤温度；F_{sa}，地面吸收的太阳辐射；SH，感热通量；LH，潜热通量

2.3 跨流域调水对区域气候的影响

为了缓解区域性水资源短缺的问题，人类通常会建造各种水利工程将其他地区的水资源引入，以解决当地尖锐的用水供需矛盾。然而，区域外水资源的引入，必然会打破局地原有的水量平衡与能量平衡，并进一步影响局地气候。对于一些大型的跨流域调水工程而言，受水区水资源在空间上的人为再分配对区域气候的影响程度仍有待探讨。本节基于 2.2 节所提出的人类水资源开采、利用方案，进一步考虑跨流域调水过程在模式中的表示（邹靖，2013；Chen and Xie，2010）。

2.3.1 跨流域调水的方案表示

在 2.2 节所提到的用水供需平衡关系中，局地地下水开采量与地表水开采量等于当地的总用水需求，一旦水资源开采量不足以满足当地的用水需求，该平衡关系会被迫停止。如果考虑到调水输入，上述平衡关系将会被改写为

$$D_t = Q_s + Q_g + Q_d \tag{2-15}$$

式中，D_t 为总用水需求；Q_s 为地表水开采量；Q_g 为地下水开采量；Q_d 为调水量。受水区调水量的输入并没有改变局地水资源的利用过程，调水前与调水后用水消费没有变化，而调水量的加入仅仅限制了局地水资源的开采过程。

实际上，受水区所接受的调水一般存储在当地的水库中，主要用于供应工业、生活用水，并无季节变化。因此，在维持原有的水资源消费水平下，地下水开采量由于调水量 Q_d 的引入而相应减少，可表示为

$$Q_g = \max(D_t - Q_d - R_{sur} - R_{sub}, 0) \tag{2-16}$$

式中，R_{sur} 与 R_{sub} 分别为网格内各时间步的地表产流量与地下产流量。基于式（2-16）的修改，即可在原有的地下水开采利用方案中考虑大型调水工程的表示。

2.3.2 南水北调中线工程介绍

南水北调中线工程计划从加坝扩容后的丹江口水库陶岔渠首闸引水，沿规划线路开挖

渠道输水，沿唐白河流域西侧过长江流域与淮河流域的分水岭方城垭口后，经黄淮海平原西部边缘在郑州以西孤柏嘴处穿过黄河，继续沿京广铁路西侧北上，可基本自流到北京、天津。总干渠从陶岔渠首至北京团城湖长 1277km，天津干渠从河北徐水分水至天津外环河长 154km。主要向唐白河流域、淮河中上游和海河流域西部平原的湖北、河南、河北、北京及天津 5 省市供水，重点解决北京、天津、石家庄等沿线 20 多座大中城市的缺水。图 2-25 为南水北调中线工程示意图。

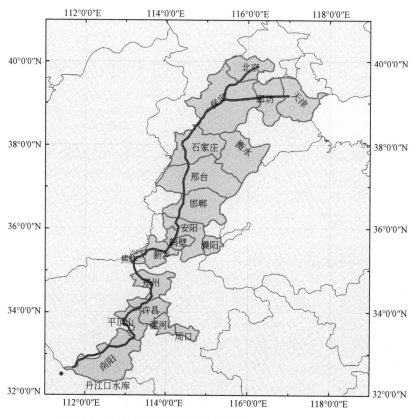

图 2-25　南水北调中线工程示意图（Chen and Xie, 2010）

　　中线工程考虑到水区经济、社会与环境的协调发展对水资源的需求，中线工程分两期建设。第一期工程年调水量为 95 亿 m³，主体工程项目主要包括加高丹江口水库大坝并进行移民、建设输水总干渠工程和调蓄水库、兴建汉江中下游 4 项治理工程等。第二期工程在第一期工程的基础上扩大输水能力，多年平均年调水规模达到 130 亿 m³。根据水资源供需平衡分析，南水北调中线工程可行性研究报告设计了 3 种调水方案：当前需求但不加高丹江口水库大坝、当前需求并加高丹江口水库大坝，以及未来需求并加高丹江口水库大坝。3 种调水方案对应净调水总量分别为 74.99 亿 m³/a、85.31 亿 m³/a 和 118.16 亿 m³/a，各个方案对应的各分水口配水量见表 2-4（长江水利委员会，2001a，2001b）。

表 2-4 南水北调中线工程各个方案对应的各分水口配水量 （单位：亿 m³）

省（直辖市）	市（县）	方案 1	方案 2	方案 3
河南	刁河	4.53	5.33	5.27
	南阳	2.06	2.67	5.41
	漯河	1.09	1.34	2.19
	周口	1.16	1.42	1.93
	平顶山	2.09	2.49	4.01
	许昌	1.49	1.68	3.94
	郑州	5.68	6.74	9.29
	焦作	2.22	2.69	3.13
	新乡	3.58	4.35	6.51
	鹤壁	2.01	2.48	3.51
	濮阳	0.99	1.19	1.57
	安阳	2.7	3.38	5.68
河北	邯郸	2.6	3.18	4.31
	邢台	3.01	3.62	4.95
	石家庄	6.59	7.78	10.05
	衡水	2.46	3.09	4.11
	保定	9.14	11.26	16.64
	廊坊	1.21	1.47	2.23
北京	北京	11.2	10.52	14.87
天津	天津	9.18	8.63	8.56
总计		74.99	85.31	118.16

由于缺乏调水量在受水区的时空分配数据，所以很难得到真实的调水分配情况。因此，本书认为每个分水口上的配水量在其对应的县级区域上平均分配，即单位面积上的调水量为该分水口配水量除以该分水口对应的行政县市总面积，这样就得到了年调水量在受水区的空间分布。

2.3.3 结果分析

2.3.3.1 试验设计

基于大型调水工程在 RegCM4 模式内的简化表示，本次调水试验以南水北调中线工程为例，仅选择中线工程黄河以北的线路，即所有受水区均位于海河流域以内，因而研究区域仍为海河流域。试验中的流域内用水需求仍采用 1.3 节估计的用水需求，通过与 1.3 节原有的地下水开采试验 1 的结果相比，可以探讨调水过程的考虑与原有水资源开采、利用过程的气候差异。

本次调水试验中流域内的调水量数据采用2.3.2节所述的调水方案1中的数据，按当前需水量调水并不加高坝体。在该方案中，计划从丹江口水库调水74.99亿 m³，海河流域共受水45.39亿 m³。调水量的空间分配如图2-26所示。

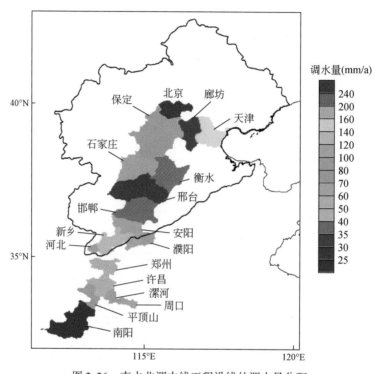

图2-26　南水北调中线工程沿线的调水量分配

如图2-26所示，所有格点内的调水量均被除以网格面积换算成 mm/a 的单位。北京、天津两市为受水最多的区域，其他沿线各市也根据其用水需求有所分配。本次试验仅采用海河流域以内的调水分配数据进行模型初步的模拟分析，黄河以南的调水分配并未考虑。

调水试验的模型设置与2.2节的模拟试验完全一致，模拟时段同样为1971~2000年，即调水试验采用与开采试验1相同的试验设置，其差异仅为调水过程的考虑。调水试验命名为"Transfer"，而原开采试验结果命名为"Pump"。

2.3.3.2　历史时期调水过程对气候的影响

试验结果仅为考虑调水过程模型的初步模拟分析，比较调水前与调水后水资源开采利用过程的气候差异，至于调水量的敏感性分析、季节分配以及详细的机理分析等工作，将在未来工作中继续考虑。

图2-27所示的是调水试验 Transfer 与原开采试验 Pump30 年平均差异的空间分布。图2-27中被竖线覆盖的区域为已通过95%显著性检验的区域。如图2-27所示，由于调水的引入，在调水工程沿线的受水区内，地下水位有显著的回升，上升幅度可达2~4m，很

大程度上缓解了海河流域地下水超采的现状。对于其他气候变量而言，两组试验结果的差异很小，因为调水前与调水后并不影响流域内的用水消费过程，二者唯一的差异来自地下水位的埋深差异。受地下水位上升的影响，流域内受水区沿线的平均土壤湿度有所增加，但仅有极少地区通过显著性检验，大部分区域的变化均十分不明显，最大增长幅度约为 $0.005\text{m}^3/\text{m}^3$。对于产流而言，在流域平原区的沿线受水区域内，地表径流与地下径流有轻微的增加，且增加的区域与土壤湿度的变化相对应。

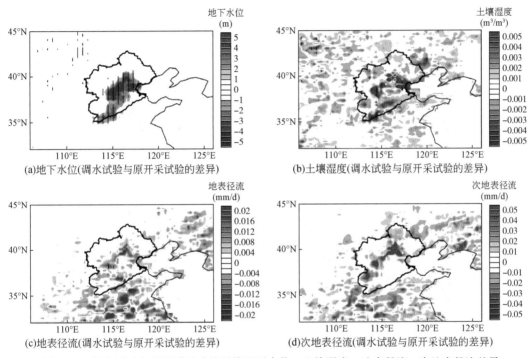

图 2-27　调水试验与原开采试验的平均地下水位、土壤湿度、地表径流、次地表径流差异

在本次试验中，由于调水量相对较少，并未引起受水区陆面显著的变化，而陆面细微的差异也不能引起足够强的强迫影响大气，因此调水试验中大气响应较为微弱。图 2-28 为两组试验的降水与 850hPa 比湿差异的空间分布。调水试验模拟的降水在流域内有所增

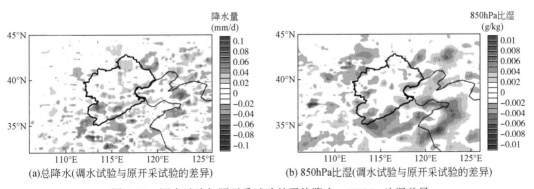

图 2-28　调水试验与原开采试验的平均降水、850hPa 比湿差异

加，但增加幅度基本在 0.05mm/d 以下。尽管增加幅度几乎可以忽略，但这一细微的降水增加仍会进一步造成表层土壤湿度的相应增加。流域上方 850hPa 高度的比湿基本没有变化，大部分地区的变化幅度在 0.002g/kg 以下。

调水试验中流域外水量的输入不仅对受水区有轻微的增湿影响，也引起了相应的降温效应（图 2-29）。受水区内的土壤温度和底层大气温度均有轻微的下降，并且降温的空间分布基本与蒸散发、土壤湿度的差异分布一致。在天津、石家庄及流域南部平原等地的地面降温效果最为明显。

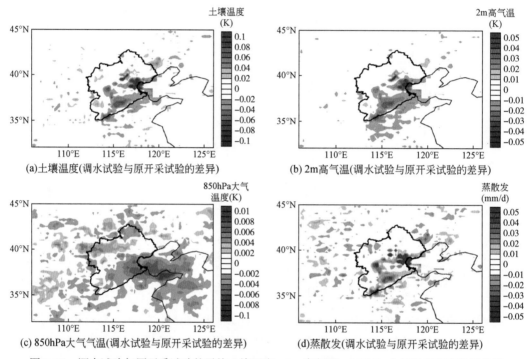

图 2-29 调水试验与原开采试验的平均土壤温度、2m 高气温、850hPa 大气温度和蒸散发差异

图 2-30 与图 2-31 所示的是两组试验流域各气候变量差异的时间序列。如图 2-30 所示，除地下水位差异有持续地增长以外，其他变量的差异并未出现明显的趋势变化，全流域基本呈现微弱的增湿效果。1985 年附近，气候较为湿润，开采试验中地下水位并未迅速下降，因此地下水位差异在该时间段内基本保持不变。自 1985 年后，流域内陆面微弱的增湿降温效果有所增强，底层大气也随之出现相应变化。

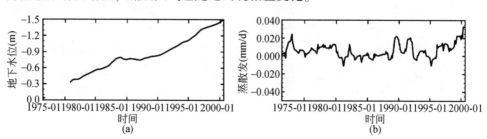

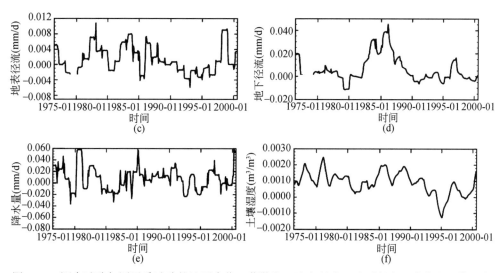

图 2-30　调水试验与原开采试验的地下水位、蒸散发、地表径流、地下径流、降水和土壤湿度
差异的时间序列

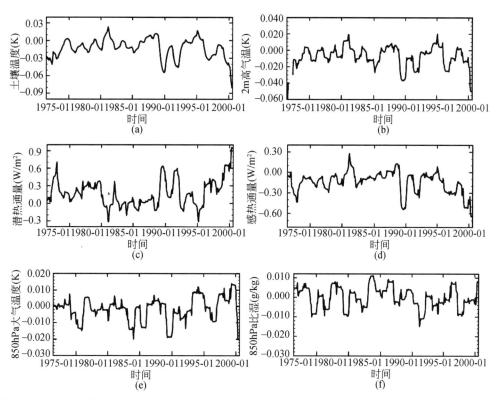

图 2-31　调水试验与原开采试验的土壤温度、2m 高气温、潜热通量、感热通量、850hPa 大气温度
与比湿差异的时间序列

图 2-32 为两组试验的流域平均大气、土壤温湿度垂直廓线。与原开采试验相比，调水试验在陆面进一步的微弱的增湿降温效应影响了底层大气，这一变化同样随着高度的上升而逐渐消失。对于土壤廓线而言，表层土壤受气候反馈的影响大于深层土壤，因而表层土壤冷湿效果相对更为明显。

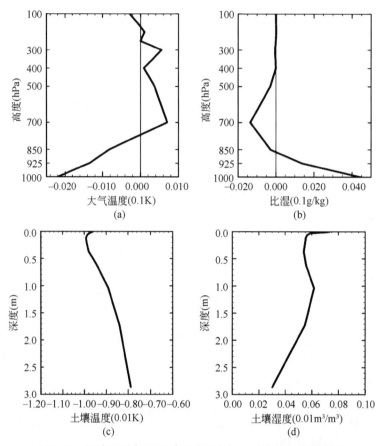

图 2-32 调水试验与原开采试验的大气、土壤温湿差异廓线

2.4 作物生长过程对区域气候的影响

本节将耦合成功的 CLM_CERES 模型进一步与区域气候模式 RegCM4 耦合，并命名为 RegCM4_CERES。通过耦合模型与原模型的比较，探讨作物生长过程对区域气候的影响（邹靖，2013）。

2.4.1 考虑作物生长过程的区域气候模式 RegCM4_CERES

模型的耦合思路如图 2-33 所示。CLM_CERES 耦合模型向 RegCM4 大气模块提供各种陆面信息，如反照率、地表温度、潜热通量、感热通量等；而 RegCM4 大气模块向 CLM_CERES 提供降水、气温、辐射、湿度、风速等强迫。CLM_CERES 模型的时间步长为30min，而 RegCM4 大气模块的时间步长设为 100s，两个模块之间的交换频率为 30min 一次。耦合模型 RegCM4_CERES 可以扩展模型的模拟能力，并考虑作物生长过程与区域气候变化的相互影响。

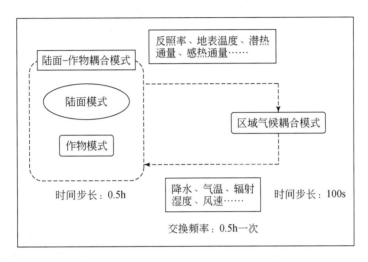

图 2-33　RegCM4_CERES 的耦合框架

2.4.2　RegCM4_CERES 的模拟

2.4.2.1　试验设计

利用建立的耦合模型 RegCM4_CERES 进行初步的模拟分析。模型的模拟时段为 1994年 1 月 1 日～2000 年 12 月 31 日，第一年作为起转时间，分析采用 1995～2000 年的结果。模型的投影中心点选为 36°N，102°E，格点间距为 50km，积云对流参数化方案选择 Grell方案。模拟区域范围覆盖了中国陆地全境，如图 2-34 所示。耦合模型模拟结果命名为RegCM_CERES，而采用相同设置的原模型结果命名为 CTL。

2.4.2.2　结果分析

图 2-35 所示的是两组结果模拟的 LAI 及其差异。与离线结果基本一致，耦合模型RegCM_CERES 模拟的 LAI 与控制试验 CTL 相比，华北地区 LAI 较大而南方地区 LAI较小。

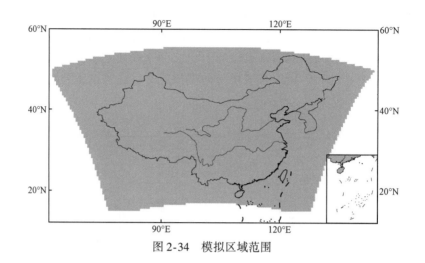

图 2-34　模拟区域范围

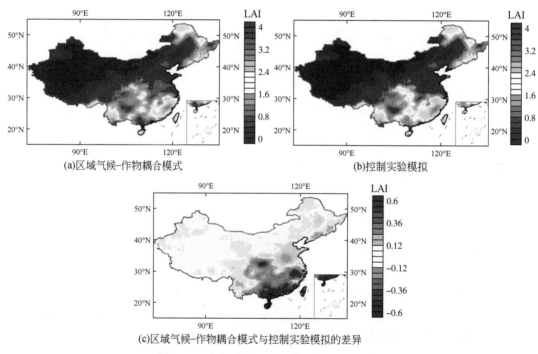

(a)区域气候–作物耦合模式　　　　　　　　　　(b)控制实验模拟

(c)区域气候–作物耦合模式与控制实验模拟的差异

图 2-35　多年平均 LAI 及其差异空间分布图

　　图 2-36 所示的是多年平均降水及其差异的空间分布，参与比较的为由中国气象观测站点插值的 1995~2000 年平均降水资料。两组结果比较而言，降水差异在作物分布集中的东部季风区内差异较大，西北、青藏高原等干旱区内差异较小，而东部季风区内并无统一的分布。总体而言，耦合模型在中国区域的平均降水轻微减少。表 2-5 为两组结果的各统计指标。两组结果的统计指标基本一致，相关系数和均方根误差仅仅相差 0.01% 和 0.01mm/d，表明耦合模型 RegCM_CERES 对降水的模拟能力基本没有差别。

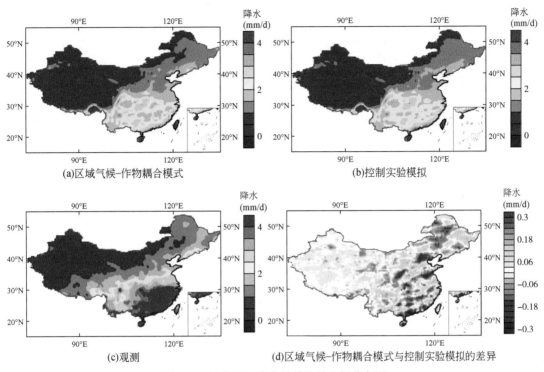

(a)区域气候-作物耦合模式　　　　　　　(b)控制实验模拟

(c)观测　　　　　　　　　(d)区域气候-作物耦合模式与控制实验模拟的差异

图 2-36　多年平均降水及其差异空间分布图

表 2-5　两组结果的降水统计指标比较

模式	CC（%）	RMSE（mm/d）	STD（mm/d）	
			观测	模拟
RegCM_CERES	59.75	2.08	2.08	1.81
RegCM4	59.62	2.09	2.08	1.82

注：CC，相关系数；RMSE，均方根误差；STD，标准差

　　图 2-37 所示的是多年平均 2m 高气温及其差异的空间分布，参与比较的是 1995～2000 年的平均观测资料。两组结果模拟的 2m 高气温差异局地性较强，与离线结果的差异基本

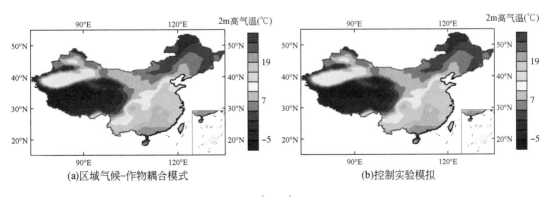

(a)区域气候-作物耦合模式　　　　　　　(b)控制实验模拟

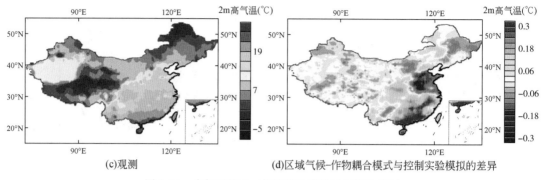

(c) 观测　　　　　　　　(d) 区域气候–作物耦合模式与控制实验模拟的差异

图 2-37　多年平均 2m 高气温及其差异空间分布图

一致：华北、黄淮地区的气温由于 LAI 的增大而有所降低；而我国南方地区的气温由于 LAI 的减少而有所增加。表 2-6 为 2m 高气温的各统计指标比较。与降水结果相似，两组结果的气温统计指标没有明显差异。

表 2-6　两组结果的 2m 高气温统计指标比较

模式	CC（%）	RMSE（℃）	STD（℃）	
			观测	模拟
RegCM_CERES	96.36	4.12	9.89	8.22
RegCM4	96.15	4.18	9.89	8.24

注：CC，相关系数；RMSE，均方根误差；STD，标准差

图 2-38 所示的是年均径流深及其差异的空间分布。区域气候模式 RegCM 模拟的径流深与离线的 CLM 有所差别，最大的产流区位于西南山区，与图 1.51 中 GRDC 径流深资料的分布有所区别。耦合模型与原模型的差异极小，且分布较为杂乱，并未出现像离线试验的稳定差异，这是由复杂的气候反馈所致。

图 2-39 为多年平均土壤湿度及其差异的空间分布。例如，第 2 章对 RegCM4 模式的评估结果所提到的，RegCM4 在我国东北地区土壤湿度明显偏湿，这与 CLM 中的产流机制和冻土的参数化考虑有关。两组结果的土壤湿度差异基本与降水差异相对应，RegCM4_CERES 与原模型相比，在中国全区基本呈现土壤较干现状，其中在北方个别区域减少最为明显。

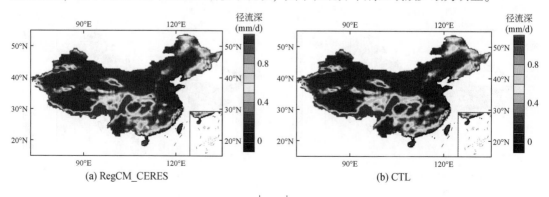

(a) RegCM_CERES　　　　　　　　(b) CTL

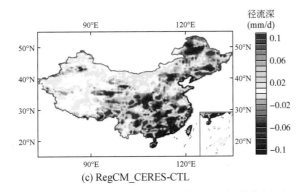

(c) RegCM_CERES-CTL

图 2-38　多年平均径流深及其差异空间分布图

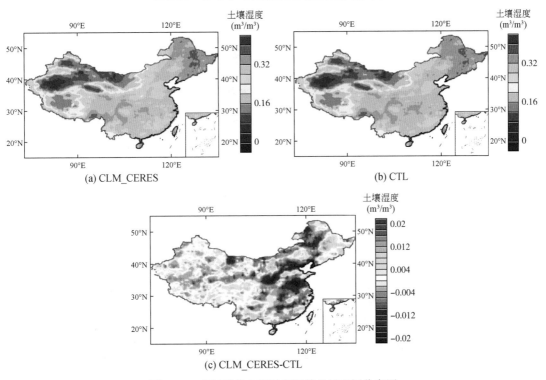

(c) CLM_CERES-CTL

图 2-39　多年平均土壤湿度及其差异空间分布图

　　图 2-40 为多年平均地下水位及其差异的空间分布。根据模拟结果，地下水位在四川盆地周围及东北长白山、大兴安岭附近埋深较浅，西北地区地下水埋深最深。两组结果相比，RegCM4_CERES 模型模拟的地下水埋深在东北平原约减少 0.4m，这与该地区降水有微弱的增长有关。

　　其他变量差异的空间分布如图 2-41 所示，2m 高湿度差异与土壤湿度差异基本一致，分布较为杂乱，与离线结果有所不同；而局地性较强的其他 3 个变量与离线结果并无太大差异。植被蒸腾主要表现为华北、江淮一带增加明显，其他地区差异不大，这主要由根系比例的差异所致。地面吸收辐射受 LAI 影响，呈现华北江淮减少、华南增加的状态，其他地区也出现一定的差异，但这一差异是由大气反馈引起的区域气候变化所致，并非源于 LAI 变化的直接影响。植被截流主要在我国南方地区有所降低，其他地区差异并不明显。

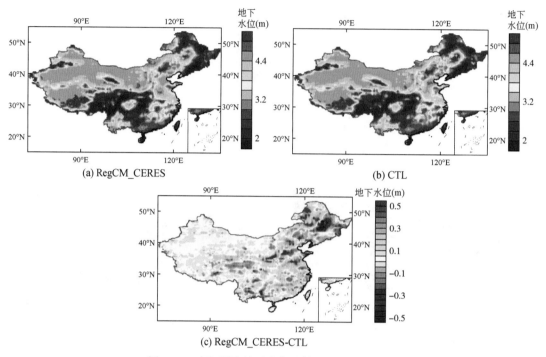

(a) RegCM_CERES

(b) CTL

(c) RegCM_CERES-CTL

图 2-40　多年平均地下水位及其差异空间分布图

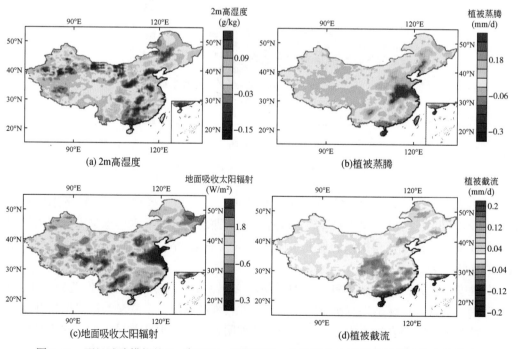

(a) 2m高湿度

(b) 植被蒸腾

(c) 地面吸收太阳辐射

(d) 植被截流

图 2-41　两组试验模拟的 2m 高湿度、植被蒸腾、地面吸收太阳辐射及植被截流的差异

为了探讨土壤湿度的时间变化，图 2-42 也给出了典型区域土壤湿度月平均序列。典型区域的选择与离线实验中的设置一致：东北（122°E ~ 130°E，43°N ~ 47°N）、华北（112°E ~ 118°E，35°N ~ 40°N）、江淮（115°E ~ 120°E，30°N ~ 34°N），并增加了一个华南区域（105°E ~ 115°E，22°N ~ 25°N）。由图 2-42 可见，两组在线试验的土壤湿度在各典型区域基本没有变化，仅在个别年份存在一定程度的减少，其中东北、华北地区减少程度大于华南地区，这与它们空间分布是一致的。

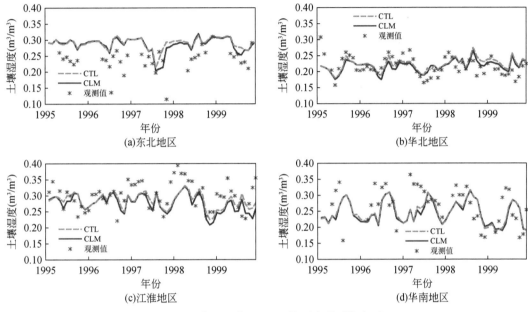

图 2-42　典型区内 10cm 土壤湿度月平均序列

农作物通常为一年生植被，且目前耦合模型中的作物分布、种植数据并不随年份变化，因而作物的生长过程对气候的季节变率影响相对年际变率更为明显。图 2-43 给出了两组实验结果在 4 个典型区内的土壤湿度、LAI 和总径流的季节内变化。如图 2-43 所示，在东北、华北、江淮地区，耦合模型（蓝线）模拟的 LAI 在作物生长季相对原模型有所增加，而在华南地区 LAI 总体相对较小。LAI 的季节差异使得两组模拟结果的径流、土壤湿度等变量在生长季的差异大于非生长季。

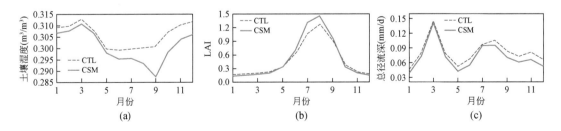

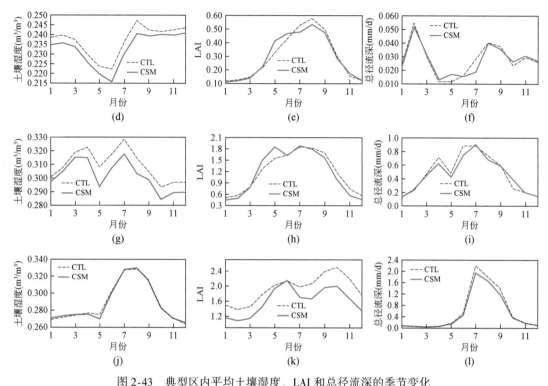

图 2-43　典型区内平均土壤湿度、LAI 和总径流深的季节变化

（a）~（c）为东北地区；（d）~（f）为华北地区；（g）~（i）为江淮地区；（j）~（l）为华南地区。下同

如图 2-44 所示，典型区内的降水、气温等仅在夏秋季节有所差异，2m 高气温的差异基本可以忽略不计。蒸散发在 5~6 月有所差异，而其他季节差异不大。

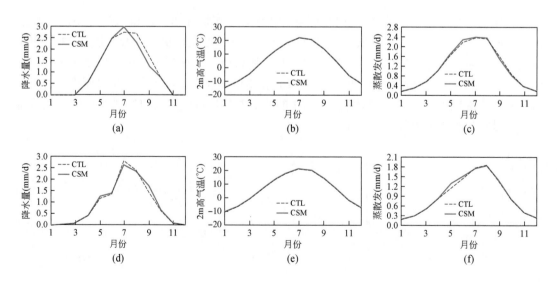

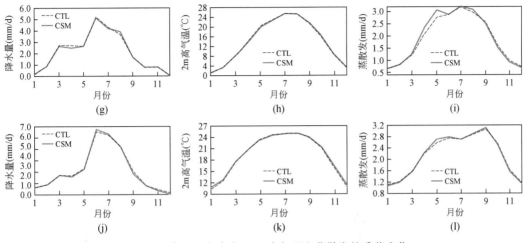

图 2-44 典型区内降水、2m 高气温和蒸散发的季节变化

本次试验利用建立的在线综合模型与 RegCM4 原模型进行了短期的模拟试验。研究区域为中国区域，模型设置与 2.4 节中的设置保持一致。模拟时段由 1990～1997 年，其中 1990～1992 年 3 年的模拟视为 spin-up。综合模型的模拟结果命名为 "Integration"，而原模型结果为控制试验，命名为 "CTL"。

图 2-45 为多年平均总叶面积指数及其差异的空间分布。两组模拟的总叶面积指数空间分布极为相似，全国以西南、东南、东北等地林区的叶面积指数最高，并且南方普遍高于北方。综合模型与控制试验相比，叶面积指数在中国南方地区有所降低，其中以四川盆地、华南地区减少最多，减少幅度约为 0.4，而在中国东北平原地区叶面积指数有微弱的增长。

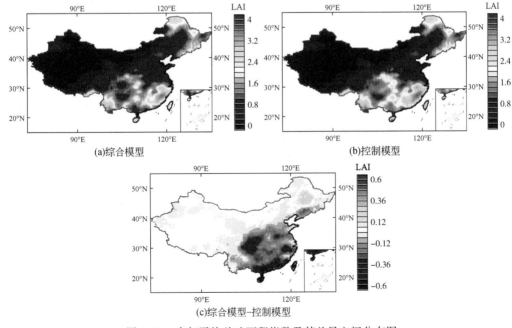

图 2-45 多年平均总叶面积指数及其差异空间分布图

综合模型可以模拟小麦、水稻、玉米的荣枯过程。图2-46所示的是综合模型模拟的7种作物的叶面积指数分布情况。多年平均叶面积指数的差异一方面来自各地作物的生长周期不同，另一方面来自水、热等气候条件引起的作物长势的差异。例如，单季稻的年平均叶面积指数基本随着纬度的升高而升高，这主要与各地的生长周期差异有关，高纬度地区由于受到日照时间、温度等自然条件限制，水稻生长周期较长，因此水稻年平均叶面积指数较大。对于其他几类作物，由于受到综合因素影响，并未出现明显的南北差异。

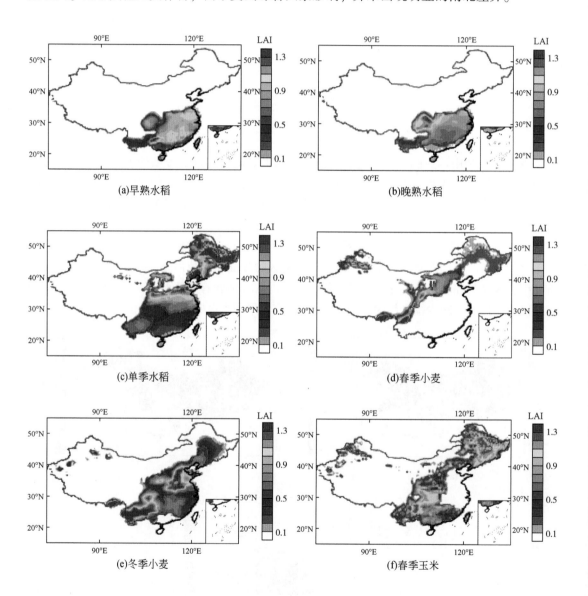

(a)早熟水稻 　　　　　　　　　　　　　(b)晚熟水稻

(c)单季水稻 　　　　　　　　　　　　　(d)春季小麦

(e)冬季小麦 　　　　　　　　　　　　　(f)春季玉米

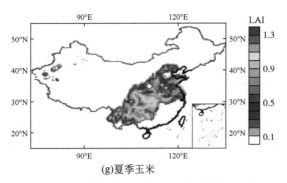

(g)夏季玉米

图 2-46　7 类作物多年平均叶面积指数分布图

图 2-47 所示的是综合模型模拟的 7 种作物地上部分生物量分布情况。图 2-47 中所示的生物量为一年内作物收割前的最大生物总量进行多年平均的结果。如图 2-47 所示，在模拟期内双季稻产量并未出现地区间的差异，单季稻在大部分地区基本一致，而在华南地区产量相对较低。冬小麦在黄淮海和西南地区产量相对较高，这与该地区年均叶面积指数相对较大相对应。其他作物地区差异并不明显。

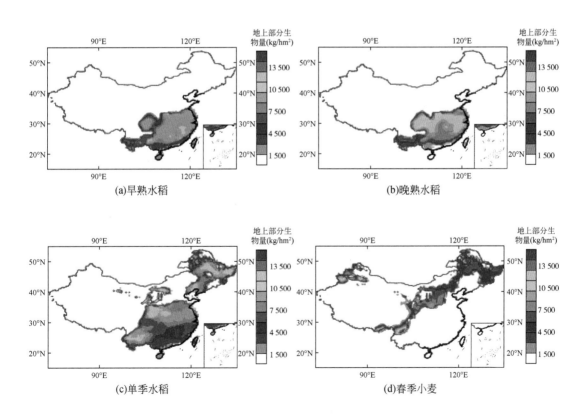

(a)早熟水稻　　　　　　　　　　(b)晚熟水稻

(c)单季水稻　　　　　　　　　　(d)春季小麦

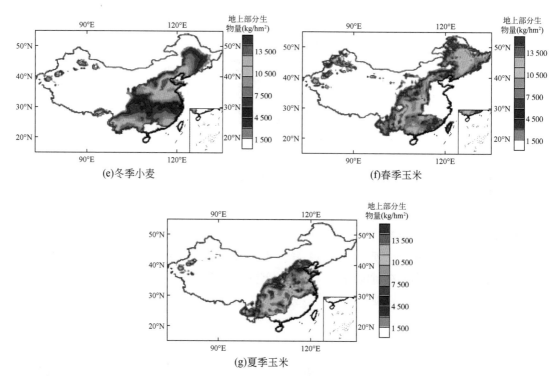

图 2-47　多年平均 7 类作物的地上部分生物量分布图

　　图 2-48 所示的是两组结果的多年平均地下水位及其差异的空间分布。如图 2-48 所示，两组结果均能模拟出西北干旱地区地下水埋深较深、东部湿润地区埋深较浅的分布特征。由于模拟时间较短，两组模拟结果并未出现较强的差异。用水最为集中的华北地区地下水位有所下降，而辽东地区由于开采量相对较小，且降水有所增加，因而地下水位有明显抬升。

　　图 2-49 所示的是两组模拟、观测的多年平均降水及其差异的空间分布。模拟结果与观测结果相比，中国南方地区降水明显偏少，这是由于模式内对中尺度天气活动等考虑不足，使得受热带气旋等活动影响较大的南方地区降水偏小。两组降水模拟结果的差异分布较为杂乱，但主要差异仍位于中国东部地区，西部干旱区内差异很小。其中，降水减少最明显的区域位于华北地区，而辽东地区等地的降水增加较为明显。表 2-7 所示的是两组降水结果的统计指标比较。综合模型的相关系数、均方根误差较原模型的控制试验有所降低，但降低幅度不大，而标准差有所升高。总体而言，综合模型与原模型的统计关系并未出现显著差别，这也与时间仓促，模拟期较短，水资源开采利用的冷湿效应并不明显有关。

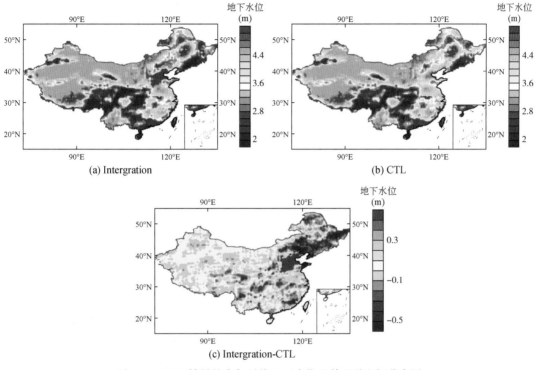

图 2-48　两组结果的多年平均地下水位及其差异空间分布图

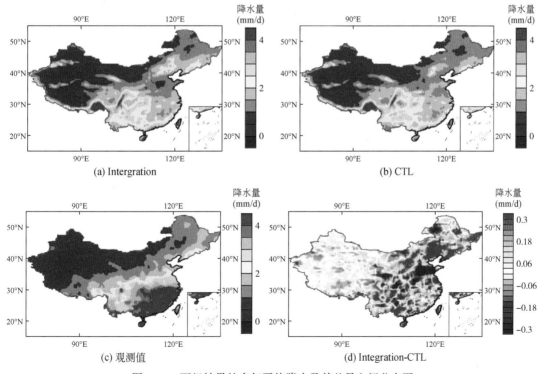

图 2-49　两组结果的多年平均降水及其差异空间分布图

表 2-7　两组结果的降水统计指标比较

模型	CC（%）	RMSE（mm/d）	STD（mm/d）	
			观测	模拟
综合模型	55.31	2.06	1.96	1.77
原模型	56.39	2.00	1.96	1.75

注：CC，相关系数；RMSE，均方根误差；STD，标准差

图 2-50 所示的是 2m 气温的两组模拟，观测及模拟差异的空间分布。如图 2-50 所示，RegCM4 模式模拟的气温南北梯度较小，中国南方地区存在一定的冷偏差。与原模型相比，综合模型由于叶面积指数的降低，中国南方地区的气温模拟有所升高，增温幅度为 0.4 ~ 0.5℃。综合模型在华北地区气温有所降低，这可能与该地区较大的用水量有关。表 2-8 所示的是两组模拟结果的统计特征，与降水统计特征相比，两组气温模拟结果差异更小，综合模型在平均相关系数和均方根误差方面有微弱的改善，而标准差有所下降。总体而言，两组模拟结果基本一致，并没有显著的变化。

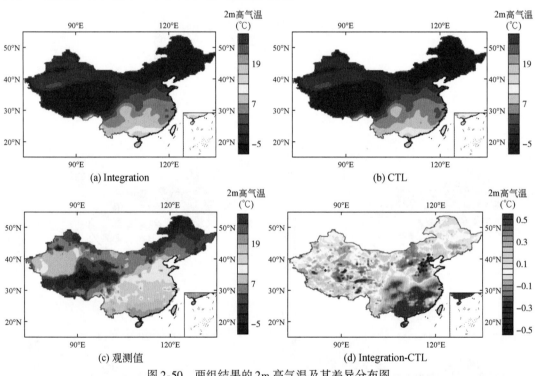

(a) Integration　　　　　　　　(b) CTL

(c) 观测值　　　　　　　　(d) Integration-CTL

图 2-50　两组结果的 2m 高气温及其差异分布图

表 2-8　两组结果的 2m 高气温统计指标比较

模型	CC（%）	RMSE（℃）	STD（℃）	
			观测	模拟
综合模型	96.37	3.50	9.97	7.99
原模型	96.35	3.52	9.97	8.03

注：CC，相关系数；RMSE，均方根误差；STD，标准差

2.5 取水、用水、调水和农作物生长对区域气候的影响

2.2 节、2.3 节、2.4 节在陆面过程模型 CLM3.5 与区域气候模式 RegCM4 中考虑了人类的水资源开采、利用过程和农作物生长、收割过程，本节将上述过程进行整合，并最终在区域气候模式中实现，建立考虑取水、用水、调水和农作物生长过程的陆面过程模型和区域气候模式（邹靖，2013）。

2.5.1 考虑取水用水调水和作物生长过程的陆面及区域气候模式

如图 2-51 所示，根据 2.2 节、2.3 节、2.4 节建立的模型，本节进行了整合。整合之后的综合模型首先在 CLM3.5 中实现，并进行初步的离线模拟试验。然后，该离线模型在 RegCM4 中实现运行，并进行初步的在线模拟分析。

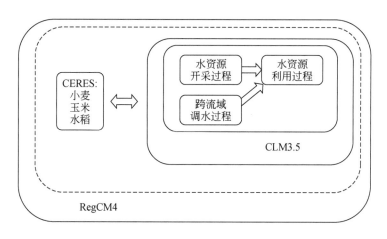

图 2-51　考虑取水用水调水和农作物生长过程的综合模型的建立

模型所需的农作物分布、种植数据仍采用 2.4 节分辨率为 0.5°的数据。而由于全国用水需求数据缺乏资料，本节仍采用中国 2000 年国内生产总值（GDP）、人口、农田面积的数据进行近似估计。估计的用水需求分布中，工业、生活用水占总用水量的比例暂时保持恒定，采用 2000 年中国水资源评价中的全国平均值 0.312，工业和生活用水的单位用水量也采用全国平均值进行计算。估计出的全国总用水需求分布如图 2-52 所示。

如图 2-52 所示，中国华北、江淮地区需水量最大，其他地区，如华南沿海地区、四川盆地、东北平原需水量也较高，中国西北地区人口稀疏，需水量很少，在广大沙漠、荒原地区的需水量基本维持在 0.1mm/a 以下。

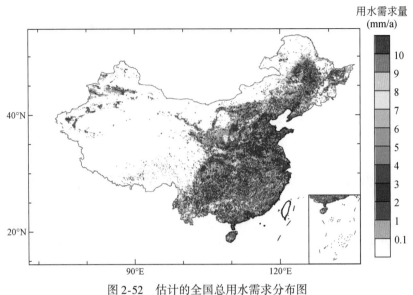

图 2-52　估计的全国总用水需求分布图

2.5.2　离线结果分析

离线综合模型针对中国西北的黑河流域进行了 1981～2000 年共 20 年的模拟。模拟进行之前，首先进行 50 年的 spin-up，以获取平衡的地下水位。20 年的模拟试验采用平衡态地下水位，代替原来固定的 4.43m 埋深。模型分辨率为 0.1°×0.1°，模拟区域为 36°N～44°N，92°～108°E。在试验中，调水过程并未开启。参与比较的为 CLM3.5 原模型相同配置的结果。综合离线模型的结果命名为"Integration"，原模型的控制试验结果命名为"CTL"。

在黑河流域，祁连山下的河西走廊地区是黑河流域唯一的农业灌溉区，流域北部的下游地区大多为荒漠，并无密集的植被分布和人类聚居。图 2-53 所示的是两组试验模拟的多年平均地下水位及其差异的空间分布。根据两组试验的模拟结果，流域南部的河西走廊农作区地下水位较深，流域北部的荒漠地区地下水位较浅。这一模拟结果与实际情况有所

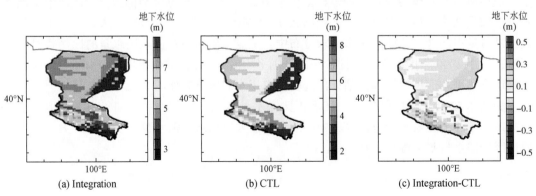

图 2-53　多年平均地下水位及其差异空间分布图

区别，因为陆面模型目前尚不能考虑地下水的侧向流动，对位于干旱区的黑河流域而言，中下游土壤、地下水的补给很大程度上源自上游融雪形成的河道径流，而这一过程并不能在模型中体现。综合模型与控制试验相比，流域南部的农作区和北部荒漠区地下水位有所下降，对原模型地下水位模拟过浅的状况有所改变，但变化不大。

图 2-54 所示的是两组试验模拟的多年平均土壤湿度及其差异的空间分布。河西走廊地区土壤湿度相对较高，而流域北部的荒漠地区土壤湿度相对较低，这一分布与实际情况较为一致。两组结果相比，综合模型模拟的土壤湿度相对偏干，其中以河西走廊地区减少最多，这与该地区地下水位的下降有一定关系。

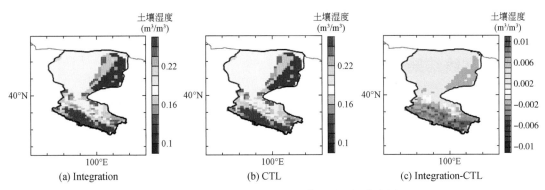

图 2-54　多年平均土壤湿度及其差异空间分布图

图 2-55 为两组试验 20 年平均总径流量及其差异的空间分布。如图 2-55 所示，两组结果均能模拟出流域南部的上游山区为主要产流区，总径流深模拟较高，占流域大部分面积的下游区产流较少。两组模拟结果相比，考虑了人类活动的综合模型在中游农作区产流有所增加，而流域下游的荒漠地区产流有所减少。

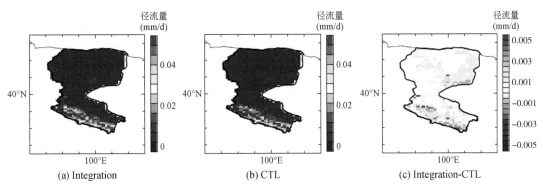

图 2-55　多年平均总径流及其差异空间分布图

图 2-56 所示的是两组试验平均土壤温度及其差异的空间分布。两组结果模拟的土壤温度在河西走廊地区较低，而流域下游的荒漠地区土壤温度较高。两组结果相比，河西走廊地区的土壤温度有所升高，而下游荒漠区土壤温度有所降低，全流域的温度梯度有所减少。

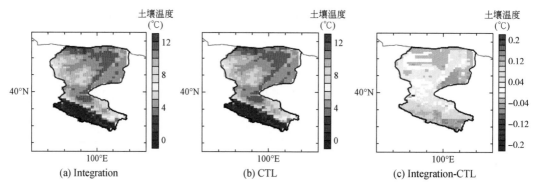

(a) Integration   (b) CTL   (c) Integration-CTL

图 2-56 多年平均土壤温度及其差异空间分布图

2.5.3 在线结果分析

本次试验利用建立的在线综合模型与 RegCM4 原模型进行了短期的模拟试验。研究区域为中国区域,模型设置与 2.4 节中的设置保持一致。模拟时段由 1990～1997 年,其中 1990～1992 年 3 年的模拟视为 spin-up。综合模型的模拟结果命名为"Integration",而原模型结果为控制试验,命名为"CTL"。

图 2-57 为多年平均总叶面积指数及其差异的空间分布。两组模拟的总叶面积指数空间分布极为相似,全国以西南、东南、东北等地林区的叶面积指数最高,并且南方普遍高于北方。综合模型与控制试验相比,叶面积指数在中国南方地区有所降低,其中以四川盆地、华南地区减少最多,减少幅度约为 0.4,而在中国东北平原地区叶面积指数有微弱的增长。

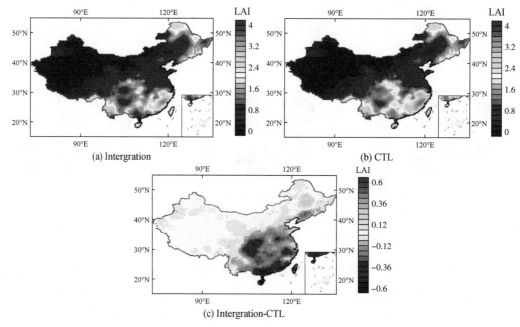

(a) Intergration   (b) CTL

(c) Intergration-CTL

图 2-57 多年平均总叶面积指数及其差异空间分布图

综合模型可以模拟小麦、水稻、玉米的荣枯过程。图 2-58 所示的是综合模型模拟的七种作物的 LAI 分布。多年平均的 LAI 的差异一方面来自各地作物的生长周期不同，另一方面来自水、热等气候条件引起的作物长势的差异。例如，单季稻的年平均 LAI 基本随着纬度的升高而升高，这主要与各地的生长周期差异有关，高纬度地区由于日照时间、温度等自然条件限制，水稻生长周期较长，因为年平均 LAI 较大。对于其他几类作物，受综合因素影响，并未出现明显的南北差异。

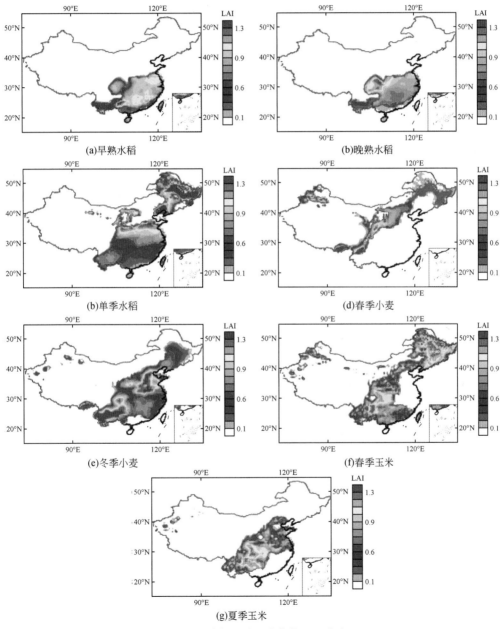

图 2-58　多年平均七类作物 LAI 分布

图 2-59 所示的是综合模型模拟的七种作物的地上部分生物量分布。图中所示的生物量为一年内作物收割前的最大生物总量进行多年平均的结果。如图所示,在模拟期内双季稻产量并未出现地区性差异,而单季稻在大部分地区基本一致,而在华南地区产量相对较低。冬小麦在黄淮海和西南地区产量相对较高,这与该地区的年均 LAI 相对较大相对应。其他作物地区差异并不明显。

图 2-60 所示的是两组结果的多年平均地下水位及其差异的空间分布。如图所示,两组结果均能模拟出西北干旱地区地下水埋深较深、东部湿润区埋深较浅的分布特征。由于模拟时间较短,两组模拟结果并未出现较强的差异。用水最为集中的华北地区的地下水位有所下降,而辽东地区由于开采量相对较小,且降水有所增加,因而地下水位有明显抬升。

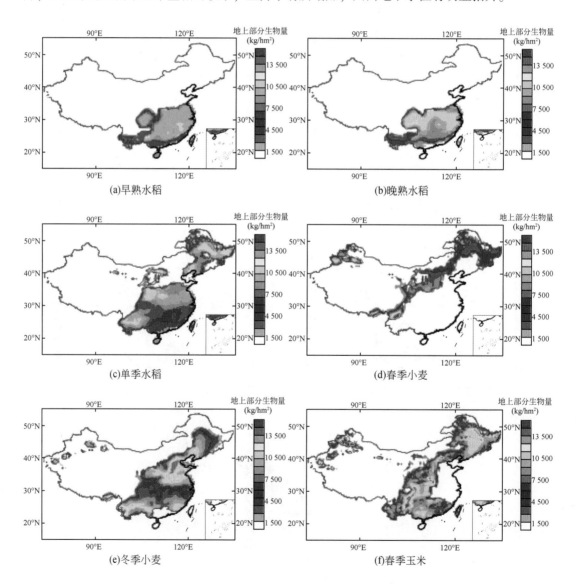

(a)早熟水稻

(b)晚熟水稻

(c)单季水稻

(d)春季小麦

(e)冬季小麦

(f)春季玉米

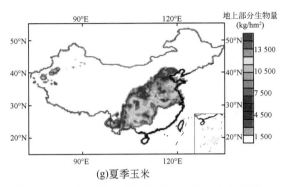

(g)夏季玉米

图 2-59　多年平均七类作物的地上部分生物量分布

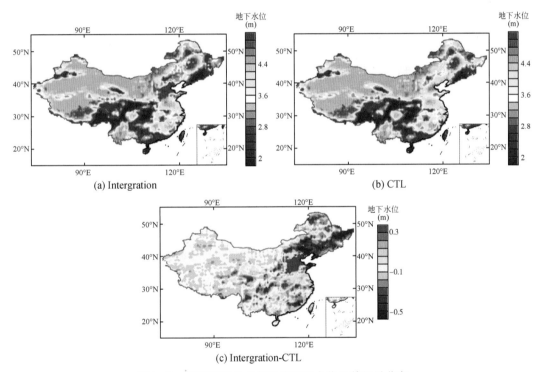

图 2-60　两组结果的多年平均地下水位及其差异分布

　　图 2-61 所示的是两组模拟、观测的多年平均降水及其差异的空间分布。模拟结果与观测相比，中国南方地区降水明显偏少，这是由于模式内对中尺度天气活动等考虑不足，使得受热带气旋等活动影响较大的南方地区降水偏小。两组降水模拟结果的差异分布较为杂乱，但主要差异仍位于中国东部地区，西部干旱区内差异很小。其中，最明显的降水减少位于华北地区而在辽东地区等地降水增加较为明显。表 2-9 所示的是两组降水结果的统计指标比较。综合模型的相关系数、均方根误差较原模型的控制试验有所降低，但降低幅度不大，而标准差有所升高。总体而言，综合模型与原模型的统计关系并未出现显著差

别，这也与时间仓促，模拟期较短，水资源开采利用的冷湿效应并不明显有关。

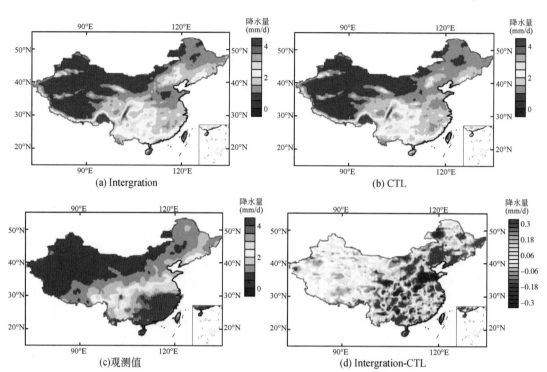

图 2-61　两组结果的多年平均降水及其差异分布

表 2-9　两组结果的降水统计指标比较

模型	CC（%）	RMSE（mm/d）	STD（mm/d）	
			观测	模拟
综合模型	55.31	2.06	1.96	1.77
原模型	56.39	2.00	1.96	1.75

注：CC，相关系数；RMSE，均方根误差；STD，标准差

图 2-62 所示的是两组观测、模拟 2m 高气温及其差异的空间分布。如图所示，RegCM4 模式模拟的气温南北梯度较小，中国南方地区存在一定的冷偏差。与原模型相比，综合模型由于叶面积指数的降低，在中国南方地区的气温模拟有所升高，增温幅度在 0.4 ~0.5℃左右。综合模型在华北地区气温有所降低，这可能与该地区较大的用水量有关。表 2-10 所示的是两组模拟结果的统计特征，与降水统计特征相比，两组气温模拟结果差异更小，综合模型在平均相关系数和均方根误差方面有微弱的改善，而标准差有所下降。总体而言两组模拟结果基本一致，并没有显著的变化。

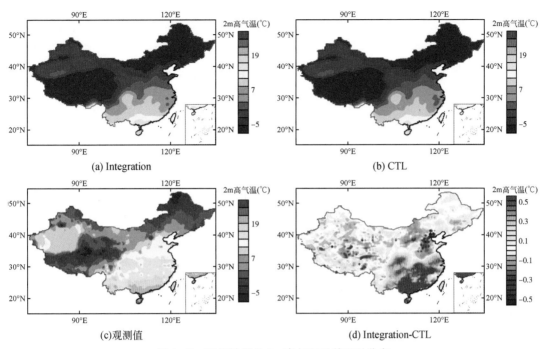

(a) Integration

(b) CTL

(c)观测值

(d) Integration-CTL

图 2-62　两组结果的 2m 高气温及其差异分布

表 2-10　两组结果的 2m 高气温统计指标比较

模型	CC（%）	RMSE（℃）	STD（℃）	
			观测	模拟
综合模型	96.37	3.50	9.97	7.99
原模型	96.35	3.52	9.97	8.03

注：CC，相关系数；RMSE，均方根误差；STD，标准差

第3章 陆面数据同化系统

3.1 集合四维变分同化方法 PODEn4DVAR

自主研发的先进集合四维变分同化方法 PODEn4DVar 得到进一步的发展：Tian 等（2008）首先提出的最初版本 POD4DVar 算法基于蒙塔卡洛方法和 POD 技术，在 POD4DVar 中，POD 技术应用在模式空间来产生垂直基向量，鉴于模式空间的维数较大，势必会大大增加计算成本。为缓解这个问题，Tian 等（2011）进一步将 POD4DVar 发展成为基于本征正交分解的集合四维变分同化方法 PODEn4DVar，该方法将 POD 技术应用于观测扰动空间，使得集合坐标得以优化，在节省内存的同时，也提高了同化精度；同时利用 PODEn4DVar 与 EnKF 分析方程的相似性，进一步用观测增量的集合取代单独的观测增量向量，从而实现了 PODEn4DVar 分析样本的更新。PODEn4DVar 的算法流程如下。

1）准备数据 x_b，x，y 和 y_{obs}。

2）计算 PODEn4DVar 所需要的模拟观测样本扰动 OPS 与模式样本扰动 MPS，以及观测增量 y'_{obs}，$x' = x - x_b$，$y'_{obs, k} = y_{obs, k} - y_k(x_b)$，$y_k = H_k[M_{t_0 \rightarrow t_k}(x)]$ 和 $(y_k)' = y_k(x_b + x') - y_k(x_b)$。

3）进行 POD 转化，计算 $y'^T y' = V \wedge^2 V^T$，得到 $\Phi_y = y'V$；因为假设 x' 与 y' 之间是线性关系，所以 $\Phi_x = x'V$；最优解 x'_a 及对应的最优的 OPS 可线性表示为 $x'_a = \Phi_{x, r} \beta$，$y'_a = \Phi_{y, r} \beta$。

4）将 3）的结果带入代价函数中，控制变量由 x' 变为 β，控制变量得以显示表达。

5）像在 EnKF 中处理的一样，背景误差协方差可表示成 $B = \dfrac{\Phi_{x, r} \Phi_{x, r}^T}{r - 1}$，将其代入 4）中表示的代价函数，对控制变量求导，得到分析值。

在 PODEn4DVar 中，还进行 PODEn4DVar 与 PODEn3DVar 的耦合，如图 3-1 所示。

PODEn4DVar 得到了代价函数的最优解，并更新了分析集合。作为集合方法的一种，其集合样本通常是由比观测数据的数量和模型变量的自由度少得多的成员组成，这将会导致观测站点和模式格点之间的虚假相关。为了解决这个问题，运用局地化技术改善了虚假的遥相关。将 Schur 积应用到了矩阵 $K_{x, y}(L_x \times (\sum_{k=1}^{s} L_{y, k})) = \Phi_{x, r} \Phi_y$（其中 $L_x = M_g \times M_v$ 是向量 x_0 的维度，$L_{y, k}$ 是向量 y_k 的维度，$L_y = \sum_{k=1}^{s} L_{y, k}$）中，以过滤掉观测站点和模式格点之间的遥相关，分析值最终通过式（3-1）表达：

$$x'_a = \rho \circ K_{x, y} y'_{obs} \tag{3-1}$$

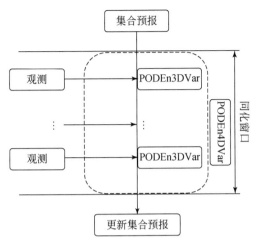

图 3-1　PODEn4DVar 与 PODEn3DVar 的耦合图

其中，两个具有相同维数的矩阵的 Schur 积定义为 $A = B°C$ ，其组成元素 $a_{i,j} = b_{i,j} \cdot c_{i,j}$ 。为给出过滤矩阵 ρ ，假定 $K_{x,i}$ ，$K_{y,j}$ 分别是模型状态和观测变量。$d_{h,i,j}$ ，$d_{v,i,j}$ 分别表示在 $K_{x,i}$ 、$K_{y,j}$ 空间位置的水平距离和垂直距离。所以 ρ 为 $\rho_{i,j} = C_0\left(\dfrac{d_{h,i,j}}{d_{h,0}}\right) \cdot C_0\left(\dfrac{d_{v,i,j}}{d_{v,0}}\right)$ 。

过滤函数 C_0 定义为

$$C_0(r) = \begin{cases} -\dfrac{1}{4}r^5 + \dfrac{1}{2}r^4 + \dfrac{5}{8}r^3 - \dfrac{5}{3}r^2 + 1, & 0 \leqslant r \leqslant 1 \\ \dfrac{1}{12}r^5 - \dfrac{1}{2}r^4 + \dfrac{5}{8}r^3 + \dfrac{5}{3}r^2 - 5r + 4 - \dfrac{2}{3}r^{-1}, & 1 < r \leqslant 2 \\ 0, & 2 < r \end{cases} \tag{3-2}$$

式中，$d_{h,0}$ 、$d_{v,0}$ 分别为水平位置和垂直位置的 Schur 半径。矩阵 ρ 通过 Schur 积过滤掉了与较远观测站点的遥相关。图 3-2 是过滤矩阵的示意图。

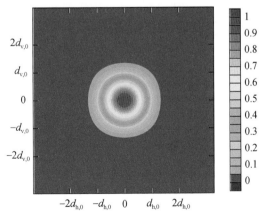

图 3-2　过滤矩阵 ρ 的示意图

特意设计了数值验证试验，用 Lorenz96 模型验证，$\dfrac{\mathrm{d}x_i}{\mathrm{d}t}=-x_{i-2}x_{i-1}+x_{i-1}x_{i+1}-x_i+F$，其中 $i=1$，$\cdots$，n，$F=8$。$F=8$ 表示模型没有误差，用以生成观测数据与真实场，$F=8.5$ 以及 9 表示模型有误差，模式时间步长为 0.05（6h）。

图 3-3 即是试验结果图。

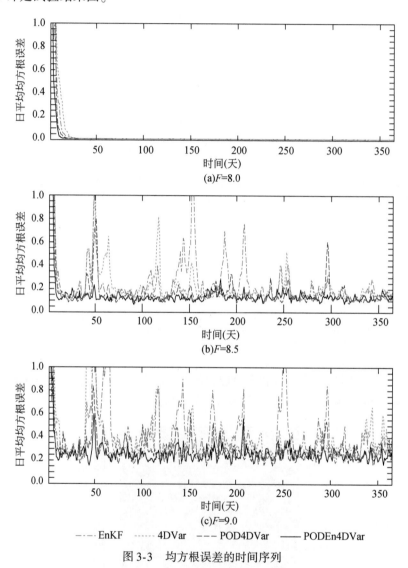

图 3-3 均方根误差的时间序列

试验结果表明，无论何种条件下，PODEn4DVar 要优于 POD4DVar、4DVar 和 EnKF；POD4DVar 和 EnKF 的效果相似；只有 4DVar 用的是统计的背景误差协方差，这导致其效果比其他方法差。将 PODEn4DVar 与 PODEn3DVar 耦合的试验说明，耦合可以明显改善最终的分析结果。

Tian 和 Xie（2012）中，为了进一步简化 PODEn4DVar 的应用，提出了一种混合局地化技术，如 Hunt 等（2004）所阐述，局地化方案分为显式与隐式两种，所谓显式局地化方案就仅仅考虑某一个分析结果临近区域的观测值；另外一种是采用距离的减函数（1~0）；Tian 等（2011）采用隐式局地化方案，该局地化方案往往需要大量的计算量来计算 $K = (p_x p_a^* p_y^T R^{-1})$，且该方案不易并行化。

为缓解这个问题，充分利用了显示与隐式的局地化信息，减少计算并易于并行化。分析值可写为 $x_a = x_b + p_x(p_y^*) y'_{obs}$，其中 $p_y^* = p_a^* p_y^T R^{-1}$。则 x_a 的每一个元素 $x_{a,i}(i = 1, \cdots, L_x)$ 可由式（3-3）获得：

$$x_{a,i} = x_{b,i} + p_{x,i}(p_y^*) y'_{obs} \tag{3-3}$$

式中，$p_{x,i}$ 为 p_x 第 i 行；$x_{b,i}$ 为 x_b 的第 i 个元素。

根据过滤函数，可找到在目的区域的对最后分析有贡献的观测值，这就会简化计算方程，$x_{a,i} = x_{b,i} + p_{x,i}(p_{y,g}^*) y'_{obs}$，然后在对其乘以过滤函数 $x_{a,i} = x_{b,i} + \rho_i \cdot p_{x,i}(p_{y,g}^*) y'_{obs}$，这就是混合局地化。通过比较，在 Tian 等（2011）中暗含的局地化和混合局地化是等价的，只是混合局地化维数低，节约计算资源。

同时，为了增强 PODEn4DVar 的鲁棒性，采用了平方根集合分析框架代替原样本更新策略。

$$p^a = \left[\frac{1}{(N-1)} \right] x^a (x^a)^T \tag{3-4}$$

式中，x^a 为分析集合扰动矩阵，$x^a = p_x [(N-1)p_a^*]^{\frac{1}{2}}$。分析集合扰动矩阵 x^a 可以通过一个转化矩阵获得，即由 $T = [(N-1)p_a^*]^{\frac{1}{2}}$ 获得，这种集合分析称为集合平方根框架分析。

PODEn4DVar 的鲁棒性及其潜在的应用能力通过二维的潜水波方程验证：

$$\frac{\partial h}{\partial t} = -u \frac{\partial(h - h_s)}{\partial x} - v \frac{\partial(h - h_s)}{\partial y} - (H + h - h_s)\left(\frac{\partial u}{\partial x} + \frac{\partial v}{\partial y} \right)$$

$$\frac{\partial h}{\partial t} = -u \frac{\partial(h - h_s)}{\partial x} - v \frac{\partial(h - h_s)}{\partial y} - (H + h - h_s)\left(\frac{\partial u}{\partial x} + \frac{\partial v}{\partial y} \right)$$

$$\frac{\partial h}{\partial t} = -u \frac{\partial(h - h_s)}{\partial x} - v \frac{\partial(h - h_s)}{\partial y} - (H + h - h_s)\left(\frac{\partial u}{\partial x} + \frac{\partial v}{\partial y} \right)$$

$$h_s = h_0 \sin\left(\frac{4\pi x}{D}\right)\left[\sin\left(\frac{\pi y}{D}\right)\right]^2 \quad H = 3000 \quad h_s = h_0 \sin\left(\frac{4\pi x}{D}\right)\left[\sin\left(\frac{\pi y}{D}\right)\right]^2$$

$$h = 360\left[\sin\left(\frac{\pi y}{D}\right)\right]^2 + 120\sin\left(\frac{2\pi x}{D}\right)\sin\left(\frac{2\pi y}{D}\right) \quad u = -f^{-1}g\frac{\partial h}{\partial y} \quad u = -f^{-1}g\frac{\partial h}{\partial x}$$

$$\tag{3-5}$$

$h_0 = 0$ 表示模型没有误差，用以生成观测数据与真实场。$h_0 = 250$ 表示模型有误差。为了检验，采用 En4DVar、LETKF、4D-LETKF 与 PODEn4DVar 进行比较，试验结果如图 3-4 所示。

试验结果表明，即使预报模式有明显的偏离误差，改进的方法也更加鲁棒；4DVar 的基本优势被 En4DVar、4D-LETKF 和 PODEn4DVar 继承，使得结果比 LETKF 要好；POD 技术将传统的集合坐标系统转化成一个最优的形式，这使得 PODEn4DVar 算法在 4 种算法中结果最好，即使是在预报模式是非理想的情况下；这次提出的混合局地化与标准的隐式局

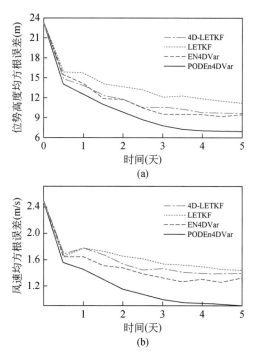

图 3-4 四种数据同化方法的均方根误差比较

地化等价，除了在并行化和低的计算成本方面。

Greybush 等（2011）阐述，一般的局地化的应用有两类，B 型局地化和 R 型局地化，前者是对背景误差协方差 B 作处理，后者是对观测误差协方差 R 作处理。Tian 等（2014）中，PODEn4DVar 通过 R 型的局地化，使其应用更灵活，并且能够实现代码的并行，提高同化的精度。Tian 和 Xie（2012）中，没有采用局地化技术的分析结果为

$$x_a = x_b + x'V\left[(N-1)I + p_y^T R^{-1} p_y\right]^{-1} p_y^T R^{-1} y'_{\text{obs}}$$

也可以写作对每个格点的形式

$$x_{a,g} = x_{b,g} + x'_g V\left[(N-1)I + p_y^T R^{-1} p_y\right]^{-1} p_y^T R^{-1} y'_{\text{obs}}$$

式中，x'_g、$x_{b,g}$、$x_{a,g}$ 分别为每个网格的 MPs、背景状态和分析状态。Hunt 等（2004）提出的 R 型局地化是矩阵 R 的对角元素乘以分析网格的距离的增函数 ρ_R。鉴于 PODEn4DVar 与 LETKF（Hunt et al.，2004）有相似的公式，因而很容易地将 R 型的局地化应用到最终的 PODEn4DVar 的分析中：

$$x_a = x_b + x'V\left[(N-1)I + p_y^T(\rho_R \cdot R^{-1})p_y\right]^{-1} p_y^T(\rho_R \cdot R^{-1})y'_{\text{obs}} \tag{3-6}$$

式中，$\rho_{R,i}$ 为距离函数 $\rho_{i,j}$ 的局地化函数。因为 $\rho_{i,j}$ 是对网格的分析，为减少计算量，R 型局地化的 PODEn4DVar 的分析值在每个网格点为

$$x_{a,g} = x_{b,g} + x'_g V\left[(N-1)I + p_{y,g}^T(\rho_{R,g} \cdot R_g^{-1})p_y\right]^{-1} p_y^T(\rho_{R,g} \cdot R_g^{-1})y'_{\text{obs}} \tag{3-7}$$

$y'_{\text{obs},g}$、R_g、$\rho_{R,g}$、$p_{y,g}$ 的形成需要以下的条件：

1）$\dim(y'_{\text{obs},g}) = 0$；

2）对任意的 $1 \leqslant j \leqslant \dim(y'_{\text{obs}})$，计算 $\rho_{R,g,j}$；

3）如果 $\rho_{R,g,j} > \varepsilon$（$\varepsilon$ 是预先定义的小的参数），那么 $\dim(y'_{\text{obs},g}) = \dim(y'_{\text{obs},g}) + 1$，将 j 存储在预设的整数向量 $\dim_{\text{Loc}}$ 中；

4）所有的 $\rho_{R,g,j} > \varepsilon$，就构成了局地化矩阵 $\rho_{R,g}$；

5）$s = \dim_{\text{Loc}}(j)\left[1 \leqslant j \leqslant \dim(y'_{\text{obs}})\right]$。

因此，PODEn4DVar 的应用需要以下几步：

1）重复的运行预报模式 N 次，并利用观测算子 H_k 和 MPsx'，来获得观测扰动（OPs）的集合 y'；

2）$(y')^T y' = V \wedge^2 V^T$；

3）$p_y = y'V$；

4）在 $y'_{\text{obs},g}$、R_g、$\rho_{R,g}$、$p_{y,g}$ 的形成需要的条件下，求出 $y'_{\text{obs},g}$、R_g、$\rho_{R,g}$、$p_{y,g}$；

5）$x_{a,g} = x_{b,g} + x'_g V\left[(N-1)I + p_{y,g}^T(\rho_{R,g} \cdot R_g^{-1})p_y\right]^{-1} p_y^T(\rho_{R,g} \cdot R_g^{-1})y'_{\text{obs}}$。

很明显，维数比原来的变小。并且，代码可并行实现。

原始的 B 型局地化的 PODEn4DVar 在每个格点的分析值为

$$x_{a,g} = x_{b,g} + \rho_{B,g} \cdot \left\{x'_g V\left[(N-1)I + p_{y,g}^T R_g^{-1} p_y\right]^{-1} p_y^T R_g^{-1}\right\} y'_{\text{obs}} \tag{3-8}$$

为了验证 R 型局地化的效果，用浅水波方程做了验证试验，试验结果如图 3-5 所示。

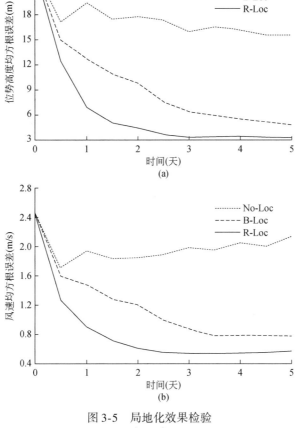

图 3-5 局地化效果检验

通过比较 R 型、B 型和不采用局地化的 PODEn4DVar 的分析结果，很明显地看出，在模式非理想化的情况下，R 型比其他两种的效果好；在计算代价方面，通过比较 CPU 的时间来判断，结果见表 3-1。

表 3-1　PODEn4DVar 应用不用局地化的 CPU 时间比较

项目	R-Loc-g[1]	B-Loc-g[2]	No-Loc[3]	No-Loc-g[4]
Total	18 183.3	18 125.4	345.6	82 536.6
Single point	8.97	8.95	—	40.75

注：1，R 型局地化；2，B 型局地化；3，未局地化的 PODEn4DVar；4，未局地化，但是在每个格点独立处理。时间单位是 s

从表 3-1 中可以看出，不采用局地化的 CPU 时间最短，因为不需要计算每个格点的分析值；而 No-Loc-g 中重复的计算使得代价很高。B-Loc-g 和 R-Loc-g 都比 No-Loc-g 有效，B-Loc-g 和 R-Loc-g 代价的不同可以忽略。虽然，B-Loc-g 和 R-Loc-g 的计算代价比 No-Loc 要高，但其计算效率可通过并行化来提高。总之，PODEn4DVar 用 R 型的局地化在某种程度上比 B 型的效果好，尤其预报模式为非理想化时，且由于 R 型的局地化的并行性使得 R 型的效果更有效。

3.2　基于多种观测算子的双通微波陆面数据同化系统

下面将基于 Tian 等（2010a）建立的全球微波陆面数据同化系统，构建基于多种观测算子的双通微波陆面数据同化系统。该系统以 NCAR/CLM3.0 模型（Oleson et al.，2004）作为模型算子，微波辐射传输模型（QH、LandEM 和 CMEM）作为观测算子，采用 Tian 等（2008）发展的 PODEn4DVAR 方法同化被动微波亮温，改善陆面过程模式模拟，最终能够输出精度较高的陆表状态变量数据集（包括土壤水分、土壤温度、地表温度、感热潜热通量等）。图 3-6 为所发展的双通微波陆面数据同化系统的框架图。

3.2.1　模型算子

本书发展的双通微波陆面数据同化系统以陆面过程模式 NCAR/CLM3.0 作为模型算子。该模式能够考虑模型的次网格变异性（嵌套式），即研究区域分成若干个网格，每个网格包含多种陆地单元，每个单元作为一个单柱模型，每个单柱最多包含 4 种植被功能型。陆面过程模式 CLM3.0 在同一个网格不同下垫面类型中采用相同的大气强迫，但是各下垫面类型（分片）的生物物理过程分别独立计算，它们之间没有直接的相互作用，最后按照各个下垫面类型所占权重作加权平均（网格平均值），在每一个片上都要保持能量和水分守恒，并且每一个片上都有其自己的诊断变量。

CLM 需要的输入数据包括①地表参数数据集：地表分类及所占比例、植被信息（叶面积指数、茎面积指数、反照率、最小气孔阻抗等）、土壤信息（土壤颜色、质地、分层等）；②大气驱动数据：降水（包括降雪量）、入射太阳辐射、气温、风速、湿度、地表

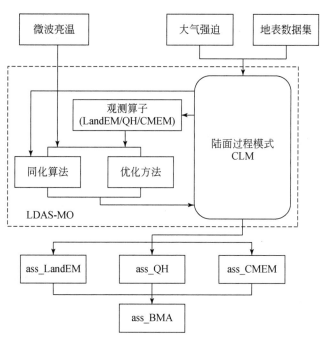

图 3-6 基于多观测算子双通微波陆面数据同化系统的框架图

气压等；③模式初始场：土壤含水量、土壤温度、地表温度、冠层温度、积雪厚度等（Oleson et al.，2004）。

3.2.2 观测算子

微波辐射传输模型被用作该同化系统的观测算子，它能够在地表状态变量（包括土壤含水量、土壤温度、地表温度等）和卫星观测的微波亮度温度之间建立联系。本书准备采用以下 3 种辐射传输模型，即 QH、LandEM 和 CMEM。

（1）QH 模型

Yang 等（2007）发展了一个不考虑大气的削弱作用且忽略地表植被间多次散射的辐射传输模型，记作 QH 模型，植被层顶微波亮温根据式（3-9）给出：

$$\boldsymbol{T}_{b,p} = \boldsymbol{T}_g(1 - \boldsymbol{r}_{s,p})\exp(-\boldsymbol{\tau}_c) + \boldsymbol{T}_c(1 - \omega)[1 - \exp(-\boldsymbol{\tau}_c)] \cdot [1 + \boldsymbol{r}_{s,p}\exp(-\boldsymbol{\tau}_c)]$$

$$(3\text{-}9)$$

式中，下标 p 为极化方向（垂直或水平极化）；r_s 为土壤反射率；τ_c 和 ω 分别为植被光学厚度和单次散射反照率；$\boldsymbol{T}_g$ 和 $\boldsymbol{T}_c$ 分别为地表温度和植被温度。为了考虑地表粗糙度对微波辐射的影响，采用下列方案计算土壤的反射率（Wang and Choudhury，1981）：

$$\boldsymbol{r}_{s,h} = [(1 - \boldsymbol{Q}) \cdot \boldsymbol{R}_h + \boldsymbol{Q} \cdot \boldsymbol{R}_v]\exp(-\boldsymbol{H}) \tag{3-10}$$

$$\boldsymbol{r}_{s,v} = [(1 - \boldsymbol{Q}) \cdot \boldsymbol{R}_v + \boldsymbol{Q} \cdot \boldsymbol{R}_h]\exp(-\boldsymbol{H}) \tag{3-11}$$

式中，h 和 v 分别为垂直和水平极化；$\boldsymbol{Q}$ 和 $\boldsymbol{H}$ 为地表粗糙度的经验参数。光滑地表的 Fresnel 反射率 $\boldsymbol{R}_h$ 及 $\boldsymbol{R}_v$ 可用以下公式计算：

$$R_h = \left| \frac{\cos\theta - \sqrt{\varepsilon_r - \sin^2\theta}}{\cos\theta + \sqrt{\varepsilon_r - \sin^2\theta}} \right|^2 \tag{3-12}$$

$$R_v = \left| \frac{\varepsilon_r\cos\theta - \sqrt{\varepsilon_r - \sin^2\theta}}{\varepsilon_r\cos\theta + \sqrt{\varepsilon_r - \sin^2\theta}} \right|^2 \tag{3-13}$$

土壤介电常数 ε_r 的计算见 Dobson 等（1985），式（3-9）~式（3-11）中的植被光学厚度及地表粗糙度等参数根据以下公式计算：

$$\boldsymbol{Q} = \boldsymbol{Q}_0 (\boldsymbol{k} \cdot \sigma)^{0.795} \tag{3-14}$$

$$H = (\boldsymbol{k} \cdot \sigma)^{\sqrt{0.1\cos\theta}} \tag{3-15}$$

$$\tau_c = \boldsymbol{b}'(100\lambda)^x \boldsymbol{w}_c / \cos\theta \tag{3-16}$$

$$w_c = \exp(LAI/3.3) - 1 \tag{3-17}$$

$$\bar{\omega} = 0.00083/\lambda \tag{3-18}$$

式中，$k = 2\pi/\lambda$ 为波数，λ 为波长（m）；σ 为地表均方根高度；θ 为入射角；w_c 为植被含水量（kg/m^2）；LAI 为叶面积指数（m^2/m^2）；τ_c 为植被光学厚度；$\bar{\omega}$ 为单次散射反照率；b'、χ 和 $\boldsymbol{Q}_0$ 为经验系数。

根据 Jackson 和 Schmugge（1991），χ 可取为-1.08（茎为主，如小麦）或者-1.38（叶为主，如大豆）。由于陆面过程模型 CLM3.0 中土壤孔隙度可以利用砂土含量计算，即 $\theta_{sat,i} = 0.489 - 0.00126 \cdot (sand\%)_i$（Oleson et al.，2004），其中 $\theta_{sat,i}$ 和 $(sand\%)_i$ 分别为第 i 层的土壤孔隙度和砂土含量。

由于这个模型没有考虑积雪的影响，因此当地表有雪覆盖时，采用 Pulliainen 等（1999）发展的雪发射模型 HUT，把雪作为单独的介电层来考虑雪对辐射的减弱作用。表3-2 给出 QH 模型所需要的参数和变量。为避免引入过多待估计的参数带来较多的不确定性以及计算量，因此本书的参数优化仅仅针对辐射传输模型中几乎无法给出参数值的那些参数，而不把陆面模式里面的参数也同时优化进来。由于 b'、σ 和 $\boldsymbol{Q}_0$ 这 3 个参数在实际中很难确定，而且它们对模拟的亮温影响很大，因此本书把它们作为待优化的参数。

表 3-2　QH 模型所需要的参数和变量

名称	单位	来源
入射角	°	55°（AMSR-E）
频率	GHz	6.9GHz（AMSR-E）
土壤含水量（表层）	m^3/m^3	CLM3.0 输出
土壤温度（表层）	K	CLM3.0 输出
地表温度	K	CLM3.0 输出
冠层温度	K	CLM3.0 输出
土壤孔隙度	—	CLM3.0 输出
雪水当量	mm	CLM3.0 输出

名称	单位	来源
雪深	m	CLM3.0 输出
砂土含量	—	地表参数集
黏土含量	—	地表参数集
地表均方根高度 σ	cm	优化参数
地表粗糙度参数 Q_0	—	优化参数
植被光学厚度参数 b'	—	优化参数

（2）LandEM 模型

Weng 等（2001）基于二流辐射传输近似理论发展了一个能够考虑多种下垫面情况（包括裸土、沙漠、植被以及积雪等）的微波陆表发射率模型（microwave land emissivity model，LandEM）。该模型把陆地表面作为一个 3 层介质，其中顶层是大气，介电常数为 ε_1，底层是土壤，介电常数为 ε_3，这两层均认为空间是均一的，而中间层则具有空间异质性，主要包括下列散射介质，如雪颗粒、砂粒和植被冠层。采用辐射传输方程计算中间层的体散射，并利用修改的 Fresnel 方程计算两层交界面的反射率。辐射传输方程如下所示：

$$\mu \frac{\mathrm{d}I(\tau, \mu)}{\mathrm{d}\tau} = I(\tau, \mu) - \frac{\omega(\tau)}{2} \int_{-1}^{1} P_s(\tau, \mu, \mu') I(\tau, \mu') \mathrm{d}\mu' - [1 - \omega(\tau)] B(T)$$

（3-19）

式中，I 为辐射量；$\omega(\tau)$ 为单次散射反照率；$P_s(\tau, \mu, \mu')$ 为相位函数；$B(T)$ 为普朗克函数；T 为热温度；τ 为光学厚度；μ 为入射天顶角的余弦；μ' 为散射天顶角的余弦。利用二流近似方案（Weng and Grody，2000）计算式（3-19）在任意观察角的解，可得

$$\mu \frac{\mathrm{d}I(\tau, \mu)}{\mathrm{d}\tau} = [1 - \omega(1 - b)] I(\tau, \mu) - \omega b I(\tau, -\mu) - (1 - \omega) B \qquad (3\text{-}20)$$

$$-\mu \frac{\mathrm{d}I(\tau, -\mu)}{\mathrm{d}\tau} = [1 - \omega(1 - b)] I(\tau, -\mu) - \omega b I(\tau, \mu) - (1 - \omega) B \qquad (3\text{-}21)$$

式中，b 和 $1 - b$ 分别为后向和前向散射所占的比例，对于各向同性散射，$b = 1/2$，但是 b 一般小于 $1/2$，因此前向散射的强度超过后向散射，从而削弱了向上辐射。

假设 ω、b、B 与 τ 相互独立，则式（3-20）和式（3-21）可以分解为带有常数系数的二阶微分方程，从而可以分析大气或者地表的散射。卫星观测的来自冰云的上行辐射可以通过忽略云层顶部和底部的反射实现（Weng and Grody，2000）。尽管如此，对于积雪覆盖的地面，可以通过顶层介质的反射率和透过率来修改上行辐射（作为不连续介质）。因此，上行辐射和下行辐射可以通过下面的方案来求解：

$$I(\tau, \mu) = \frac{I_0' [\gamma_1 \mathrm{e}^{\kappa(\tau - \tau_1)} - \gamma_2 \mathrm{e}^{-\kappa(\tau - \tau_1)}] - I_1' [\beta_3 \mathrm{e}^{\kappa(\tau - \tau_0)} - \beta_4 \mathrm{e}^{-\kappa(\tau - \tau_0)}]}{\beta_1 \gamma_4 \mathrm{e}^{-\kappa(\tau_1 - \tau_0)} - \beta_2 \gamma_3 \mathrm{e}^{\kappa(\tau_1 - \tau_0)}} + B \qquad (3\text{-}22)$$

$$I(\tau, -\mu) = \frac{I_0' [\gamma_4 \mathrm{e}^{\kappa(\tau - \tau_1)} - \gamma_3 \mathrm{e}^{-\kappa(\tau - \tau_1)}] - I_1' [\beta_2 \mathrm{e}^{\kappa(\tau - \tau_0)} - \beta_1 \mathrm{e}^{-\kappa(\tau - \tau_0)}]}{\beta_1 \gamma_4 \mathrm{e}^{-\kappa(\tau_1 - \tau_0)} - \beta_2 \gamma_3 \mathrm{e}^{\kappa(\tau_1 - \tau_0)}} + B \qquad (3\text{-}23)$$

式中，κ 为求解微分方程式（3-21）和式（3-22）以及 Weng 等（2001）附录中的相关光

学厚度参数的奇异值；$I'_1 = I_1 - B(1 - R_{23})$，$I'_0 = I_0(1 - R_{12}) - B(1 - R_{21})$，$I_1$ 为第一层介质在光学厚度 $\tau = \tau_0$ 的向上辐射，参数 R_{ij} 是第 i 层和第 j 层介质交界面的反射率。式（3-22）和式（3-23）中其他的符号和函数参见 Weng 等（2001）的附录部分（符号注释）。

当第二层和第三层的温度相同时（等温地表），第二层发射的上行辐射可以用下面的公式计算：

$$I(\tau_0, \mu) = \frac{I'_0\left[\gamma_1 e^{\kappa(\tau_0 - \tau_1)} - \gamma_2 e^{-\kappa(\tau_0 - \tau_1)}\right]}{\beta_1 \gamma_4 e^{-\kappa(\tau_1 - \tau_0)} - \beta_2 \gamma_3 e^{\kappa(\tau_1 - \tau_0)}} + B \tag{3-24}$$

在第一层和第二层的交界面也会产生入射辐射的反射，包括第一层的下行辐射和界面反射的第二层的上行辐射，因此在界面处的总辐射为

$$I_t(\tau_0, \mu) = I_0 R_{12}(\mu) + I(\tau_0, \mu_t)\left[1 - R_{21}(\mu_t)\right] \tag{3-25}$$

式中，μ_t 为 Snell 定律（折射定律）中与 μ 有关的上行角的余弦。三层介质的发射率定义为介质发射的总辐射与普朗克函数计算的黑体辐射的比率，即 $\varepsilon = I_t/B$，因此，

$$\varepsilon = \alpha R_{12} + (1 - R_{21})$$
$$\left\{\frac{(1 - \beta)\left[1 + \gamma e^{-2\kappa(\tau_1 - \tau_0)}\right]}{(1 - \beta R_{21}) - (\beta - R_{21})\gamma e^{-2\kappa(\tau_1 - \tau_0)}} + \frac{\alpha(1 - R_{12})\left[\beta - \gamma e^{-2\kappa(\tau_1 - \tau_0)}\right]}{(1 - \beta R_{21}) - (\beta - R_{21})\gamma e^{-2\kappa(\tau_1 - \tau_0)}}\right\}$$
$$\tag{3-26}$$

式中，$\alpha = I_0/B$，$\beta = (1 - a)/(1 + a)$ [参数 a 的定义见 Weng 等（2001）附录中符号注释部分]，$\gamma = (\beta - R_{23})/(1 - \beta R_{23})$。由于界面的反射率依赖于极化方向，因此式（3-26）计算的发射率也是极化方向的函数。

根据式（3-26）可知，光学厚度（τ_1，τ_0）和界面反射系数 R_{ij} 是影响整个介质发射率最重要的参数。Weng 等（2001）指出第二层介质为不同下垫面时，求解方案也不同。当有植被覆盖时，把冠层叶子当成具有统一介电常数和厚度的厚片，利用 Wegmuller 等（1995）的方案计算叶片的反射率、透射率和吸收率，每个叶片作为独立的散射体（因为其体积小），然后根据叶片取向函数和密度分布函数计算冠层的吸收和散射系数；当下垫面为沙漠时，采用密集介质散射理论计算有效传播常数和介电常数（Tsang et al.，1985）。另外，土壤的介电常数采用 Dobson 方案（Dobson et al.，1985），即看作土壤水、土壤温度、砂土和黏土含量的函数。而地表粗糙度的影响采用 Choudhury 方案（Choudhury et al.，1979）。具体的计算方法参见 Weng 等（2001）。

根据以上假设，当不考虑大气影响，即大气上行和下行辐射都等于零且大气光学厚度也为零时，LandEM 模型可以用式（3-27）计算地表微波亮温：

$$T_b = \varepsilon T_s \tag{3-27}$$

式中，T_s 为地表温度（K）。表3-3给出 LandEM 模型所需要的参数和变量。其中，地表均方根厚度 σ、叶片厚度 d 和土壤体积容重 rhob 对地表发射率有重要影响，从而影响 LandEM 模拟的地表微波亮温，但是这些参数很难估计，因此，在本书发展的同化系统中将这3个参数作为优化参数。

表 3-3　LandEM 模型所需要的参数和变量

名称	单位	来源
入射角	°	55°（AMSR-E）
频率	GHz	6.9GHz（AMSR-E）
土壤含水量（表层）	m^3/m^3	CLM3.0 输出
土壤温度（表层）	K	CLM3.0 输出
地表温度	K	CLM3.0 输出
冠层温度	K	CLM3.0 输出
雪深	m	CLM3.0 输出
叶面积指数	m^2/m^2	CLM3.0 输出
砂土含量	—	地表参数集
黏土含量	—	地表参数集
地表均方根高度 σ	cm	优化参数
土壤容重 rhob	g/cm^3	优化参数
叶片厚度 d	mm	优化参数

（3）CMEM 模型

欧洲中尺度预报中心（ECMWF）于 2008 年在 LMEB（Wigneron et al.，2007）和 LSMEM（Drusch et al.，2001）的基础上发展了 CMEM 模型，用来模拟地表的低频（1~20GHz）微波亮度温度。CMEM 模型采用向量辐射传输方程的简化方案来计算地表微波亮温（Kerry and Njoku，1990；Drusch and Crewell，2005），它是一个模块化模型，主要包括 4 个模块来计算土壤、植被、雪以及大气对辐射的贡献。而每一个模块含有多种参数化方案，其中土壤模块包含 3 种土壤介电常数方案、4 种有效温度方案、2 种平滑发射率方案和 5 种地表粗糙度方案，植被模块含有 4 种植被光学厚度方案，大气模块含有 3 种方法计算大气光学厚度，共计 1440 种方案供选择。CMEM 模型的最大优势之一在于它能够考虑陆地表面网格的次网格变异性，即每个网格分成若干片，根据每种类型所占的比例计算网格加权平均值。有关 CMEM 模型的详细介绍可参考 Holmes 等（2008）、Drusch 等（2009）、De Rosnay 等（2009）。

Jones 等（2004）提出植被光学厚度和土壤介电常数是影响大气层顶微波亮温模拟的两个非常重要的因素，而它们又分别跟植被含水量和土壤湿度有关系，因此只需探讨不同的植被光学厚度和土壤介电常数模型对模拟结果的影响即可。De Rosnay 等（2009）利用非洲季风多学科分析陆面模式比较计划（ALMIP）中的多种陆面模型与 CMEM 模型耦合，探讨了 ALMIP-MEM 在西非的模拟效果，指出 Kirdyashev 光学厚度模型与 Wang 和 Schmugge 介电模型效果最好。本书将采用同样的参数化配置，详细的各个重要变量的参数化方案见 De Rosnay 等（2009）。表 3-4 给出 CMEM 模型所需要的参数和变量。其中，地表均方根厚度 σ、土壤体积容重 rhob 和植被结构系数 a_{geo} 将这 3 个参数作为 CMEM 模型的待优化参数。

表 3-4　CMEM 模型所需要的参数和变量

名称	单位	来源
入射角	°	55°（AMSR-E）
频率	GHz	6.9GHz（AMSR-E）
土壤含水量（表层）	m^3/m^3	CLM3.0 输出
土壤温度（表层）	K	CLM3.0 输出
地表温度	K	CLM3.0 输出
冠层温度	K	CLM3.0 输出
2m 高大气温度	K	大气强迫场
高程	m	USGS 的 30 秒 DEM 数据
雪水当量	mm	CLM3.0 输出
雪深	m	CLM3.0 输出
叶面积指数	m^2/m^2	CLM3.0 输出
植被类型	—	地表参数集
地表均方根高度 σ	cm	优化参数
土壤容重 rhob	g/cm^3	优化参数
植被结构系数 a_{geo}	mm	优化参数

3.2.3　双通同化流程

本同化系统采用采用 Tian 等（2008）发展的 PODEn4DVAR 同化算法（详见 3.1 节）以及 Tian 等（2010b）发展的 EnPOD_P 优化算法。基于贾炳浩等（2010）和 Tian 等（2010a）发展的双通同化框架：主要分为参数优化和状态变量同化两个阶段。首先利用大气强迫数据驱动陆面过程模型 CLM3.0，把得到的入渗作为土壤水模型的上边界条件，并且把输出的植被温度、地表温度等作为辐射传输模型的输入，而辐射传输模型所需要的土壤质地（砂土和黏土含量）、叶面积指数等参数来自于陆面过程模型的地表参数集。

1）参数优化。在这个阶段首先在同化时间窗内进行状态变量同化，然后利用 EnPOD_P 算法优化目标函数，得到辐射传输模型中待优化参数的最优值 W_a。

2）状态变量同化。利用参数优化阶段得到的参数最优值带入观测算子，进入"同化阶段"，直接同化微波亮温得到同化时间窗内初始时刻状态变量（土壤湿度）的最优估计。

3.2.4　同化试验设计

为了验证所发展的多观测算子双通微波陆面数据同化系统，拟设计同化试验，研究区域为东经 75°~135°，北纬 15°~55°，空间分辨率为 0.25°×0.25°，陆面模式的时间步长为 1800s（0.5h）。同化系统将采用 Shi 等（2011）发展的中国区域陆面大气强迫场（东经 75°~135°，北纬 15°~55°）作为驱动，其时间分辨率为 1h，空间分辨率为 0.1°×0.1°，其中的降水和太阳辐射来自 FY-2C 卫星资料反演，而其余的气温、风速、比湿等均来自 NCEP 再分析资料的线性插值。微波亮温观测资料采用 AMSR-E 的 C 波段（6.9GHz）观测数据，由于垂直极化相对于水平极化对植被更不敏感（Fujii，2005），因此下面将只同化垂直极化微波亮温。AMSR-E 的空间分辨率为 0.25°×0.25°，每天两次观测（升轨和降轨）。

本研究设计四组试验：第一组为控制试验，即陆面模式 CLM3.0 的模拟试验（记为 sim），不进行同化；第二组为采用 QH 模型作为观测算子同化 AMSR-E 微波亮温的试验（记为 ass_QH）；第三组为采用 LandEM 模型作为观测算子同化 AMSR-E 微波亮温的试验（记为 ass_LandEM）；第四组为采用 CMEM 模型作为观测算子同化 AMSR-E 微波亮温的试验（记为 ass_CMEM）。为了便于比较，这四组试验采用同样的空间分辨率和时间步长，以及同样的初始场和驱动场，即首先使用 Qian 等（2006）发展的基于观测的大气强迫场数据驱动 CLM3.0 做 20 年 "spin-up"（1986 年 7 月~2005 年 6 月），获得陆面模式的平衡态，同时产生本研究四组试验的初始场。然后利用师春香（2008）发展的大气强迫场分别开展四组试验，获得 2005 年 7 月~2010 年 6 月共计 5 年的输出结果。

本研究选取 778 个农业气象观测站的相对土壤湿度旬资料（中国气象科学数据共享网，2010）用于验证土壤湿度同化结果，通过筛选，选取 2005 年 7 月~2008 年 12 月观测较为连续（3~9 月缺测不超过 20%）的 226 个站点（图 3-7 所示）。观测包括 10cm、20cm、50cm、70cm、100cm 深度共 5 层的相对土壤湿度，由于同化微波亮温对深层土壤湿度影响不大（贾炳浩等，2010），因此本研究仅选取表层（10cm）用于验证。各站土壤湿度的观测时间一般为每月的 8 日、18 日和 28 日，其中北方冻土区（如我国东北区域）冬季没有观测。为方便与陆面模式输出结果进行比较，这里采用式（3-28）将原始观测的相对土壤湿度 r 转化为土壤体积含水量 θ_v：

$$\theta_v = r \times f_c \times \rho_b / \rho_w \tag{3-28}$$

式中，f_c 为田间持水量；ρ_b 为土壤密度（kg/m^3）；ρ_w 为水的密度（kg/m^3）。

3.2.5 同化结果分析

为便于探讨我国不同区域同化结果与模式模拟结果的差异，利用朱亚芬（2003）有关我国东部旱涝分区及北方旱涝演变的研究，结合 226 个观测站的分布情况，把我国分成 4 个子区域：东北、华北、西北和长江中下游，如图 3-7 所示，各个子区域的地理位置及包含观测站个数等信息见表 3-5。

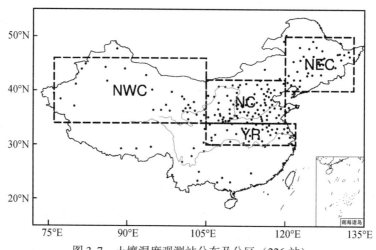

图 3-7　土壤湿度观测站分布及分区（226 站）

NEC 表示东北，NC 表示华北，NWC 表示西北，YR 表示长江中下游

表 3-5　中国 4 个子区域的位置

区域名称	英文	简写	位置	观测站个数（个）
东北	Northeast China	NEC	120°E ~ 133°E，40°N ~ 50°N	38
华北	North China	NC	105°E ~ 120°E，34°N ~ 42°N	88
西北	Northwest China	NWC	76°E ~ 105°E，34°N ~ 46°N	36
长江中下游	middle and lower reaches of the Yangtze River	YR	105°E ~ 122.5°E，30N° ~ 34°N	31

图 3-8 给出 2005 年 7 月 ~2008 年 12 月同化和模拟的土壤湿度的月均时间序列与地面观测的比较，其中观测采用各个区域内所有观测站的算术平均代表"真实"观测值，同化或者模拟为区域平均值。从图 3-8（a）可以发现，在东北区域，陆面过程模式 CLM3.0 模拟的土壤含水量比地面观测偏湿，而且在春季，与观测的相位正好相反，即模拟结果变湿，而观测值则变干。经过直接同化 AMSR-E 微波亮温，4 种同化结果（包括 3 种观测算子同化结果的平均值）都比模拟值更接近观测，而且明显改善了春季土壤湿度的模拟。如图 3-9（a）所示，模拟（CTL）与观测的平均偏差为 0.0163 m^3/m^3，ass_QH 为 0.0103 m^3/m^3，而 ass_LandEM 和 ass_CMEM 则比观测偏干，其平均偏差分别为 –0.0016 m^3/m^3 和 –0.0053 m^3/m^3。同时，同化结果与观测的均方根误差也明显减小 ［图 3-9（b）］。但是，3 种观测算子的同化结果在冬季明显高估土壤湿度（尽管东北区域在冬季缺乏观测），主要是由于这 3 种观测算子（辐射传输模型）对于积雪的影响考虑不够周全，特别是对于雪粒半径等的参数化有待进一步完善。另外，比起陆面模式模拟结果，同化结果能更好地抓住土壤湿度观测的时间变异性 ［图 3-9（c）］，其中 3 种观测算子同化结果的平均值与观测的时间相关系数最高（0.81）。

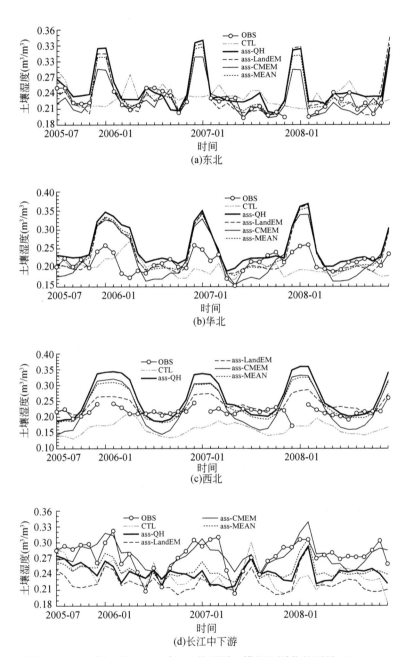

图 3-8　2005 年 7 月 ～ 2008 年 12 月观测、模拟和同化的顶层（10cm）
月均土壤湿度时间序列

OBS 表示观测，CTL 表示模拟，ass_QH、ass_LandEM 和 ass_CMEM 分别表示
QH、LandEM 和 CMEM 作为观测算子的同化结果，ass_MEAN 表示 3 种同化试验的平均值。下同

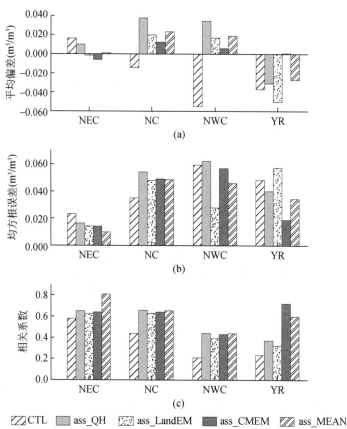

图 3-9　同化和模拟的土壤湿度时间序列与观测值的平均偏差、
均方根误差及相关系数

在华北区域 [图 3-8 (b)]，模拟结果与观测较为接近，与观测的平均偏差为负值（偏干），而同化结果则明显高于地面观测（偏湿），同化结果与地面观测的均方根误差都要比模拟的高，但是同化结果与观测的相关系数比模拟明显提高，模拟为 0.44，ass_QH、ass_LandEM 和 ass_CMEM 分别为 0.66、0.63 和 0.64，ass_MEAN 为 0.65。

在西北区域 [图 3-8 (c)]，模拟结果明显比观测偏干（偏差为−0.055 m³/m³），而同化结果则对模式模拟有较大改善，平均偏差为 0.005～0.035。从时间变率来看，西北区域地处干旱半干旱区，土壤湿度地面观测的时间变率较小，模式模拟的时间变率虽然也很小，但是与观测的相关性太差（0.21），3 种观测算子的同化结果的时间变率都太大，与观测相关性都不高（低于 0.5），但是仍旧比模拟有所提高。

在长江中下游区域 [图 3-8 (d)]，模式模拟比观测整体偏干（偏差为−0.037 m³/m³），相关性也不高（0.23），利用 LandEM 模型作为观测算子的同化结果（ass_LandEM）与观测的误差变大（相对模拟），不过其相关系数稍微提高（0.32），另外两种观测算子的同化结果则有明显改善，特别是 CMEM 观测算子的同化结果与观测最接近，平均偏差为 0.0008 m³/m³，相关系数为 0.72，其次是 3 种观测算子的平均值（ass_Mean）。

图 3-10 给出 2005 年 7 月 ~2008 年 12 月顶层（10cm）土壤湿度在 4 个区域的年际循环，包括观测（OBS）、模拟（CTL）、3 种观测算子的同化结果（ass_QH、ass_LandEM、ass_CMEM）及其平均值（ass_MEAN）。其中，东北区域在 1 月和 12 月缺测，西北区域在 1 月缺测。从图 3-10 可以看出，跟前面的结论一样，这 3 种观测算子的同化结果都能明显改善陆面过程模式模拟的土壤湿度估计，不仅减小了与观测之间的偏差，而且能再现土壤湿度的季节循环。相对于其他两种观测算子的同化结果，使用 CMEM 模型作为观测算子的同化结果（ass_CMEM）在东北和长江中下游区域与观测更吻合［图 3-10（a）和图 3-10（d）］，而 3 种同化结果的平均值在华北和西北区域表现最好［图 3-10（b）和图 3-10（c）］。但是这些同化结果在冬季明显高估土壤湿度，特别是在北方地区，这主要是因为本研究发展的陆面同化系统中所使用的几种观测算子对积雪辐射传输模型的模拟与观测偏差较大，有待于在未来的工作中进一步改善。

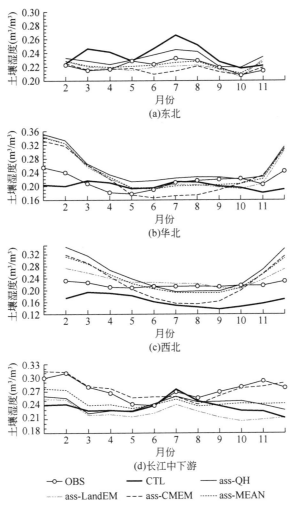

图 3-10　2005 年 7 月 ~2008 年 12 月观测、模拟和同化的顶层（10cm）月均土壤湿度

东北 1 月和 12 月缺测，西北 1 月缺测

3.2.6　同化系统的贝叶斯模型平均方案

由于简单的算术平均无法在 4 个子区域取得最优的效果，因而本书将为这个多观测算子陆面同化系统构建一个贝叶斯模型平均方案（Bayesian model averaging，BMA），以提高同化精度。BMA 算法是由 Raftery 等（2005）提出的一种结合多个模型进行联合推断和预测的统计后处理方法，可表示为如下形式：

$$p(\Delta \mid f_1, \cdots, f_N) = \sum_{k=1}^{N} w_k g_k(\Delta \mid f_k) \tag{3-29}$$

式中，$f = f_1, \cdots, f_N$ 为 N 个不同数预报模式集合（本书指 3 个同化输出结果）；w_k 为模型训练阶段第 k 个成员预报为最佳的后验概率；$g_k(\Delta \mid f_k)$ 为与单个集合集合成员预报 f_k 相关联的条件概率密度函数（本书中是土壤湿度）；权重 w_k 为非负且满足 $\sum_{k=1}^{N} w_k = 1$，反映的是每个模型成员在模型训练阶段对预报技巧的相对贡献程度。本书中，土壤湿度的概率分布假定为伽马分布（Tian et al.，2012）。这里，我们将采用 Vrugt 等（2008）提出的 DiffeRential Evolution Adaptive Metropolis（DREAM）Markov Chain Monte Carlo（MCMC）算法进行计算。

2005 年 7 月 ~2006 年 12 月将作为训练期，2007 年 1 月 ~2008 年 12 月作为验证期。3 个不同观测算子在 4 个子区域的 BMA 权重见表 3-6。从表 3-6 可发现，LandEM 的 BMA 权重较小，其所产生的贡献也相对较小。图 3-11 给出土壤湿度同化结果与观测在验证期的平均偏差（MBE）、均方根误差（RMSE）和相关系数（correlation coefficient），ass_BMA 表示 BMA 方案得到的土壤湿度同化结果。BMA 方案的结果与观测在 4 个子区域最接近，不仅显示出最小的平均偏差和均方根误差，而且显示出与观测的相关系数为最高。主要原因是 BMA 方法在训练期验证了每个集合成员的表现，使得 BMA 权重能够总体反映每个成员的预报技巧。这些结果表明：多观测算子双通微波陆面同化系统的 BMA 方案能够有效提高土壤湿度同化性能，为数值天气预报、短期气候预测等提供一个较高精度的土壤湿度初始场。

表 3-6　3 种观测算子同化结果在不同子区域的贝叶斯模型平均的权重

区域	ass_QH	ass_LandEM	ass_CMEM
东北	0.5822	0.0020	0.4158
华北	0.6759	0.0153	0.3088
西北	0.8832	0.0048	0.1120
长江中下游	0.0005	0.0013	0.9982

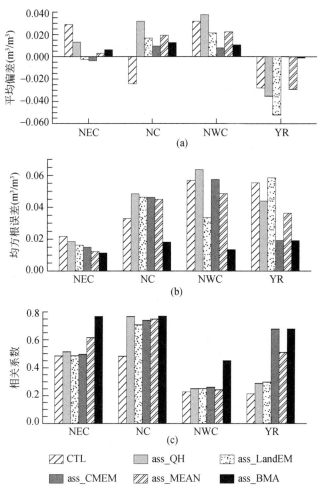

图 3-11　2007 年 1 月 ~ 2008 年 12 月土壤湿度同化结果与观测在验证期的
平均偏差、均方根误差和相关系数

注：ass_BMA 表示贝叶斯模型平均方案得到的同化结果

3.3　GRACE 陆地水储量同化系统

地球重力场的变化反映地球系统的物质质量重新分布的改变，因此可以利用足够的精度和时空分辨率的重力场观测分析地球系统物质的迁移和交换（孙文科，2002）。2002 年美国国家航空航天局（NASA）和德国宇航中心（DLR）联合发射重力卫星（GRACE 重力卫星，GRACE），能够提供高时空分辨率观测全球重力场（Zhong et al.，2003；Tapley et al.，2004），实现对大尺度陆地水储量变化的监测，GRACE 计划的主要目标之一就是通过探测地球重力场的变化来反演全球尺度的综合水储量变化。GRACE 卫星系统是目前唯一的能够探测任何情况下、任何深度的陆地水储量变化的遥感器（Zaitchik et al.，2008），提供了前所未有的全球尺度的陆地水储量变化的数据，为流域尺度到大陆尺度水文研究提供宝贵的观测。

本研究基于集合四维变分同化方法 PODEn4DVAR（Tian et al.，2008，2011）与陆面过程模式 CLM3.5（Oleson et al.，2004，2008），构建 GRACE 数据同化系统，将 GRACE 陆地水储量异常同化到陆面模式中，实现垂直水文变量综合观测信息与陆面过程模式所模拟水循环分量的有效融合，利用观测信息对整体进行优化约束，从而实现对陆面水循环过程以及水循环各要素模拟性能的改善，对陆面水文循环的研究和应用、水资源管理、干旱监测以及环境变化监测具有重要意义。

3.3.1 模型算子

通用陆面过程模型（community land model）CLM3.5（Oleson et al.，2008）在早期版本 CLM3.0（Oleson et al.，2004）的基础上，主要引进了新的地表数据集并修改了陆面水文过程，包括改进了植被冠层截留过程的描述，完善了地表地下径流机制以及考虑了地下水位的动态变化，引入了新的冻土过程方案并在水循环模拟方面得到改善。

3.3.2 GRACE 陆地水储量同化系统

基于本征正交分解的集合四维变分同化方法 PODEn4DVar 详细内容参考 3.1 节和 Tian 等（2008，2011）。下面介绍 GRACE 陆地水储量同化系统的构建，陆面过程模式模拟的水文变量各分量转化为 GRACE 卫星重力场反演的陆地水储量的变化，需要观测算子将模型状态转换到观测空间。观测算子 H 定义如下：针对背景场向量 x_b，其中包含了当前同化窗口中每天的模拟结果 $x_b = (x_{b,1}, x_{b,2}, \cdots, x_{b,NT})$，这里的 NT 表示同化窗口中的天数，$x_{b,k}(k=1,\cdots,NT)$ 包含了第 k 天模拟的土壤含水量（固态冰和液态水）、地下水储量以及积雪，模拟的陆地水储量异常 $y(x_b)$ 可表示为

$$y(x_b) = H(x_b) = TWS_{sim} - TWS_{avg} = \frac{1}{NT}\sum_{k=1}^{NT}[h(x_{b,k})] - TWS_{avg} \tag{3-30}$$

式中，TWS_{sim} 为模式模拟的当月的陆地水储量；TWS_{avg} 为研究时间段内平均陆地水储量；h 的作用是将模拟的逐日水文变量转换为陆地水储量。

GRACE 陆地水储量同化系统的核心是通过观测算子将预报算子逐日的模拟转换为月平均陆地水储量的异常，并在更新的过程中对日尺度的土壤含水量水（包括固态冰和液态水）、地下水储量以及雪水当量实现同时更新。基于 GRACE 陆地水储量的数据同化系统主要分为预报和更新两步：预报——在当前同化窗口中运行陆面模式 CLM3.5 进行预报，得到当前同化窗口的模拟结果；更新——在当前同化窗口中进行同化运算，然后对模拟结果进行更新，其主要流程如下（图 3-12）。

1）读入数据，包括 GRACE 观测数据、CLM3.5 在当前同化窗口中的模拟结果以及历史模拟结果，并生成背景场向量和样本矩阵；

2）计算模式扰动矩阵 X' 、观测扰动矩阵 Y' 以及观测增量 y'_{obs} ；

3）对模式扰动矩阵 X' 进行 POD 分解，并对观测扰动矩阵 Y' 作同样的变换，从而获得模式扰动空间 Φ_x 和观测扰动空间 Φ_y ；

4）计算最优同化增量 x'_a 以及分析解 x_a ；

5）利用分析解对当前同化窗口中 CLM3.5 的模拟结果以及初始化文件进行更新，若模拟时间未结束，则回到预报阶段，利用更新后的初始化文件运行 CLM3.5，并重复上述过程。

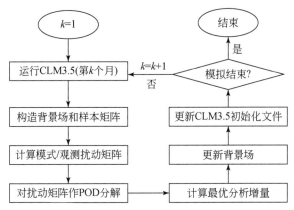

图 3-12　GRACE 陆地水储量数据同化系统流程图

3.3.3　观测系统模拟试验

为了验证本书所建立的陆地水储量同化系统的正确性及可行性，针对单点开展观测系统模拟试验（observing system simulation experiments，OSSEs）。用于驱动陆面过程模式的大气强迫数据共有两套：一套是 3h 1°×1° 的 Princeton 大气强迫数据（Sheffield et al.，2006），是由 Princeton 大学陆面水文组开发的一套旨在用于陆面过程数值模拟的格点资料，该数据主要在结合了 NCEP-NCAR 再分析资料、CRU TS 2.0 数据、GPCP 和 TRMM 降水数据，以及 GEWEX-SRB 辐射数据的基础上，通过使用观测资料校正再分析资料中的偏差，同时使用再分析资料对观测数据进行时间降尺度的思路进行构建，其覆盖时间范围较长，1948～2008 年；另一套是 Tian 等（2010b）发展的大气强迫数据，该数据在 Qian 等（2006）的基础上，利用 6h 1.5°×1.5° 的 ERA-Interim 数据将时间延长至 2010 年，ERA-Interim 数据同化了地表观测，因此其地面气象场和基于观测的分析场较接近（Simmons et al.，2010），包括降水和气温。该强迫数据以下简称为 TIAN。

选取单点（116.5°E，40.5°N）进行 OSSEs 试验：利用该点对应的 Princeton 大气强迫数据驱动陆面过程模型 CLM3.5 spin-up 运行 100 年，并以最后结果作为该组试验的初始场。利用该点对应的 Princeton 强迫数据驱动 CLM3.5 得到 2004 年逐日的模拟结果，并将其作为真实值，由此计算得到的每月一次、每周一次、每两天一次以及每天一次的陆地水储量异常作为观测用于同化；利用该点对应的 2004 年的 TIAN 强迫数据驱动 CLM3.5 进行模拟试验，并针对上述 4 种不同频率的观测进行同化试验，相应的同化结果分别记为 Ass_monthly、Ass_weekly、Ass_2day 以及 Ass_daily；利用上述真实的逐日土壤湿度和地下水数据对试验结果进行验证，并探讨同化系统对观测频率的敏感性。

该组试验中样本数设为 30，同化窗口设为一个月，采用历史数据采样方法（Wang et al.，2010）进行样本采集：采用 Princeton 大气强迫数据驱动陆面模式 CLM3.5 运行 30 年，得到所选定格点的逐日模拟结果，在每个同化窗口中，将这 30 年中每一年与同化窗口相对应时间段的模拟结果作为样本数据用于同化算法中。

将两套大气强迫数据中的 2004 年降水资料进行对比，并利用观测对模拟和同化结果进行验证（图 3-13）。图 3-13（a）首先给出了 Princeton 和 TIAN 两套大气强迫数据中 2004 年的降水时间序列，其资料来源有所不同也存在明显差别，因此由 Princeton 强迫数据驱动 CLM3.5 得到的真实值也区别于由 TIAN 大气强迫驱动的模拟结果。图 3-13（b）~图 3-13（d）分别给出了（真实值）观测、模拟和同化的逐日陆地水储量异常、整层土壤水（液态）以及地下水储量的时间序列，其中包含了 4 种不同观测频率的同化结果。与图 3-13（a）中降水序列相对应，图 3-13（b）中的陆地水储量异常也有着相应的差别，尤其在 7 月以后观测和模拟差别明显。4 种不同观测频率的同化结果在整个时间段内对逐日陆地水储量异常的模拟均有较大改善，在模拟与观测差别明显的 7~12 月改善则更加显著，同化后的日变化与观测吻合更好。表 3-7 给出的是模拟、同化的逐日陆地水储量异常、整层土壤水（液态）以及地下水储量与逐日观测之间的相关系数和均方根误差。同化陆地水储量异常的相关系数提高明显，均方根误差减小显著。随着观测频率的增加，相关系数明显增加，同时均方根误差明显减小，表明该同化系统的正确性和可行性。

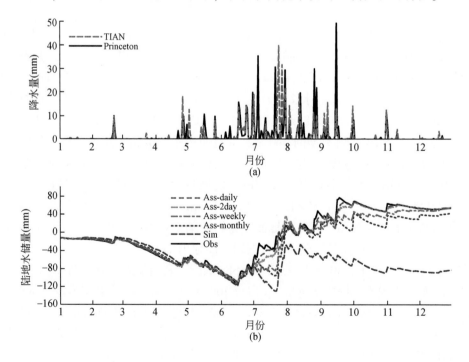

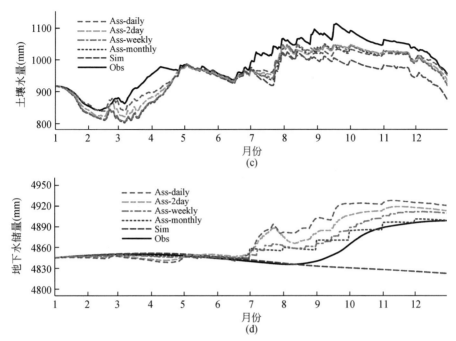

图 3-13　OSSEs 试验数据及观测对模拟和同化结果的验证

（a）OSSEs 试验使用的 Princeton 和 TIAN 大气强迫数据中的降水序列（2004 年）；同时给出的是 OSSEs 试验中观测、模拟和同化结果的逐日时间序列；（b）陆地水储量异常；（c）整层土壤水（液态）；（d）地下水储量。其中 Ass_monthly、Ass_weekly、Ass_2day、Ass_daily 分别表示观测频率为每月、每周、每两天以及每天一次的同化结果

表 3-7　OSSEs 试验中模拟和同化的逐日陆地水储量异常、整层土壤水（液态）以及地下水储量与观测之间的相关系数和均方根误差

项目		Sim	Ass_monthly	Ass_weekly	Ass_2day	Ass_daily
陆地水储量异常	R	−0.0158	0.937	0.960	0.987	0.995
	RMSE	80.901	22.635	16.683	8.777	5.582
整层土壤水	R	0.888	0.938	0.942	0.955	0.956
	RMSE	63.689	45.127	42.588	37.513	37.425
地下水储量	R	−0.702	0.896	0.904	0.791	0.718
	RMSE	32.562	10.960	14.307	23.515	31.604

　　注：Ass_monthly、Ass_weekly、Ass_2day、Ass_daily 分别表示观测频率为每月、每周、每两天以及每天一次的同化结果

　　图 3-13（c）给出了观测、模拟和同化的逐日土壤水的时间序列，表明大部分时间模式模拟存在明显低估，同化对这种低估有不同程度的改善，同化后的日变化与观测更接近。由表 3-7 可以看出，同化后的相关系数都有较明显的提高，均方根误差明显减小，且随着观测频率的不断增加，同化后的相关系数也不断提高，同时均方根误差也不断减小。图 3-13（d）给出了观测、模拟和同化的逐日地下水储量时间序列。在研究时间段的后半

阶段,模式模拟存在显著低估,同化对这种低估有所修正,并对整体的时间变化趋势有明显改善,但存在不同程度的高估。由表 3-7 可以看出,模式模拟与观测之间存在负相关,同化后的相关系数都有了较大提高,均方根误差明显减小,表明同化后地下水的日变化与观测更加接近。随着观测频率的不断增加,当观测为每周一次时相关系数最高,每月一次时均方根误差最小,当观测为每月一次时,同化结果在同化窗口之间存在明显的变化。这可能是由于当陆地水储量异常数据的时间尺度较大时(每月一次),在变化明显的阶段,两个同化窗口的观测差别较大,当模式模拟较差时导致同化结果在同化窗口之间出现明显变化。当观测的频率逐渐增加,同化窗口逐渐缩短,这样的变化则得到改善,表明其合理性。为了进一步评估同化对各变量月内逐日变化模拟的影响,对试验结果进行了逐月的统计,结果表明同化后土壤湿度的相关系数与模拟基本保持一致,但多数月份的均方根误差有明显的减小;同化后地下水储量的相关系数与模拟也基本一致,而在模拟较差的月份,均方根误差减小显著(结果未给出)。

OSSEs 试验中利用逐日的土壤水和地下水数据对同化效果进行了独立验证,表明同化能够有效地由月尺度的陆地水储量观测得到更精确的各分量逐日的变化,从而弥补了真实同化试验验证中存在的不足。由于本研究中所同化的 GRACE 陆地水储量异常观测只有月尺度的,因此 OSSEs 试验中关于观测频率敏感性的讨论并不影响真实同化试验,但可以更好地应用于未来 GRACE 陆地水储量同化的研究。

3.3.4 陆地水储量同化系统在中国区域的应用

利用真实的 GRACE 陆地水储量观测数据针对中国区域进行同化模拟试验,并在中国区域以及各大流域进行了验证。本研究需要近地面大气强迫数据用于驱动陆面过程模式 CLM3.5,GRACE 反演的陆地水储量变化数据用于数据同化以及结果的评估,站点观测的土壤湿度数据以及流量资料用于对同化结果的初步验证。大气强迫数据已在观测系统模拟实验部分进行介绍,此处不再重复说明。所使用的同化观测资料——GRACE 反演的陆地水储量变化信息,是由美国 NASA 喷气飞机实验室 JPL 提供的 Tellus 产品(Wahr et al., 2004;Swenson and Wahr, 2006)。该产品是格点化 1°×1° 逐月的数据,平滑半径为 300 km,时间为 2002 年 4 月~2011 年 5 月,其中 2002 年、2003 年、2011 年数据均有缺测,本书使用的是 2004~2010 年这 7 年完整的数据。

土壤湿度站点观测数据由中国气象局国家气象信息中心提供,原始数据为 778 个农业气象观测站的相对土壤湿度旬资料。通过筛选,选取观测较为连续(3~9 月缺测不超过 20%)的 226 个站点,并将观测转换成 0~10 cm、10~20 cm 以及 70~100 cm 3 层的逐月土壤湿度体积含水量。为了与模拟时间进行匹配,选取 2004~2008 年这 5 年土壤湿度观测对同化结果进行初步验证。

为了给出合理初始场,利用覆盖时间较长的 Princeton 大气强迫数据循环驱动 CLM3.5 spin- up 运行 100 年,并以最后的结果作为同化试验的初始条件。为了进一步验证同化系统对陆面水循环模拟的影响,以 GRACE 陆地水储量异常作为观测进行同化试验,采用

TIAN 大气强迫数据作为驱动，模拟区域为中国区域（15°N ~ 55°N，70°E ~ 140°E），空间分辨率为 1°×1°，模拟时间为 2004 ~ 2010 年。试验包括用陆面过程模型 CLM3.5 进行的模拟试验（Sim）以及利用新发展的陆面数据同化系统所进行的同化试验（Ass）。针对中国八大流域（图 3-14）探讨陆地水储量同化对陆面水文变量模拟的影响，并用站点观测的土壤湿度数据以及流量资料进行初步的验证。

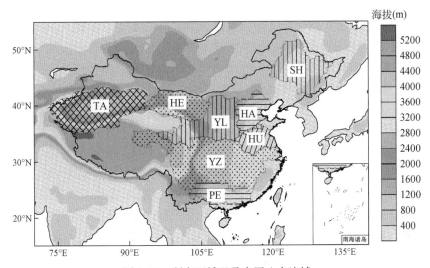

图 3-14　研究区域以及中国八大流域

注：SH 为松花江流域，HA 为海河流域，HE 为黑河流域，TA 为塔里木河流域，
YL 为黄河流域，HU 为淮河流域，YZ 为长江流域，PE 为珠江流域。下同

该组试验中样本数均设为 30，并且采用历史数据采样方法（Wang et al.，2010）进行样本采集：以 spin-up 后的结果作为初始条件，并采用 Princeton 大气强迫数据驱动陆面模式 CLM3.5 运行 30 年，得到逐日的模拟结果，在每个同化窗口中，将这 30 年中每一年与同化窗口相对应时间段的模拟结果作为样本数据用于同化算法中。由于 GRACE 观测是月尺度的，本研究中将同化窗口设为一个月，GRACE 观测误差设为 20 mm（Zaitchik et al.，2008；Su et al.，2010）。

（1）陆地水储量同化结果分析

为了对同化模拟的陆地水储量进行初步的验证，本研究借助研究时间段内的平均陆地水储量将 GRACE 陆地水储量异常信息转化成陆地水储量的绝对值，从而与同化模拟结果进行对比。

同化对所有流域陆地水储量的模拟都有非常明显的改进。由图 3-15 可以看出，CLM3.5 在大多数流域模拟的结果并不是很理想。模式能够模拟出陆地水储量的季节循环以及年际变化，但与观测的时间变化特征吻合不是很好；在量值方面，模拟结果在大多数流域与观测都存在显著的差别，在个别流域模拟结果呈现明显上升或下降的趋势，与观测不符。由此可见，针对中国的大部分流域，CLM3.5 对陆地水储量有一定的模拟能力，但还有待改善。从与 GRACE 数据的对比结果来看，GRACE 陆地水储量同化不论是在时间变化还是量值方面都有了非常显著的改善。除了松花江河流域在后两年时间内吻合不太好外，同化结果在其他流域与观测基本一致。对 CLM3.5 模拟效果不太理想的流域，如松花江流域、中国西部黑河流域、塔里木河流域以及黄河流域，同化的改善效果比较明显，不仅修正了模拟的陆地水储量的时间变化特征，对量值的模拟也有很大幅度的调整。对 CLM3.5 模拟效果还可以的流域，如长江以及珠江流域，同化也改善了对陆地水储量的模拟，同化后的结果与观测吻合很好。为了更加明了地对同化效果进行评估，给出了同化及直接模拟的陆地水储量与观测之间的相关系数和均方根误差（图3-16）。从图3-16 中可以更加直观地看出，同化后所有流域的相关系数都增加了，尤其是在松花江、黑河、塔里木以及黄河流域，除了松花江流域外，其他流域同化后的相关系数都接近 1。同化后的均方根误差也有了大幅度的减小，均接近 0，只有在松花江流域的改善效果没有其他流域那么显著。这些结果表明，尽管陆面过程模式本身可以大体地模拟出陆地水储量的时间变化特征，但与观测还存在明显差别，且量值上有较大的偏差，基于 GRACE 陆地水储量的同化系统对陆地水储量的时间变化特征以及量值的模拟均有了明显改善。同时，这些结果也说明了本研究所建立的基于 GRACE 陆地水储量的同化系统的正确性与可行性。

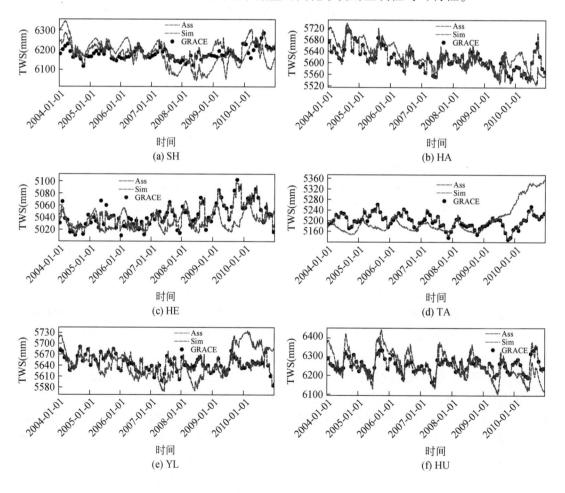

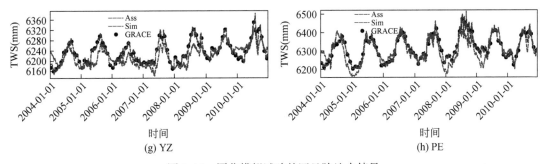

图 3-15　同化模拟试验的逐日陆地水储量

TWS 指陆地水储量。黑色是转化为陆地水储量绝对值的 GRACE 观测，红色为直接模拟结果，蓝色为同化结果

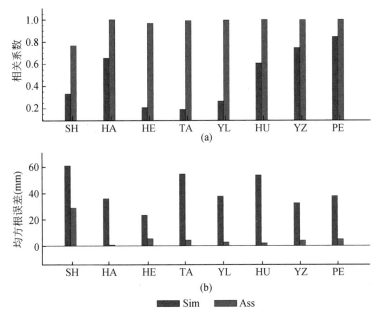

图 3-16　同化及模拟陆地水储量与 GRACE 陆地水储量之间的相关系数
和均方根误差

红色为直接模拟结果，蓝色为同化结果

（2）水文变量异常

　　将 GRACE 陆地水储量同化到陆面模式中的目的是为了将 GRACE 反演的陆地水储量变化信息融入到陆面模式中，实现观测信息在垂直方向的分解，并对陆面水文变量进行整体的约束，改善对各个变量的模拟，从而更好地应用于陆面水文研究。本研究将进一步评估 GRACE 陆地水储量同化对土壤湿度和地下水异常模拟的影响。

　　同化对整层土壤湿度异常模拟的调整并不是很显著，但在多数流域都有一定程度的改善。对于与观测匹配的 3 层总含水量异常（0~10 cm，10~20 cm，70~100 cm），同化与模拟结果在一半的流域中基本保持一致，在另外的流域中则存在明显的差异。对于整层土壤湿度，其总的含水量要比上述 3 层含水量大得多，同化的影响也要更加明显，与直接模拟相比，同化后的土壤湿度在大多数流域都有较明显的调整（结果未给出）。受土壤湿度观测数据的限制，将模拟与同化的整层土壤湿度异常与观测 3 层总含水量异常进行对比（图 3-17）。模拟整层土壤湿度异常与观测 3 层异常随时间的变化在大多数流域基本一致，只在个别流域呈现负相关。在多数流域同化异常与模拟异常之间存在明显的差别，且相关系数在多数流域都有不同程度的提高，体现了 GRACE 数据同化的确可以对土壤湿度的模拟进行调整和改善。相对于土壤湿度，GRACE 数据同化对地下水储量模拟的改进则更加明显。

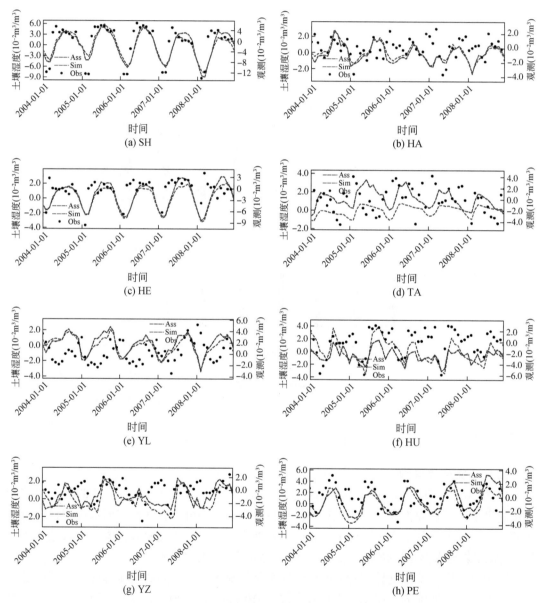

图 3-17　2004～2008 年模拟/同化与观测的逐月土壤湿度异常时间序列

黑色是站点观测，红色为直接模拟结果，蓝色为同化结果；模拟与同化结果是整层土壤湿度异常（左侧 Y 轴），观测为 3 层（0～10 cm，10～20 cm，70～100 cm）总含水量的异常（右侧 Y 轴）

图 3-18 为 2004～2010 年同化、模拟的地下水储量异常与 GRACE 陆地水储量异常的对比。从图 3-18 中可以看出，陆面模式几乎无法模拟地下水储量随时间的变化，在黑河和淮河流域模拟异常与陆地水储量异常甚至呈现负相关，同化显著改善了对地下水储量随时间变化的模拟及其与 GRACE 陆地水储量异常的吻合程度，其中 6 个流域的相关系数都有了明显的提高（表 3-8）。地下水埋深的结果与地下水储量类似，模式对地下水埋深的模拟要优于对地下水储量的模拟，但在某些流域仍亟须改善，同化后的地下水埋深异常与陆地水储量异常吻合较好，且 8 个流域的相关系数都有了不同程度的提高。

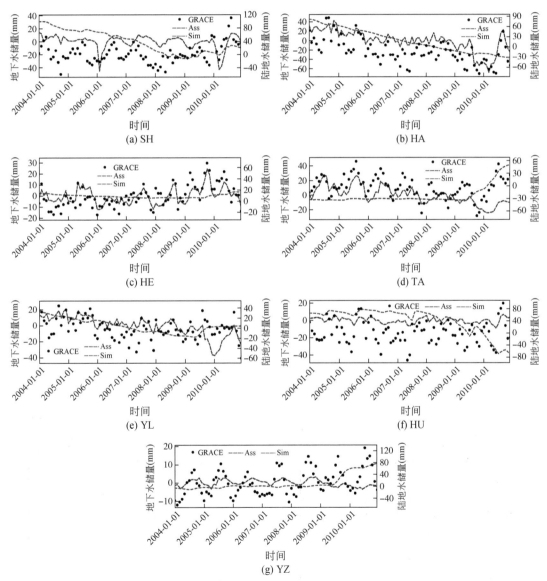

图 3-18　2004～2010 年模拟/同化的逐月地下水储量异常（左侧 Y 轴）与 GRACE
陆地水储量异常（右侧 Y 轴）的时间序列

表3-8　八大流域同化、模拟的地下水储量异常以及地下水埋深异常与
GRACE陆地水储量异常之间的相关系数

流域		松花江	海河	黑河	塔里木	黄河	淮河	长江	珠江
地下水储量异常	Ass	0.165	0.811	0.756	0.490	0.498	0.553	0.178	—
	Sim	0.044	0.588	-0.116	0.195	0.384	-0.008	0.257	—
地下水埋深异常	Ass	0.331	0.682	0.336	0.311	0.363	0.641	0.891	0.907
	Sim	0.328	0.588	-0.092	0.253	0.223	0.520	0.810	0.861

(3) 西南干旱

西南地区是中国重要的农业生产区，季节性干旱是该区域最主要的农业气象灾害。2009年秋季到2010年春季西南五省（包括广西、云南、贵州、重庆、四川）发生了罕见的秋冬春连旱，旱情极为严重，给当地农业生产和社会经济造成了严重影响。GRACE卫星重力场反演的陆地水储量变化很好地抓住了这次干旱事件（图3-19），西南地区陆地水储量基本呈现负异常，云南、四川与西藏的交界处，以及云南与广西交界处是两个负异常中心。而陆面模式没能模拟出类似的空间分布，在四川、重庆、云南以及广西大部分区域都呈现正异常，只有在贵州省呈现负异常，与事实不符。同化后的结果对该区域陆地水储量异常的模拟有非常显著的改进，尽管在量值上仍存在一些差异，但同化基本保持了GRACE观测的空间分布，很好地模拟出了干旱的空间范围以及两个负异常中心，与观测吻合得很好。从同化与模拟的差异来看，陆面模式对西南地区2009年秋季到2010年春季的水文变量的模拟整体偏湿，同化以后有了明显的改进。

这次干旱过程是一次涉及气象、水文、农业、社会经济方面的综合性特大干旱过程（尹晗和李耀辉，2013），而农业干旱的本质是土壤水分含量过低，无法满足植被对水分的需求，因此可以通过土壤湿度来反映这次干旱过程。图3-20给出的是西南地区2009年9月~2010年4月土壤湿度异常的空间分布，陆面模式直接模拟结果显示在西南五省大多数区域土壤湿度呈现正异常，只有在广西以及云南省部分地区出现负异常，没能够体现此次干旱事件。同化后西南五省大多数区域土壤湿度都呈现负异常，体现了干旱发生的空间范围，同时其空间分布及负异常中心与GRACE观测吻合得很好，对模拟有明显的改进。

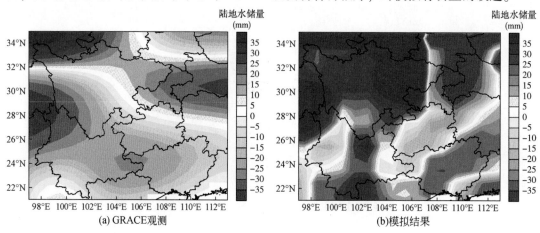

(a) GRACE观测　　　　　　　　　　　(b) 模拟结果

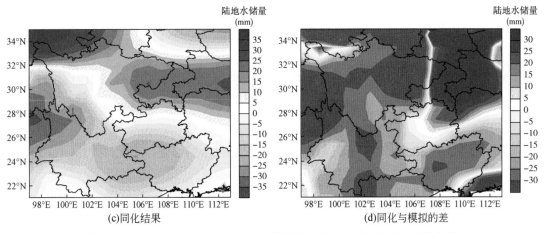

图 3-19　2009 年 9 月～2010 年 4 月西南地区陆地水储量异常空间分布图

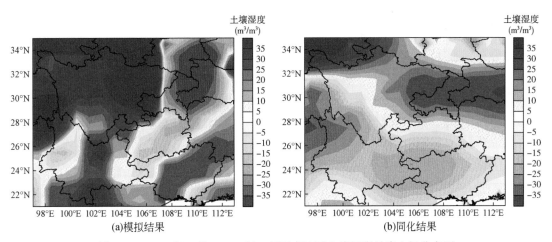

图 3-20　2009 年 9 月～2010 年 4 月西南地区土壤湿度异常空间分布图

　　结合图 3-19 与图 3-20，发现同化后的土壤湿度与所同化的 GRACE 观测在空间分布上保持一致，且在量值上有明显的调整，这也进一步说明了同化能够有效地实现 GRACE 观测信息在垂直方向的分解以及对水文变量模拟的改善。以上结果尽管只是简单初步的分析，但也表明了 GRACE 同化系统在干旱监测研究应用中的潜力。

第4章 区域气候–陆面水文耦合模式的应用

4.1 1955～2008年我国水循环要素变化格局的模拟和分析

基于CLM-DTVGM，选取海河流域为典型流域，设置3种情景进行模拟：不考虑人类活动影响（S1）、仅考虑开采地下水（S2）、既考虑开采地下水又考虑南水北调影响（S3）。通过普林斯顿再分析资料（1948～2008年）、中国科学院青藏高原研究所再分析数据集（ITPCAS）对1955～2008年中国东部季风区及海河流域水循环要素变化格局进行模拟。用CMIP5气候强迫数据和3种不同的未来温室气体排放情景，对中国东部季风区及海河流域未来水循环要素进行模拟分析，分别模拟了不同情景下的年均流量、实际蒸发、土壤湿度分布，通过分析不同变量时空格局差异，探讨了人类活动对海河流域水循环过程的影响。

南水北调中线工程计划从加坝扩容后的丹江口水库陶岔渠首闸引水，沿规划线路开挖渠道输水，沿唐白河流域西侧过长江流域与淮河流域的分水岭方城垭口后，经黄淮海平原西部边缘在郑州以西孤柏嘴处穿过黄河，继续沿京广铁路西侧北上，可基本自流到北京、天津。中线工程考虑到受水区经济、社会与环境的协调发展对水资源的需求，分两期建设。第一期工程年调水量为95亿m³：主体工程项目主要包括加高丹江口水库大坝并进行移民、建设输水总干渠工程和调蓄水库、兴建汉江中下游4项治理工程。本研究在第一期工程年调水量95亿m³的基础上，采用的调水方案如图4-1所示，海河流域分得65亿m³水，其中40%用于生活，60%用于工业。

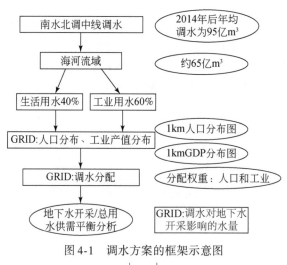

图4-1 调水方案的框架示意图

4.1.1 普林斯顿再分析资料

普林斯顿陆面模式驱动数据（Sheffield et al.，2006）是普林斯顿大学陆面水文研究组开发的一套旨在用于陆面过程数值模拟的格点资料。该数据产品主要在 NCEP/NCAR 再分析数据、CRU TS 2.0 数据、GPCP 和 TRMM 降水数据，以及 GEWEX-SRB 辐射数据的基础上，通过使用观测资料校正再分析资料中的偏差，同时使用再分析资料对观测数据进行时间降尺度的思路构建。其当前数据产品的时间分辨率为 3h，水平分辨率为 1.0°，覆盖了全球范围以及 1948～2006 年近 60 年的时间长度。整个数据集共 7 个变量，它们分别是近地面气温、近地面气压、近地面空气比湿、近地面全风速、地面向下短波辐射、地面向下长波辐射、地面降水率。

4.1.1.1 流量

统计海河流域 1955～2008 年多年平均流量在流域空间上的分布（图 4-2），其空间变化规律基本一致，平原区和入海口处流量较大，山区径流较小。

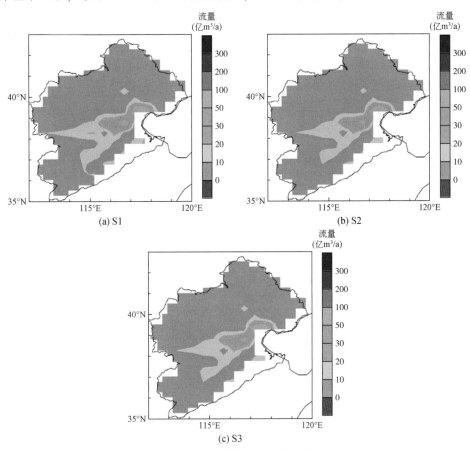

图 4-2　海河流域年均流量分布图

S1，不考虑人类活动影响；S2，仅考虑开采地下水；S3，既考虑开采地下水又考虑南水北调影响。下同对比 3 个情景下的流域出口—海河闸处的日流量过程，如图 4-3 所示，1955～2008 年年均流量呈下降趋势，且多年平均流量对比发现：S1>S3>S2，其中 S1 为 163m³/s，S2 为 153.1m³/s，S3 为 153.5m³/s。调水和开采地下水对流域入海水量影响量级约为 0.058。

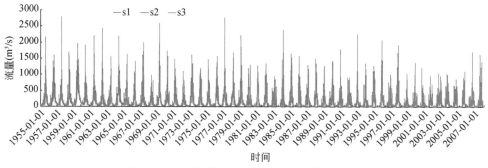

图 4-3　3 个情景日流量过程对比（海河闸）

4.1.1.2　蒸发

统计海河流域 1955～2008 年多年平均蒸发在流域空间上的分布（图 4-4），其空间变

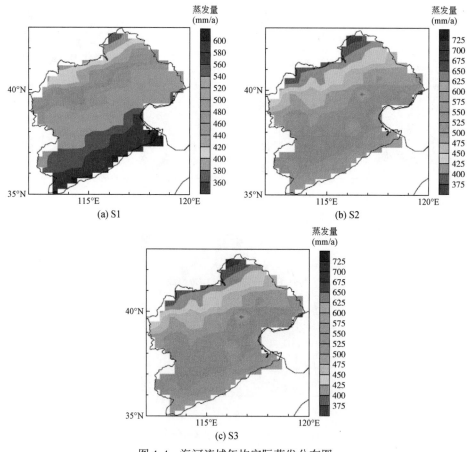

(a) S1　　　　　　　　(b) S2

(c) S3

图 4-4　海河流域年均实际蒸发分布图

化规律基本一致,从北往南,蒸发量逐渐增大,和降水空间分布有较紧密的关联性,考虑人类活动后,局部的蒸发变异更明显,尤其在平原区的取用水高值区,较好地反映了开采地下水和调水的影响。

对比 3 个情景下的流域日均蒸发过程,如图 4-5 所示。1955 ~ 2008 年年均蒸发均呈微弱下降趋势,且多年平均蒸发量对比发现,S3>S2>S1,其中 S1 为 1.3874 mm/d,S2 为 1.390 mm/d,S3 为 1.394 mm/d。开采地下水和调水都不同程度地增加了流域蒸发,但量级很微弱。

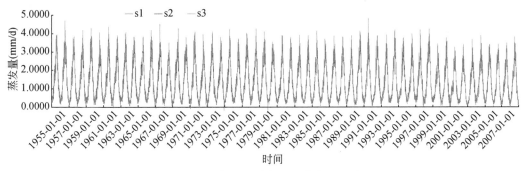

图 4-5   3 个情景流域实际日蒸发过程对比

4.1.1.3   土湿 (3.43m)

统计海河流域 1955 ~ 2008 年多年平均土壤湿度在流域空间上的分布 (图 4-6),其空间变化规律基本一致,东北部和中部平原区偏低、西南边缘和入海口较高,总体上南部高于北部,和气温空间分布有较紧密的关联性,考虑人类活动后,局部的土壤湿度有所变化,尤其在平原区取用水高值区,S2 和 S3 相对 S1 土壤湿度明显减小。

对比 3 个情景下的流域日均土壤湿度变化过程,如图 4-7 所示。1955 ~ 2008 年年均土壤湿度均呈微弱下降趋势,且多年平均土壤湿度对比发现:S1 > S3 > S2,其中 S1 为 0.289mm^3/mm^3,S2 为 0.2778mm^3/mm^3,S3 为 0.2791mm^3/mm^3。情景 S2 和 S3 下土壤湿度都不同程度减少,但量级很微弱,调水和开采地下水对流域土湿影响量级为 0.034。

4.1.2 ITPCAS 数据集

由于已有的再分析数据产品在中国区域上往往存在着系统偏差,以普林斯顿数据为例,其辐射资料在中国区域就存在着非常显著的系统偏差。因此,为了满足国内陆面过程研究的需要,中国科学院青藏高原研究所开发出一套中国区域的长时间序列、高时空分辨率的陆面模式驱动数据,以消除既有资料中的偏差。该套数据是以国际上现有的普林斯顿再分析资料、GEWEX-SRB 辐射资料以及 TRMM 降水资料为基础,将其中的系统偏差利用中国气象局常规气象观测数据进行校正,通过空间降尺度的方式,得到最高时间分辨率为 3h,最高水平空间分辨率为 0.1°的再分析数据 (包含近地面气温、近地面气压、近地面空

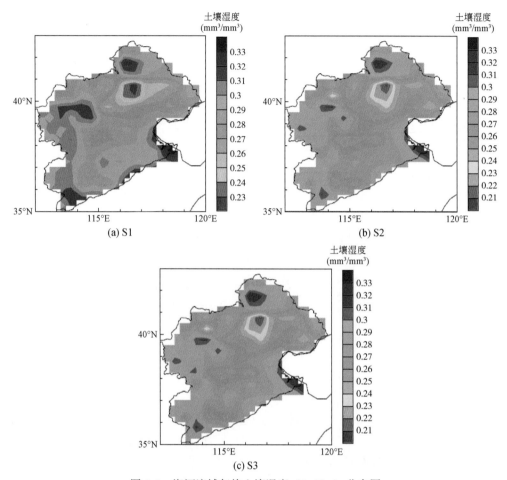

图 4-6 海河流域年均土壤湿度（3.43m）分布图

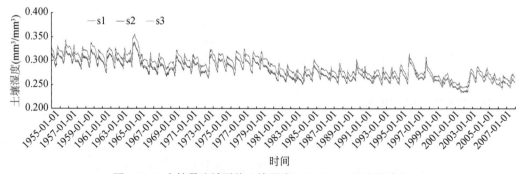

图 4-7 3 个情景流域平均土壤湿度（3.43m）日过程对比

气比湿、近地面全风速、地面向下短波辐射、地面向下长波辐射、地面降水率）。以下简称为"中国科学院青藏高原研究所再分析数据集"，即 ITPCAS 数据集。

利用已建立的陆地水循环模拟系统和 ITPCAS 数据集，对中国东部季风区及海河流域水循环要素进行模拟。模拟设置了 3 种情景：①不考虑人类活动影响（S1）、②仅考虑开采地下水（S2）、③既考虑开采地下水又考虑南水北调影响（S3）。

4.1.2.1 东部季风区

从空间角度分析，1980~2010年中国东部季风区流域上多年平均径流深、蒸发和土壤湿度的空间分布变化趋势表明：由西北至东南，中国东部季风区流域的径流深、蒸发量以及土壤湿度均表现为逐渐增大的趋势（图4-8）。

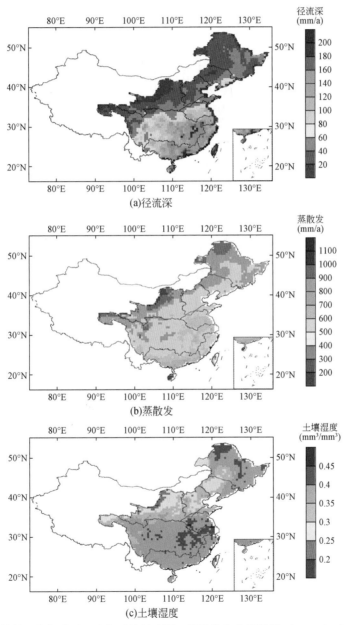

图 4-8　S1 情景下东部季风区多年平均径流深、蒸散发和土壤湿度（3.43m）空间分布趋势

从时间上分析: 1980~2010年中国东部季风区逐月的日均径流深、蒸散发和土壤湿度 (3.43m) 过程线如图4-9~图4-11所示, 1980~2010年逐月日均径流深和蒸散发均呈规律性波动, 其中日均径流深相较于其他年份在1992~2000年变化趋势显著, 其他年份没有明显波动, 蒸散发变化趋势较为稳定。土壤湿度年际波动显著, 总体上呈现明显下降趋势, 但在2004年后有缓慢上升。

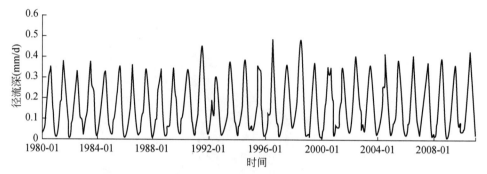

图4-9 S1情景下中国东部季风区逐月的日平均径流深

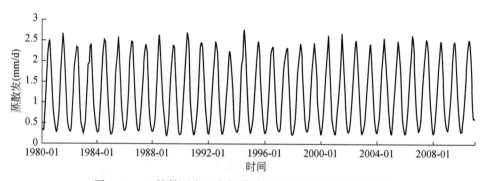

图4-10 S1情景下中国东部季风区逐月的日均蒸散发过程

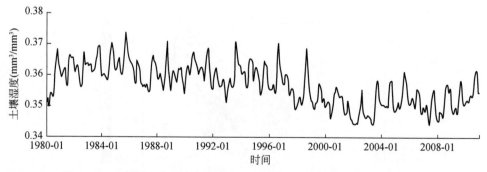

图4-11 S1情景下中国东部季风区逐月的日均土壤湿度过程 (3.43m)

4.1.2.2 海河

(1) 3种情景下海河流域多年平均径流深时空特征

基于3种情景模式，分析海河流域1980～2010年多年平均径流深，如图4-12所示。海河流域多年平均径流深从西北至东南逐渐增大，其中平原区和入海口处径流较大，山区径流较小。

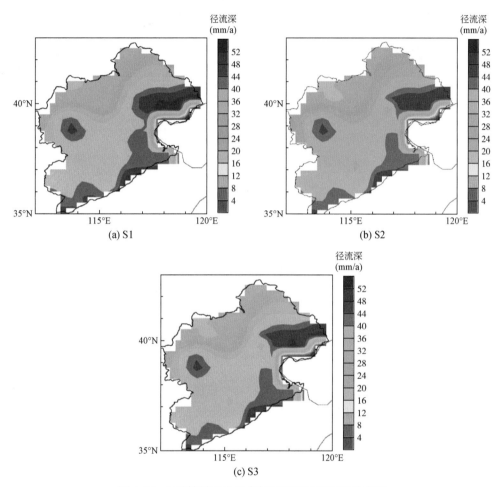

图4-12　3种情景下海河多年平均径流深空间分布图

海河流域多年平均径流深在3种情景下的空间差异如图4-13所示，总体上S1>S3>S2，且变化幅度均由西北向东南呈增大趋势。S2和S3情景相比于S1，径流均呈减小趋势，其中平原区和入海口处径流变化幅度较大，山区径流变化幅度较小。S3与S2情景相比，径流增大，反映了区域调水对研究区径流的影响。

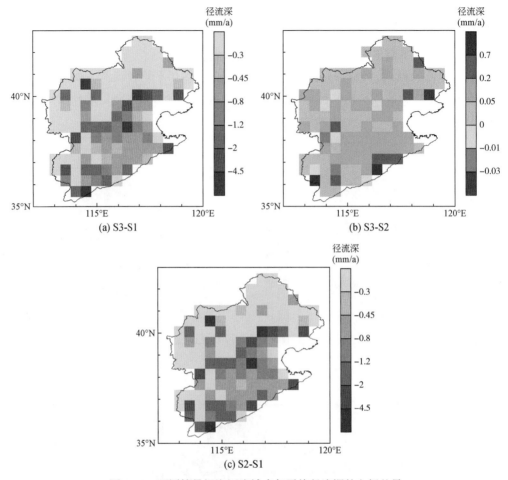

图 4-13　不同情景间海河流域多年平均径流深的空间差异

对比分析 3 个情景下的海河流域逐月的日均径流深，时间变化如图 4-14 所示。1980 ～ 2010 年逐月的日均径流深年内变化呈现较规律的波动，年际变化呈现先上升后下降的趋势，相比于其他年份，1990 ～ 2000 年径流深较大。

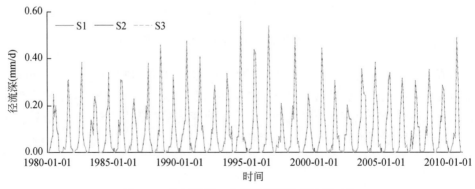

图 4-14　海河流域 3 个情景日平均径流深对比

（2）3 种情景下海河流域多年月平均蒸散发时空特征

如图 4-15 所示，从西北到东南，3 种情境下海河流域多年平均蒸散发逐渐增大，这一结果主要与海河流域降水的空间分布有着密切的联系。考虑人类活动后，研究区局部蒸散发变化更为明显，尤其是平原区的取用水高值区，图 4-15 较好地反映了开采地下水与区域调水对研究区蒸散发的影响。

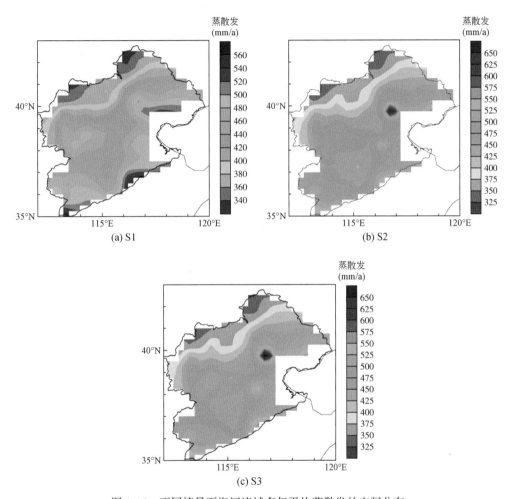

图 4-15　不同情景下海河流域多年平均蒸散发的空间分布

海河流域多年平均蒸散发在 3 种情景间的空间差异如图 4-16 所示，S2 和 S3 情景相比于 S1，平原区和入海口处的蒸散发总体上均呈增大趋势，山区蒸散发变化不显著。S3 与 S2 情景相比，蒸散发增大，这可能是由径流增大引起的。

3 个情景下海河流域逐月的日均蒸发过程如图 4-17 所示。图 4-17 表明，1980～2010 年日均蒸散发呈微弱下降趋势，其中 1997 年下降趋势较为显著，且从多年平均蒸散发变化趋势得出：S3>S2>S1。开采地下水和区域调水都不同程度地增加了流域蒸散发，但量级很微弱。

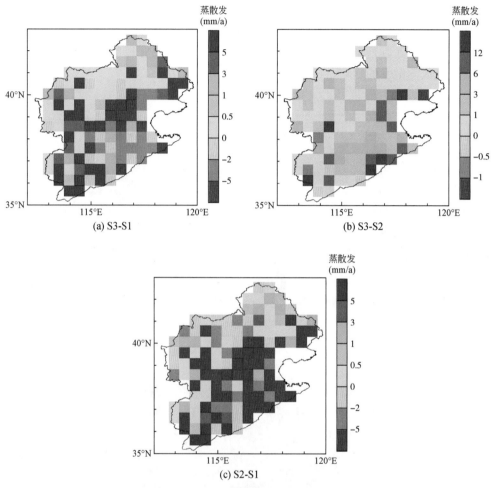

图 4-16 海河流域 3 种情景多年平均蒸散发对比

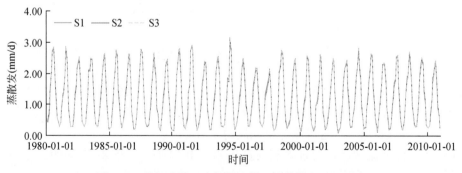

图 4-17 海河流域 3 个情景逐月日均蒸散发过程对比

（3） 3 种情景下海河流域多年平均土壤湿度时空特征

分析 3 种情景下海河流域 1980～2010 年多年平均土壤湿度空间分布，如图 4-18 所示。多年逐月的日均平均土壤湿度空间特征基本一致。其中，山区偏低，东北、西部及西南较高，总体表现为东北、西南高于中部地区。这一结果主要受气温空间分布的影响。考虑人类活动后，研究区局部的土壤湿度有较为明显的变化，特别是平原取用水高值区，S2、S3 相对 S1 土壤湿度低值范围明显减小。

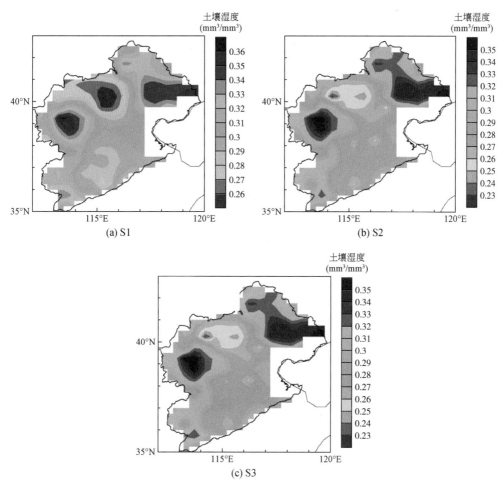

图 4-18　3 种情景下海河月平均土壤湿度空间分布图

海河流域多年平均土壤湿度在 3 种情景下的空间差异如图 4-19 所示，S2 和 S3 情景相比于 S1，土壤湿度总体上均呈增大趋势，其中平原区和入海口处变化幅度较大，山区蒸散发变化不显著。S3 与 S2 情景相比，土壤湿度增大，与研究区径流变化的趋势相对应。

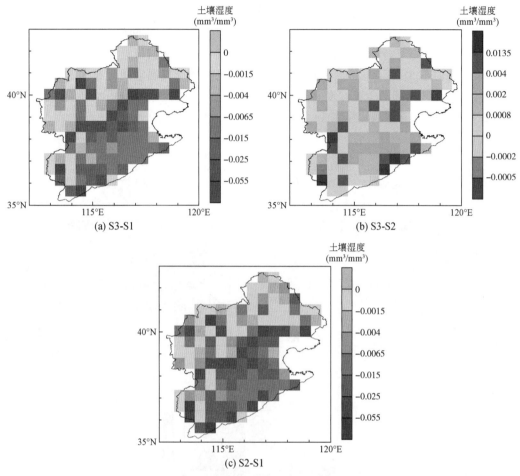

图 4-19　不同情景间海河流域多年平均土壤湿度的空间差异

　　对比三个情景下海河流域平均土壤湿度变化过程如图 4-20 所示。图 4-20 表明：1980～
2010 年间月平均土壤湿度均呈微弱下降趋势，下降趋势不明显。从多年月平均土壤湿度分
析可以看出 S1>S3>S2，S2 和 S3 情景下土壤湿度都存在不同程度下降，但量级很微弱。

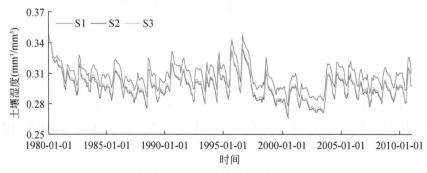

图 4-20　海河流域 3 个情景月平均土壤湿度过程对比

4.2 水循环过程变化的归因分析

政府间气候变化专门委员会（IPCC）第四次评估报告指出"气候有各种时间尺度的变化，气候变化的检测是一个过程，要证实气候在某种统计意义上发生了变化，但是并不涉及气候变化的成因，而气候变化的归因研究也是一个过程，要在一定置信度水平下确认检测到的气候变化的最可能成因"（王绍武等，2012）。综合以上观点与认识，归因分析可定义为在某种可信度条件下或置信水平内，通过一些数学方法或统计模型评估或量化多个驱动因素对某一系统变量变化或某一事件演变过程的相对贡献的过程，而这种变量的变化过程或趋势必须能够通过某些途径检测出来（宋晓猛等，2013）。由此可知，变化环境下水循环要素的检测，主要研究环境变化引起的陆面水循环要素的变化及演变趋势，而归因分析则主要讨论引起上述变化的主要驱动因素，并定量或半定量区分各种驱动因素的主要影响及相应的贡献率。对于检测与归因的方法研究，国内外已经开展了大量的工作，并取得了丰富的研究成果。常用的变化环境水文响应的检测和归因分析方法包括陆气耦合法、统计分析法、试验流域法、流域水文模型、分项调查法、情景组合法。

4.2.1 基于陆气耦合归因分析

改进区域气候模式 RegCM4 的陆面过程模式，在改进其水文过程的基础上，考虑水资源开采利用、跨流域调水等人类活动影响，并在区域气候模式中加入考虑中国主要农作物类型的多种农业耕作方式和种植结构的作物模型，建立区域气候–农作物生长的双向耦合模型，对于更好地认识各种人类活动与水循环要素变化之间的关系，探讨人类水资源开采利用及农作物种植过程对中国区域及各大流域气候的影响或贡献具有一定意义。

4.2.1.1 模型介绍

利用建立的 CLM_DTVGM，在区域气候模式 RegCM4 中实现耦合，最终建立一个能够考虑人类水资源开采利用、调配过程、农作物种植生长过程以及考虑 DTVGM 模型产汇流计算的陆–气双向耦合模式，如图 4-21 所示。

4.2.1.2 试验设置

模型：RegCM4 原模式以及修改后的陆气耦合模式。

模拟时间：1982 年 1 月 1 日~2001 年 12 月 31 日，前 5 年作为 spin-up 时间，结果分析时段为 1987 年 1 月 1 日~2001 年 12 月 31 日。

模拟区域：中国区域。选择中国东部季风区六大流域进行分析（图 4-22）。

模拟设置：初始及侧边界条件由 ERA40 再分析资料提供，格点数为 130×90，格点间距为 50km，垂直方向为 18 层，顶层高度为 50hPa，降水方案采用 Emanuel 方案。

图 4-23 显示的是东部季风区 2000 年需水量的空间分布。区域东部和南部的平原地区

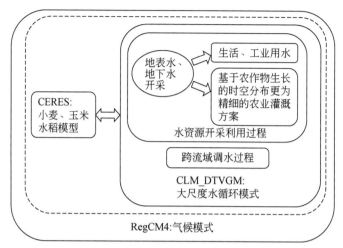

图 4-21　陆–气耦合模型示意图

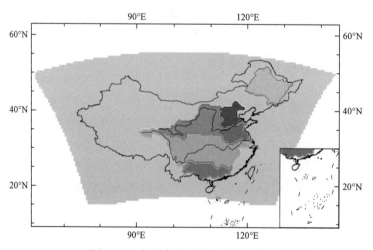

图 4-22　中国东部季风区六大流域图

的用水需求占流域内大部分的用水需求，这与平原地区稠密的人口和密集的工农业设施相对应；而在区域北部与西部的山区，用水需求相对较低。

　　各类作物在中国区域内的相对分布比例如图 4-24 所示。由图 4-24 可知，早稻与晚稻属于同一种植制度，因此它们的分布数据也相同。最集中的种植区位于长江流域的洞庭湖、鄱阳湖周边区域，两广地区也有较高的种植比例。双季稻的种植需要足够的积温和水分条件，因此其分布基本位于长江以南的东亚夏季风区，中国的其他地区并不适合种植。单季稻的种植条件明显不如双季稻苛刻，因此在中国的东部季风区内均有种植。其最集中的种植区位于四川盆地与云贵高原，中国南方的其他地区和东北地区也有一定的种植。小麦耐旱能力更强，在我国被广泛种植。其中，大部分地区种植冬小麦，从辽东至我国南方均有分布；而春小麦主要分布在半干旱、干旱或高纬度地区，全国种植面积较少。作为

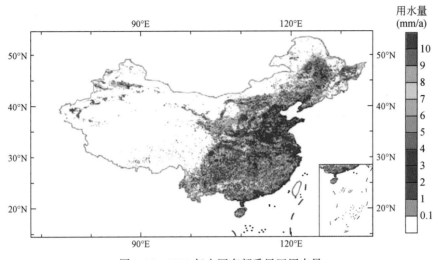

图 4-23　2000 年中国东部季风区用水量

C4 植物的代表——玉米有着更为高效的光合作用速率和很强的适应能力，因而在全国均有大范围的种植。春玉米主要分布在中国东北、华南等地，而夏玉米主要分布在华北、四川、云贵等地。

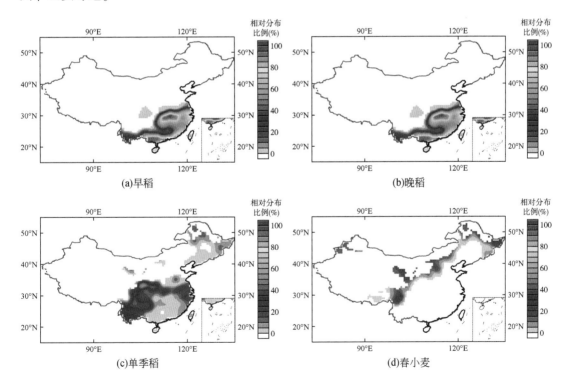

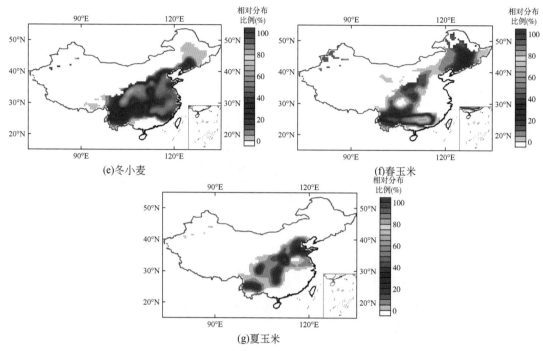

图 4-24　各类农作物在中国区域内的相对分布比例

试验名：采用 RegCM4 原模型的试验为 CTL 试验，采用修改后的陆气耦合模式的试验为 Integration 试验。

4.2.1.3　结果分析

（1）模型验证

采用台站观测的降水、地面 2m 高气温的 1987～2001 年月平均资料对两组模拟试验进行各统计指标的验证，见表 4-1 和表 4-2。

表 4-1　地面 2m 高气温在中国区域的平均统计结果

项目	观测	CTL	Integration
时间相关系数	—	0.97	0.97
标准差（℃）	9.81	8.85	8.86
均方根误差（℃）	—	3.98	3.99

表 4-2　降水在中国区域的平均统计结果

项目	观测	CTL	Integration
时间相关系数	—	0.62	0.62
标准差（mm/d）	2.03	2.57	2.57
均方根误差（mm/d）	—	2.47	2.46

由表 4-1 和 4-2 可知，两组模拟结果在中国区域内的平均统计指标相差不大，修改后的陆气耦合模式对历史气候态有一定的模拟能力。

（2）水资源开采利用及农作物种植活动的气候影响分析

1）降水。1987～2001 年多年平均降水的空间格局如图 4-25 所示。各大流域分区多年降水平均值见表 4-3。考虑取用水及作物种植活动的 Integration 试验与原模型 CTL 试验相比，从西南至黄河、海河流域降水有所增加，这与当地的高用水强度相对应，而长江以南地区降水有所减少，可能与该地区考虑农作物生长过程后的局地减湿效应以及环流改变有关。

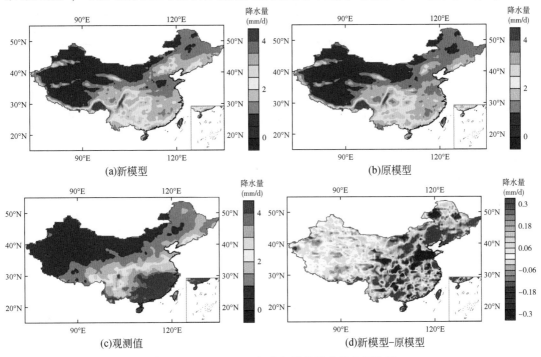

图 4-25 1987～2001 年多年平均降水的空间格局

1987～2001 年多年平均降水见表 4-3，通过对比分析 Integration 试验和 CTL 试验结果，计算出人类活动对降水变化的贡献率，其中在黄河和海河流域人类活动影响最为明显。

表 4-3 各大流域分区降水多年平均值 （降水量单位：mm/d）

流域分区	台站观测	Integration 试验	CTL 试验	Integration-CTL	人类活动贡献率（%）
珠江	4.14	4.42	4.73	−0.31	−6.55
长江	2.86	3.38	3.59	−0.21	−5.85
海河	1.38	1.98	1.78	0.2	11.24
淮河	2.46	2.34	2.2	0.14	6.36
黄河	1.12	1.57	1.39	0.18	12.95
松花江	1.48	2.18	2.12	0.06	2.83
中国区域	2.08	2.93	2.75	0.18	6.55

利用两组试验的逐月序列，计算两组序列的线性增长趋势系数（线性拟合 $y = ax + b$ 中的 a ，无量纲），其空间分布如图4-26所示。

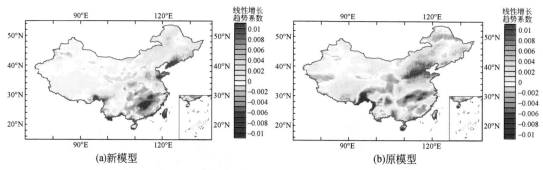

图4-26 两组试验线性增长趋势系数空间分布

人类活动组 Integration 试验中，中国东北、华北等地的降水所呈现的微弱下降趋势较 CTL 试验更强，华南、东南沿海等地区降水增加趋势则更为显著。具体分区内的平均值见表4-4。

表4-4 两组试验线性增长趋势系数在各分区的平均值 （单位：10^{-8}）

流域分区	Integration 试验	CTL 试验	Integration-CTL
珠江	39.12	10.25	28.87
长江	8.92	-2.75	11.67
海河	-26.37	-23.13	-3.24
淮河	-41.70	-30.78	-10.92
黄河	8.50	2.07	5.43
松花江	-30.33	-36.61	6.28
中国区域	11.94	6.08	5.86

2）地面2m高气温。1987~2001年多年平均地表2m高气温的空间格局如图4-27所示，两组模拟结果相比，考虑取用水及农作物生长的 Integration 组在中国南方增温明显，北方以降温为主，以海河流域降低最为明显。各流域分区2m气温多年平均值见表4-5，通过对比分析 Integration 试验和 CTL 试验结果，计算出人类活动对气温变化的贡献率，其中在松花江、黄河、海河流域人类活动影响最为明显。

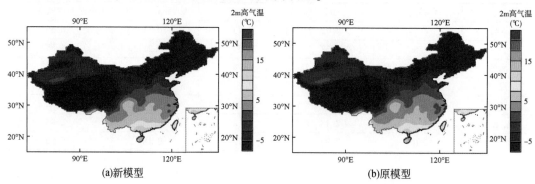

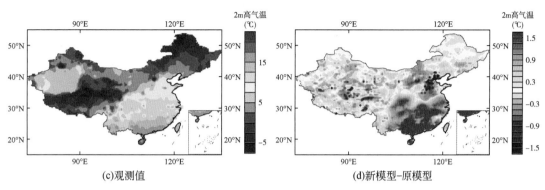

(c)观测值   (d)新模型–原模型

图 4-27 1987 ~ 2001 年多年平均地表 2m 高气温的空间格局

表 4-5　各流域分区 2m 高气温多年平均值

流域分区	台站观测（℃）	Integration 试验（℃）	CTL 试验（℃）	Integration-CTL（℃）	人类活动贡献率（%）
珠江	18.9	17.9	17.89	0.01	0.06
长江	11.96	10.95	10.71	0.24	2.24
海河	10.18	9.25	9.79	−0.54	−5.52
淮河	14.55	14.47	14.49	−0.02	−0.14
黄河	6.57	6.2	6.49	−0.29	−4.47
松花江	2.8	3.26	3.46	−0.2	−5.78
中国区域	9.53	9.28	9.47	−0.19	−2.01

　　两组试验序列的线性增长趋势系数中国区域的空间分布如图 4-28 所示。在具体分区内的平均值见表 4-6。在 Integration 试验中，在珠江、长江、海河、淮河等地的气温所呈现的微弱上升趋势较 CTL 试验更强，黄河和松花江等地区气温降低趋势有所加强。

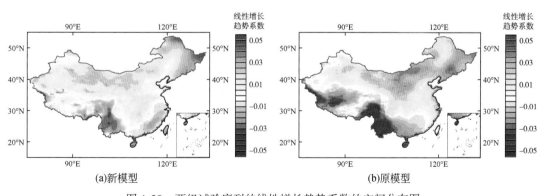

(a)新模型   (b)原模型

图 4-28 两组试验序列的线性增长趋势系数的空间分布图

表4-6　各流域分区两组试验序列的线性增长趋势系数多年平均值（单位：10^{-2}）

流域分区	Integration 试验	CTL 试验	Integration-CTL
珠江	−2.31	−4.32	2.01
长江	0.25	−1.84	2.09
海河	−1.23	−5.38	4.15
淮河	1.89	−1.62	3.51
黄河	−1.13	−3.40	−2.27
松花江	−1.31	−3.06	−1.75
中国区域	−0.26	−1.71	1.45

3）径流深。1987～2001年多年平均径流深的空间格局如图4-29所示，两组模拟结果相比，考虑取用水及农作物生长的Integration组在中国南方径流减少明显，北方地区径流有所增加。各流域分区多年平均径流见表4-7，通过对比分析Integration试验和CTL试验结果，计算出人类活动对径流变化的贡献率，其中在黄河和珠江流域人类活动影响最为明显。

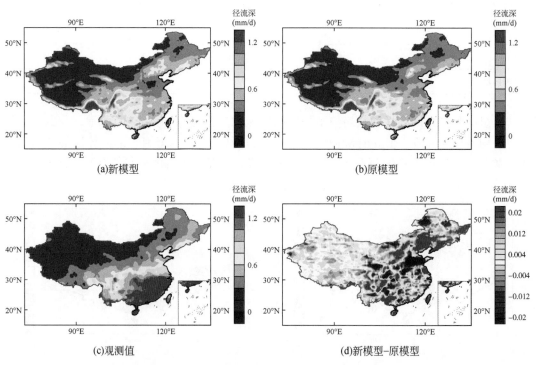

图4-29　1987～2001年多年平均径流深的空间分布图

各大流域的分区多年平均值见表4-7。

表 4-7　各大流域分区多年平均径流深

流域分区	台站观测 （mm/d）	Integration 试验（mm/d）	CTL 试验 （mm/d）	Integration-CTL （mm/d）	人类活动 贡献率（%）
珠江	1.71	1.38	1.77	−0.39	−22.03
长江	1.33	1.31	1.53	−0.22	−14.38
海河	0.06	0.49	0.46	0.03	6.52
淮河	0.77	0.39	0.37	0.02	5.41
黄河	0.22	0.48	0.38	0.1	26.32
松花江	0.36	0.91	0.86	0.05	5.81
中国区域	0.74	1.41	1.29	0.12	9.30

　　两组试验序列的线性增长趋势系数空间分布如图 4-30 所示。在具体分区内的平均值见表 4-8。在 Integration 试验中，珠江流域的径流所呈现的变化趋势较 CTL 试验更强。各大流域分区线性增长趋势系数平均值 Integration 试验均大于 CTL 实验。

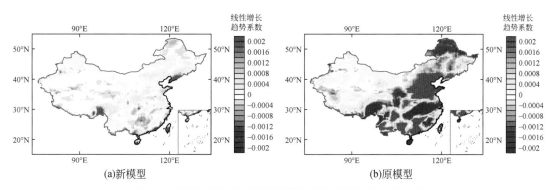

图 4-30　两组试验序列的线性增长趋势系数的空间分布图

表 4-8　各大流域分区线性增长趋势系数平均值　　　　（单位：10^{-8}）

流域分区	Integration 试验	CTL 试验	Integration-CTL
珠江	6.27	2.89	3.38
长江	−0.48	−1.19	0.71
海河	−3.44	−3.74	0.30
淮河	−6.21	−4.94	1.27
黄河	−0.47	−0.51	0.04
松花江	−3.70	−4.45	0.75
中国区域	1.92	1.56	0.36

4.2.2 基于野外试验的地表径流变化归因分析

河川径流是气候条件与流域下垫面综合作用的产物，径流变化中同时包含了气候变化和人类活动的影响。1956～2006 年，我国的气候条件在一定程度上发生了变化，气温、降水、蒸散发等在年代际间都有变化或波动。同时，随着区域经济发展政策、水土保持措施等的实施，不同流域土地利用等下垫面条件也发生了改变，也会对径流带来影响。

黄河是我国第二大河，是我国西北、华北地区重要的水源，黄河水资源总量紧缺，多年平均天然年径流量为 580 亿 m³，仅占全国地表径流量的 2%，却承担着全国 12% 的人口、15% 的耕地、沿黄地区 50 多座大中城市、重要能源及重化工基地，以及中原油田、胜利油田的供水任务，供需矛盾十分突出。黄河中游多年（1956～2006 年）平均地表径流量为 217.03 亿 m³，占整个黄河流域地表径流量的 36.4%。1976～2006 年，黄河流域径流量呈下降趋势，尤以中游下降最显著。

窟野河是黄河河口镇至龙门段右岸的一条较大支流，是黄河中游河流中一条代表性的河流，属于黄河的多沙粗沙区。以窟野河流域作为研究对象，基于野外人工降雨入渗产流机理的研究，结合弹性系数法和水文模型方法，定量分离并评价气候变化和人类活动对于年径流和场次洪水要素的影响，分析气候人类活动（主要是植被变化）对河川径流的影响机理。

4.2.2.1 野外试验介绍

（1）试验目的

在窟野河流域野外实地调研的基础上，选定神木试验站及其附近的径流小区作为试验场地，进行人工降雨入渗产流试验，试验的主要目的如下：

1）通过对不同条件（雨强、前期土壤含水量、下垫面类型、植被覆盖度、坡度）人工降雨径流进行试验，定量研究窟野河流域的降水产流规律；

2）在降雨入渗产流单因素试验的基础上，运用统计学方法综合分析多因素对降雨产流的影响。

（2）试验内容

产流期内的土壤入渗强度（μ_i），一般随着流域下垫面条件（土壤、土质、植被覆盖）、土壤前期含水量 ΔW_i、产流历时 t_c、降雨强度（α_i）、地形坡度 I 而变化，为

$$\mu_i = f(\text{下垫面}, \ \Delta W_i, \ t_c, \ \alpha_i, \ I) \tag{4-1}$$

需要研究各影响因子对于入渗产流的影响，分析降雨入渗产流机理。

1）不同雨强下的入渗产流规律。雨强是影响入渗强度的主要因素，保证土壤类型和植被覆盖条件、土壤前期含水量、地形坡度相同的情况下，对比不同雨强下产流期平均入渗产流变化规律。

设计 5 档降雨雨强，根据试验前期标定的雨强结果，实际选用的 5 档雨强分别为

0.5 mm/min、0.8 mm/min、1.2 mm/min、1.8 mm/min、2.7 mm/min；分析的主要物理量有初损历时、到达稳渗时候的产流历时、稳定入渗率、土壤含水率、湿润峰深度（主要是刚产流时的入渗深度和达到稳定入渗时的入渗峰面深度）、退水体积、入渗强度历时曲线等。

2）不同下垫面之间的入渗产流规律。下垫面条件（主要指土壤类型、植被覆盖）是影响降雨入渗强度的另一个重要因素，根据窟野河的实际情况，在流域绝大部分范围内均为初育土（初育土主要为黄绵土和风沙土，根据 2010 年数据，初育土所占面积比例分别为 78.48%）。

在土壤类型固定为初育土的情况下，窟野河流域内主要的下垫面类型有 5 种：裸地、苜蓿、草地、柠条、耕地（豆子地为代表）。在保持降雨强度、土壤前期含水量、地形坡度相同的情况下，分析不同下垫面条件下的降雨入渗产流规律的变化，分析的主要物理量有初损历时、到达稳渗时候的产流历时、稳定入渗率、土壤含水率、湿润峰深度（主要是刚产流时的入渗深度和达到稳定入渗时的入渗峰面深度）、退水体积、入渗强度历时曲线，需要特别分析的是最大入渗率和稳定入渗率的差异。

3）不同的土壤前期含水量对于入渗产流的影响。土壤前期含水量对于降雨入渗产流的影响也较明显，设置 3 种不同的土壤前期含水量：干旱、半湿润、湿润，用土壤水分测定仪对前期土壤含水量进行测定。设定同一雨强进行降雨径流试验，分析 3 种不同土壤含水量下降雨产流的变化情况，分析的内容有初损历时、到达稳渗时候的产流历时、稳定入渗率、湿润峰深度（主要是刚产流时的入渗深度和达到稳定入渗时的入渗峰面深度）、退水体积、入渗强度历时曲线。

4）不同植被覆盖度对于入渗产流的影响。对于本身植被覆盖度存在稀疏、中等、稠密的草地而言，稍微修剪达到试验所需的覆盖度值，而对于稠密草地而言，采用"网格等分法"修剪同一块稠草地的不同植被覆盖度等级，从而达到所需的植被覆盖度等级。试验中，拟定采用 30%、60% 和 100%（稠密草地天然状态近似为 100%）3 档植被覆盖度，分别测定不同植被覆盖度等级条件下的降雨入渗产流规律，试验中测定项目与其他条件相同。

5）不同坡度对于入渗产流的影响。在同一土壤类型下，设置 3 种坡度：5°、15°、25°，保证相同的降雨强度、土壤前期含水量，进行 3 种不同坡度下的降雨入渗产流规律，分析的物理量主要有：初损历时、到达稳渗时候的产流历时、稳定入渗率、土壤含水率、湿润峰深度（主要是刚产流时的入渗深度和达到稳定入渗时的入渗峰面深度）、退水体积、入渗强度历时曲线。

4.2.2.2 基于野外试验的下垫面变化对降水−产流影响分析

（1）土地利用方式对下渗的影响

1）不同土地利用方式的入渗率及入渗量对比。在固定雨强 1.2 mm/min 的条件下，对比不同土地利用方式的入渗率和入渗量的差别。如图 4-31 所示，在产流期内，平均入渗率的大小依次为柠条地>稠草地>苜蓿地>豆子地>裸地，累积入渗量大小同样依次是柠条地>稠草地>苜蓿地>豆子地>裸地。

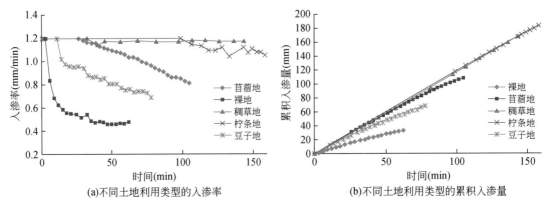

(a)不同土地利用类型的入渗率   (b)不同土地利用类型的累积入渗量

图4-31　不同土地利用类型的入渗率和累积入渗量对比

2）不同土地利用方式的径流系数对比。由图4-32和表4-9可知，不同的土地利用类型具有不同的产流系数（范围）：裸地的径流系数为0.27~0.62，且在5档降雨强度（0.5 mm/min、0.8 mm/min、1.2 mm/min、1.8 mm/min、2.7 mm/min）下均会产流；苜蓿地的径流系数范围为0.15~0.30，仅在4档（4个等级）的降雨强度下会产流（在0.5 mm/min的雨强下，试验时间长达2h还未产流）；而稠草地的径流系数范围为0.02~0.26，仅在3种较大雨强（1.2 mm/min、1.8 mm/min、2.7 mm/min）下才产流；柠条地的径流系数范围为0.06~0.12，也是仅在3种大雨强（1.2 mm/min、1.8 mm/min、2.7 mm/min）下才产流；豆子地的径流系数范围是0.21~0.58，且在5档（5个等级）降雨强度下均会产流。就径流系数的总体大小而言，裸地>豆子地>苜蓿地>稠草地>柠条地。

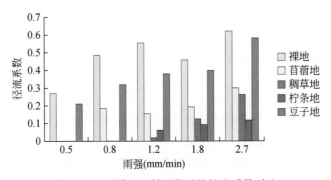

图4-32　不同土地利用类型的径流系数对比

表4-9　不同土地利用类型的径流系数

裸地		苜蓿地		稠草地		柠条地		豆子地	
雨强 （mm/min）	径流系数	雨强 （mm/min）	径流系数	雨强 （mm/min）	径流系数	雨强 （mm/min）	径流系数	雨强 （mm/min）	径流系数
0.5	0.27	0.5	0	0.5	0	0.5	0	0.5	0.21
0.8	0.48	0.8	0.18	0.8	0	0.8	0	0.8	0.32

续表

裸地		苜蓿地		稠草地		柠条地		豆子地	
雨强 （mm/min）	径流系数	雨强 （mm/min）	径流系数	雨强 （mm/min）	径流系数	雨强 （mm/min）	径流系数	雨强 （mm/min）	径流系数
1.2	0.55	1.2	0.15	1.2	0.02	1.2	0.09	1.2	0.38
1.8	0.46	1.8	0.19	1.8	0.12	1.8	0.06	1.8	0.40
2.67	0.62	2.67	0.30	2.67	0.26	2.67	0.12	2.67	0.58

（2） 植被覆盖度变化对入渗产流的影响

以雨强等于 1.2 mm/min、土壤中等湿润（体积含水量为 14%~17%）条件为例，仅变化植被覆盖度，分析植被覆盖度对降雨入渗产流的影响。由图 4-33 和表 4-10 可知，植被覆盖度主要影响的参变量有初损历时、产流期平均入渗强度、稳渗率、产流期平均径流系数、退水时间和退水体积。具体而言，植被覆盖度越高，初损历时越长，反映植被对于降雨初期的截留作用较为明显；产流期平均入渗强度和稳渗率均与植被覆盖度呈现正相关关系，而径流系数与植被覆盖度呈现负相关关系，反映了植被增加入渗、减少径流的作用；而退水时间和退水体积也与植被覆盖度呈现正相关关系，反映了植被在降水后期蓄滞雨水的效应。

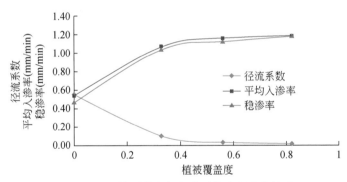

图 4-33 植被覆盖度与径流系数和入渗率关系

表 4-10 不同植被覆盖度对于入渗产流相关参量的影响统计表

土地利用 类型	植被 覆盖度	初损历时 （min）	产流期平均入渗 强度（mm/min）	稳渗率 （mm/min）	产流期平均 径流系数	退水时间 （min）	退水量 （mm）
裸地	0.00	2.12	0.54	0.47	0.55	1.00	0.07
稀草	0.33	17.20	1.07	1.04	0.11	2.27	0.12
中草	0.56	31.17	1.16	1.12	0.04	2.83	0.23
稠草	0.82	66.32	1.18	1.18	0.02	7.78	0.27

此外，根据图 4-33 还可知，植被覆盖度和径流系数、产流期平均入渗率、稳渗率之间并不是呈现严格的线性关系，反映了植被覆盖度对于截留降雨、增加入渗、减少径流的

作用是非线性的。

4.2.2.3 基于试验数据的定量分析

（1）不同土地利用类型对降雨入渗产流的影响分析

保持雨强、土壤前期含水量和坡度相同（近）的条件，仅对比不同土地利用方式对相同降雨入渗变量的影响。为此，选择雨强 1.2 mm/min（折合为 72 mm/min，这对于当地算是大暴雨等级）、土壤中等湿润（含水量为 0.14~0.18）、坡度 15°，对比不同土地利用条件对于初损历时、产流期平均入渗率、产流系数、退水时间、退水量的影响，见表 4-11。

表 4-11　不同土地利用类型对于降雨入渗的影响值

土地类型	雨强 （mm/min）	土壤含水量 （mm³/mm³）	初损历时 （min）	产流期平均入渗率（mm/min）	产流系数	退水时间 （min）	退水量 （mm）
裸地	1.2	0.14	2.12	0.54	0.55	1.0	0.22
豆子地	1.2	0.18	10.2	0.84	0.30	2.3	0.41
苜蓿地	1.2	0.16	25.6	1.02	0.16	3.0	0.43
草地	1.2	0.17	66.3	1.07	0.04	4.7	0.52
柠条地	1.2	0.17	98.1	1.10	0.025	5.9	0.49

由表 4-11 可知，对于入渗产流过程而言，地表下垫面条件越好，降雨初损时间越长，越有利于降雨的入渗，其入渗强度越大，入渗量越多，而产流系数相应地越小；对于退水过程而言，地表下垫面条件越好，越有利于蓄滞降雨，但延缓退水过程，使得退水时间变长，且退水量越多。这就是从试验小尺度（微观角度）、从水量的角度所得的土地利用方式变化对于降雨入渗产流的影响。

（2）植被覆盖度对降雨入渗产流的影响

以雨强 1.2 mm/min、土壤中等湿润（体积含水量为 14%~17%）条件为例，仅变化植被覆盖度，分析植被覆盖度对于降雨入渗产流的影响。植被覆盖度主要影响的参变量有初损历时、产流期平均入渗强度、稳渗率、产流期平均径流系数、退水时间和退水体积。具体而言，植被覆盖度越高，初损历时越长，反映植被对于降雨初期的截留作用较为明显；产流期平均入渗强度和稳渗率均与植被覆盖度呈现正相关关系，而径流系数与植被覆盖度呈现负相关关系，反映了植被增加入渗、减少径流的作用；而退水时间和退水体积也是与植被覆盖度呈现正相关关系，反映了植被在降水后期蓄滞雨水的效应。

4.2.3　基于统计和水文模拟的地表径流变化综合归因分析

上述研究可知，对地表径流变化归因分析可以采用陆气耦合法、野外试验法、弹性系数法和水文模型法等，本节进一步讨论用原始和改进气候弹性系数法，以及不同水文模型对地表径流变化进行归因分析，并运用多种方法进行对比验证。

4.2.3.1 气候变化对河川径流影响机理分析

气候变化是指长时期内气候状态的变化，通常用不同时期的降水和温度等气候要素的统计量的差异来反映。

降水是径流的直接来源，是整个流域水文系统的输入项，降水的变化（降水强度、降水总量、降水时空分布等）直接影响径流的变化，径流与降水呈现显著的正相关关系，降水的变化是因，径流的变化是果，降水是从水量的角度直接改变径流的，并且作用的方向主要直接体现在水平方向。

气温、风速、太阳辐射等气候要素的变化，则并不是直接作用于径流的，而是通过改变能量，其能量的大小直接决定着大气湍流运动的频率，而大气湍流运动频率则直接决定着热量和水汽垂直输送通量的大小，即通过能量主要作用于流域的实际蒸发和潜在蒸散发、改变垂向的水汽交换等，从而间接以垂向水量的增减来改变径流（水平方向）。

4.2.3.2 人类活动对河川径流影响机理分析

人类活动对于河川径流的影响可分为直接影响和间接影响。直接影响主要是指兴建水库、引水工程、作物灌溉、城市供排水等使水循环要素的质或量、时空分布直接发生变化。而间接影响主要是指通过改变下垫面状况、局地气候等以间接方式影响水循环要素。

就影响机理而言，也可以从水量和能量两个角度来进行解释：从水量角度而言，下垫面条件的变化改变了降水在不同界面上的分配，以及改变降水的作用方向，即下垫面条件的改变使得界面对降水的分配作用（包括时程分布和空间分布）改变，也使得垂直方向的水量和水平方向上的水量进行转换，进而改变径流量。根据野外人工降雨试验分析可知，不同土地利用类型和植被覆盖度的变化，明显改变了界面的垂向通透性和水平方向介质的连通性，进而在水量上明显改变径流量的大小。从能量角度而言，下垫面条件的变化主要改变了水文系统界面的粗糙度，即改变了界面对于水流的阻力，增大了水平方向的阻力，从而减少水平方向的径流量和改变径流的过程，即改变不同径流成分在总量和时程上的分配。

气候和下垫面变化对径流的影响遵从两大根本原理（图 4-34）：水量平衡和能量平衡；两种作用方式：直接作用和间接作用；两个作用方向：垂直方向和水平方向；两种表观形式：产流和汇流。

（1）统计学方法应用

1）基于弹性系数的评估方法。径流（Q）可以表示为气候变量（C）和其他特征的函数：

$$Q = f(C, H) \tag{4-2}$$

式中，H 为地形、土壤、土地利用／土地覆被以及人类活动（如人工调水）等综合作用的结果。假设研究区的地形和土壤在研究时段内不发生变化，那么 H 可以表示人类活动。因此，径流的变化可以表示为

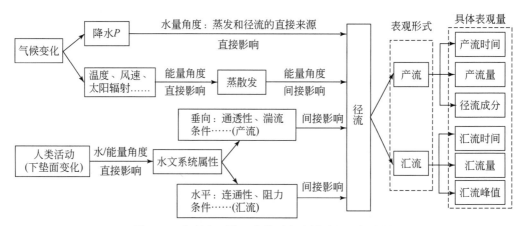

图 4-34　气候和下垫面变化对径流影响机理概念图

$$\Delta Q = \Delta Q_C + \Delta Q_H \qquad (4-3)$$

式中，ΔQ 为径流的总变化；ΔQ_C 和 ΔQ_H 分别为气候变化和人类活动导致的径流变化。总的径流变化可以由 $\Delta Q = Q_{obs,1} - Q_{obs,2}$ 得到，其中 $Q_{obs,1}$ 和 $Q_{obs,2}$ 分别为突变点以前和以后的实测径流量。气候变化对径流的影响可以表示为

$$\Delta Q_C = (\varepsilon_P \Delta P/P + \varepsilon_{E0} \Delta E_0/E_0) Q \qquad (4-4)$$

式中，P 和 E_0 为降水和潜在蒸散发；ΔP 和 ΔE_0 为降水和潜在蒸散发的变化；ε_P 和 ε_{E_0} 分别为径流对降水和潜在蒸散发的弹性系数。Schaake（1990）首次引入了弹性系数的概念来评价径流对气候变化的敏感性。径流弹性系数的定义为径流的变化率对某一气候因子（如降水或潜在蒸散发）变化率的比值，即

$$\varepsilon = \frac{\partial Q/Q}{\partial X/X} \qquad (4-5)$$

根据长时段的水量平衡公式（$Q = P - Ea$）和 Budyko（1974）假设，实际蒸散发（Ea）是干燥指数（$f = E_0/P$）的函数，降水和潜在蒸散发对径流的弹性系数可以表示为（Ol'dekop E M，1911；傅抱璞，1981）

$$\varepsilon_P = 1 + \phi F'(\phi)/[1 - F(\phi)] \text{ 且 } \varepsilon_P + \varepsilon_{E_0} = 1 \qquad (4-6)$$

已有的文献中有很多基于 Budyko 假设的 $F(\phi)$ 函数形式（Schaake，1990；傅抱璞，1981；Zhang et al. 2001），本书采用 Zhang et al.（2001）等的公式：

$$F(\phi) = (1 + \omega\phi)/(1 + \omega\phi + 1/\phi) \qquad (4-7)$$

式中，w 为一个地区植被覆盖条件的参数，本书根据研究区的土地利用类型和土地覆被对 w 值进行率定；ϕ 是待定函数。

2）基于改进的气候弹性系数的评估方法。长时间水量平衡方程可表示为 $P = R + E$，径流量 R 可以表示为观测径流和人类活动引起的径流变化的和，即 $R = R_{obs} + R_h$，从而水量平衡方程可以表示为 $P = R_{obs} + R_h + E$，微分形式可表示为

$$dP = dR_{obs} + dR_h + dE \qquad (4-8)$$

式中，R_{obs} 为观测径流；R_h 为人类活动引起的径流变化量。

根据布迪科（1990）假设，实际蒸散发（E）是干燥指数（$f = E_0/P$）的函数，即 $E = PF(\phi)$，由式（4-8）可得

$$\frac{\mathrm{d}R_{obs}}{R_{obs}} = \left[1 - F(\phi) + \phi F'(\phi) \right] \frac{P}{R_{obs}} \frac{\mathrm{d}P}{P} - F'(\phi) \frac{E_0}{R_{obs}} \frac{\mathrm{d}E_0}{E_0} - \frac{R_h}{R_{obs}} \frac{\mathrm{d}R_h}{R_h} \qquad (4-9)$$

则径流对降水、潜在蒸散发和人类活动的弹性系数可表示为

$$\varepsilon_P = \left[1 - F(\phi) + \phi F'(\phi) \right] \frac{P}{R_{obs}}$$

$$\varepsilon_{E_0} = - F'(\phi) \frac{E_0}{R_{obs}}$$

$$\varepsilon_H = - \frac{R_h}{R_{obs}} \qquad (4-10)$$

且满足 $\varepsilon_P + \varepsilon_{E_0} + \varepsilon_H = 1$。

3）弹性系数法应用。选择人类活动影响剧烈的渭河关中地区为研究区域，归因分析其地表径流的变化。利用曼–肯德尔（Man-Kendall，M-K）非参数检验方法对渭河关中地区的降雨、潜在蒸散发和径流量进行趋势检验，分析流域 1958～2008 年来气象要素的变化趋势以及相应的径流的响应变化。渭河关中地区在 1958～2008 年的 51 年间年降雨、年潜在蒸散发、流域出口水文站观测年径流量的时间序列变化结果如图 4-35 所示，可以看出渭河关中地区的年降雨和年潜在蒸散发没有明显的变化趋势，而年径流逐年呈现明显的下降趋势。潜在蒸散发的年间变化波动幅度不大，而降雨量年间波动较大，但整体趋势仍然比较平稳，而径流显示了下降趋势的同时其年间波动较大。渭河关中地区年降雨、年潜在蒸散发和年径流量 M-K 趋势分析结果除说明三者在时间序列上的趋势变化外，还暗示了年降雨和年潜在蒸散发不是仅有的对年径流的影响因子，人类活动可能在径流下降中起到了主要的作用。

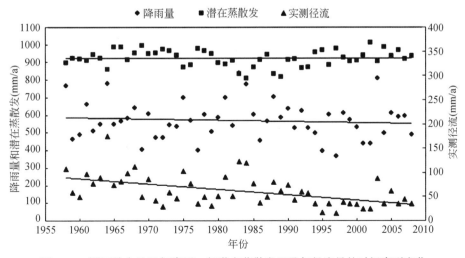

图 4-35 渭河关中地区年降雨、年潜在蒸散发以及年径流量的时间序列变化

采用 M-K 非参数检验法对渭河关中地区 51 年径流进行突变点分析。图 4-36 是对渭河关中地区年径流进行的 M-K 突变点检验结果，整个统计值的变化曲线显示了 UF 与 UB 接近 1990 年处出现了一个交点，这说明 1990 年是径流量在 0.05 显著性水平上突变的一个时间节点，径流量于 1990 发生了突变。

基于上述研究，采用原始和改进的气候弹性系数法定量区分气候变化和人类活动对渭河流域地表径流的影响，计算结果见表 4-12 和表 4-13。由表 4-12 和表 4-13 可知，渭河流域人类活动是导致地表径流变化的主要原因，其贡献率为 63% ~ 78%。

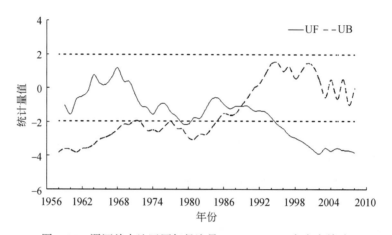

图 4-36　渭河关中地区历年径流量 Mann-Kendall 突变点检验

表 4-12　原始弹性系数法计算的气候变化和人类活动对径流的贡献率

时段	公式	P (mm)	E_0 (mm)	ε_p	ε_{E_0}	ΔR_C (mm)	ΔR_C (%)	ΔR_H (%)
1958 ~ 2008 年	Pike (1964)	569.3	923.1	2.77	−1.77	11.9	37	63
1958 ~ 2008 年	Zhang (2001)	569.3	923.1	2.58	−1.58	12.9	40	60

表 4-13　改进弹性系数法计算的气候变化和人类活动对径流的贡献率

时段	公式	P (mm)	E_0 (mm)	ε_p	ε_{E_0}	ε_H	ΔR_H (mm)	ΔR_C (%)	ΔR_H (%)
1958 ~ 2008 年	Pike (1964)	569.3	923.1	3.53	−2.16	−0.37	22.9	29	71
1958 ~ 2008 年	Zhang (2001)	569.3	923.1	3.89	−2.49	−0.40	24.9	22	78

（2）水文模型法应用

选取地表径流变化受人类活动影响较大的华北海滦河流域为研究区，用两种水文模型对其地表径流变化进行归因分析。

1）集总式 SIMHYD 水文模型。20 世纪 70 年代提出的 SIMHYD 模型是一个较为简单的概念性集总式水文模型（Chiew et al.，2002）。该模型计算过程中，由地表径流、壤中流和地下径流组成径流，模型计算时段可以是时、日或者月。模型的输入包括 3 个部分：流域潜在蒸散发量、逐时段降水量和实测径流量。该模型的一个突出优点是考虑了超渗产流和蓄满产流两种机制。

在给定流域多年平均尺度上，人类活动和气候因素不相同的两个独立时期内，多年平均径流的总变化可以用式（4-11）来估算：

$$\Delta Q_T = \overline{Q_O^2} - \overline{Q_O^1} \tag{4-11}$$

式中，ΔQ_T 为多年平均径流的总变化量；$\overline{Q_O^1}$ 和 $\overline{Q_O^2}$ 分别为模型预处理期和检验期的径流观测值。

两个独立时期内的多年平均径流总变化 ΔQ_T 是两个时期内的气候变化及人类活动对下垫面综合作用的结果，而其他因素所引起的非常小的反应，在这里作为系统误差存在。所以，多年平均径流的总变化可以描述为

$$\Delta Q_T = \Delta Q_C + \Delta Q_H + \Delta Q_B \tag{4-12}$$

$$\Delta Q_H = \overline{Q_O^2} - \overline{Q_T^2} \tag{4-13}$$

式中，ΔQ_C 为两个时期之间的气候变化所引起的多年平均径流的变化；ΔQ_H 为两个时期之间的人类活动所导致的多年平均径流的变化；ΔQ_B 为系统误差（这里可以忽略）；$\overline{Q_T^2}$ 为检验期的径流观测值的平均值。在模型模拟过程中，由于检验期间的径流模拟值是在保持气候变化影响与预处理期相同、没有变化的前提下计算出来的，因此式（4-13）能够体现人类活动对径流变化的贡献量，同样可以定量地计算出现气候变化对径流变化的影响程度。

2）分布式 SWAT 水文模型。SWAT（soil and water assessment tool）模型是美国农业部农业研究中心（USDA-ARS）于 20 世纪 90 年代初期研制开发的大、中尺度流域管理模型（Neitsch et al.，2000；Gassman et al.，2007），该模型具有较强的水文物理机制，能够在缺乏数据的地区进行模拟，适用于不同土壤类型及土地利用方式和管理条件的下垫面。相关研究已经验证了 SWAT 模型在海滦河流域的适用性（张利平 等，2011；王中根 等，2008），因此本研究采用 SWAT 分布式水文模型对流域水循环特征出现突变前后分别进行模拟，模拟时间尺度为月尺度。

水文模型的模拟效果分析采用 Nash-Sutcliffe（NS）效率系数（Nash and Sutcliffe，1970）、相对误差 ERR、相关系数 r 等。模型效率主要取决于 Nash-Sutcliffe 效率系数，它可以衡量模型模拟值与观测值之间的拟合度，Nash-Sutcliffe 系数越接近于 1，表明模型效率越高。相关系数可以评价实测值与模拟值之间数据的吻合程度，其值越小说明数据吻合程度越低。相对误差 ERR 可以评价总实测值与总模拟值之间的偏离程度，反映水量平衡的模拟效果。以预处理期模型作为测试期径流模拟的基础，对测试期进行水循环模拟，测试期间的实测径流与观测径流间的差值可以反映人类活动的影响，从而分离气候变化和人类活动的影响。

3）SWAT 模型及 SIMHYD 模型对流域水循环的模拟。根据突变点年份将序列划分为两个时期，即突变点前的预处理期和突变点后的测试期。由于海滦河流域的空间复杂性，因此利用 SIMHYD 和 SWAT 分布式水文模型分别模拟滦河、漳河的水文过程。

根据突变点分析结果以及资料情况，滦河预处理期为 1958～1998 年，漳河为 1958～1971 年，在预处理期进行模型的率定和检验，结果如图 4-37 所示，基于 SWAT 模型的滦县、观台站突变点前实测模拟径流对比如图 4-38，图 4-39 所示。

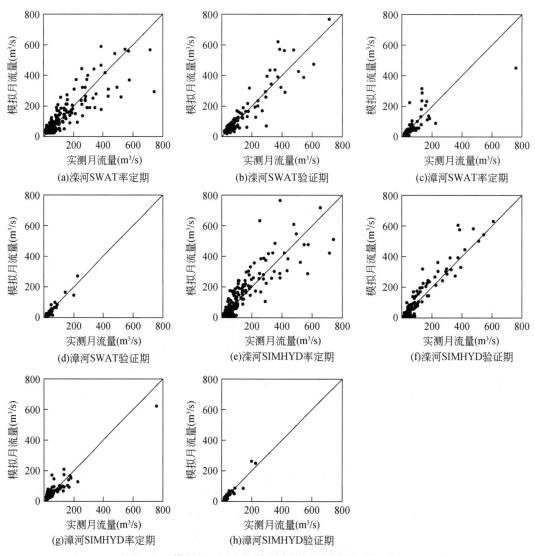

图 4-37　模型和 SIMHYD 模型在滦河及漳河的模拟效果

根据 SWAT 模型和 SIMHYD 模型月尺度模拟结果（表 4-14），除 SWAT 模型在漳河流域的率定期模拟效果稍微较差，为 64% 外，两个模型在滦河流域以及 SIMHYD 模型在漳河流域的径流模拟中效率系数都在 80% 以上，且两个分区模拟的相对误差都较小、相关系数高，在模拟时间序列的水量平衡分析中可靠度高。综上可见，模拟效果较好，为气候变化和人类活动的定量区分提供合理的基础。

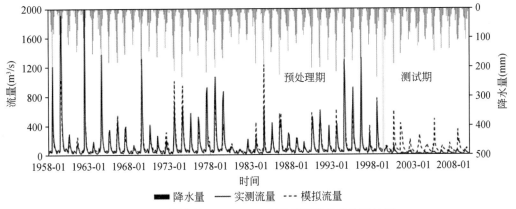

图4-38　滦县站1958～2009年实测模拟月径流对比图

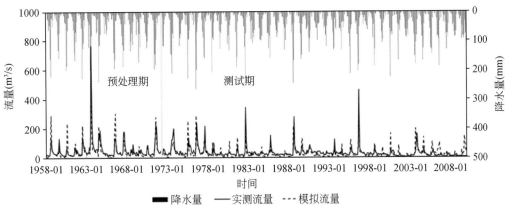

图4-39　观台站1958～2009年实测模拟月径流对比图

表4-14　SWAT 模型在海滦河流域两个典型分区年径流量模拟效果

模型	分区	突变年份	率定期	检验期	率定期			检验期		
					NS	ERR	r	NS	ERR	r
SWAT	滦河	1999	1958～1985 年	1986～1998 年	0.82	0.05	0.91	0.92	0.003	0.95
	漳河	1972	1958～1967 年	1968～1971 年	0.64	0.07	0.80	0.84	0.11	0.94
SIMHYD	滦河	1999	1958～1985 年	1986～1998 年	0.85	0.07	0.92	0.90	0.02	0.96
	漳河	1972	1958～1967 年	1968～1971 年	0.86	0.04	0.93	0.84	0.003	0.94

　　4）水文模拟法定量区分气候变化和人类活动的影响。根据突变分析结果，对各分区突变后时段分别进行 SWAT 和 SIMHYD 模拟，模拟时段为测试期，其中 SWAT 模型的模拟结果如图4-38，图4-39所示。测试期间的实测径流与观测径流间的差值反映了人类活动的影响。统计模拟结果的多年平均值见表4-15和表4-16，基于 SWAT 模拟结果，滦河流域人类活动对径流的影响占57.9%，气候变化占42.1%，在漳河流域人类活动影响占21.5%，气候变化占78.5%。基于 SIMHYD 模拟结果，滦河流域人类活动对径流的影响占

53.2%，气候变化占46.8%，在漳河流域人类活动影响占25.9%，气候变化占74.1%，两个模型的评估结果基本一致，同时该结果进一步证明滦河流域南北水系气候变化和人类活动对径流的影响程度存在差异。

表 4-15　预处理期与测试期多年平均实测模拟径流量 （单位：mm）

分区	时期	实测径流量	SWAT 模拟径流量	SIMHYD 模拟径流量
滦河	预处理期（1958～1998 年）	103.31	99.54	91.59
	测试期（1999～2009 年）	16.01	66.57	62.45
漳河	预处理期（1958～1971 年）	99.91	92.24	96.97
	测试期（1972～2009 年）	57.33	66.49	68.38

表 4-16　基于水文模拟法气候变化和人类活动对径流影响的定量区分

模型	分区	总变化（mm）	气候变化引起径流的减少（mm）	人类活动引起径流的减少（mm）	气候变化的影响百分比（%）	人类活动的影响百分比（%）
SWAT	滦河	87.30	36.74	50.56	42.1	57.9
	漳河	42.58	33.42	9.16	78.5	21.5
SIMHYD	滦河	87.30	40.86	46.44	46.8	53.2
	漳河	42.58	31.53	11.05	74.1	25.9

（3）统计学和水文模型综合应用

基于前文的研究基础，以窟野河为研究区，用气候弹性系数法和水文模型对窟野河地表径流变化进行归因分析。

1）径流变化的阶段性划分。降雨、蒸发和径流的变化趋势如图4-40所示。由 M-K 趋势分析可以得出，窟野河的径流变化存在两个突变点，突变时间约在1979年和1998年。据此，将研究阶段划分为3个时期：1960～1979年、1980～1998年、1999～2010年。年均径流呈现下降趋势，从1960～1979年的84.9mm下降至1980～1998年的58.2mm、1999～2010年的19.4mm，下降的相对比例分别达到-31.4%和-75.8%。而就年均降雨量而言，也是呈现下降趋势，从1960～1979年的432mm下降至1980～1998年的405mm、1999～2010年的372mm，下降的相对比例分别达到-6.3%和-13.9%。

2）气候变化和人类活动对河川径流量的定量分析。

基于水文模型的径流变化定量分析。汛期径流占黄河中游径流的大部分，因此，黄河流域径流的变化主要体现在汛期径流的变化。采用 HIMS 分布式暴雨洪水模型对人类活动影响部分和气候变化部分进行模拟评估，HIMS 是一个综合了大量概念性水文模型的综合系统（刘昌明等，2008），本研究模拟考虑了降水、截留、下渗、蒸发、产流和坡面汇流等多种水循环过程。产流是降雨径流模拟的关键，在产流计算中，采用刘昌明降雨入渗公式（Liu and Wang，1980），其参数通过小流域大量实测与人工降雨试验论证，兼顾了超渗与蓄满两种产流的主要因素，适用性强。具体分析方法如下。

洪峰流量（Q）可以表示为气候变量（C）和人类活动影响（H）的函数，洪峰流量

的变化可以表示为

$$\Delta Q = \Delta Q_C + \Delta Q_H \qquad (4\text{-}14)$$

式中，ΔQ 为洪峰流量的总变化；ΔQ_C 和 ΔQ_H 分别为气候变化和人类活动导致的径流变化。总的洪峰流量变化可以由 $\Delta Q = Q_{\text{obs},1} - Q_{\text{obs},2}$ 得到，其中 $Q_{\text{obs},1}$ 和 $Q_{\text{obs},2}$ 分别为突变点以前和以后的实测洪峰流量。

当采用 LCM 暴雨洪水模型时，气候变量 C，即为降雨输入，以 W 表征流域面积、土壤入渗特性等下垫面特征的模型参数，则径流表示为

$$Q = f(C, W) + \Delta\text{Error} \qquad (4\text{-}15)$$

式中，ΔError 为模型误差。

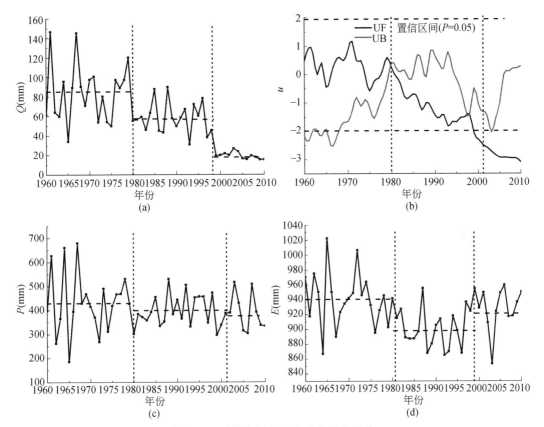

图 4-40 窟野河流域径流变化阶段划分

当保持天然期率定的模型参数不变（即 W 保持不变），以人类活动影响期的降雨输入 C_1 输入模型，即可求出气候变化对径流的影响。

$$\Delta Q_C = [f(C_1, W_0) + \Delta\text{Error}_1] - [f(C_0, W_0) + \Delta\text{Error}_0] \qquad (4\text{-}16)$$

当模型经过识别验证后满足精度要求，则可认为 $\Delta\text{Error}_1 \approx \Delta\text{Error}_0$，则式（4-16）可写为

$$\Delta Q_C = Q_{\text{sim},1} - Q_{\text{sim},2} \qquad (4\text{-}17)$$

式中，$Q_{sim,1}$ 和 $Q_{sim,2}$ 分别为突变点之前和之后的模拟洪峰流量。

当计算出气候变化对径流的影响之后，其余部分则归为人类活动的影响。

挑选流域出口站温家川站 1970~1976 年的 19 场典型场次作为模型的率定期，而 1977~1979 年的 15 场典型场次作为模型的验证期，对 HIMS 分布式暴雨洪水模型进行了识别与验证，认为模型能满足模拟的要求。

对洪峰流量和总量的影响。以 2004 年和 2008 年的两场典型场次的洪水为例，保持天然期率定的模型参数不变，以 2004 年和 2008 年的降雨作为输入，模拟得到的场次洪水如图 4-41 所示。

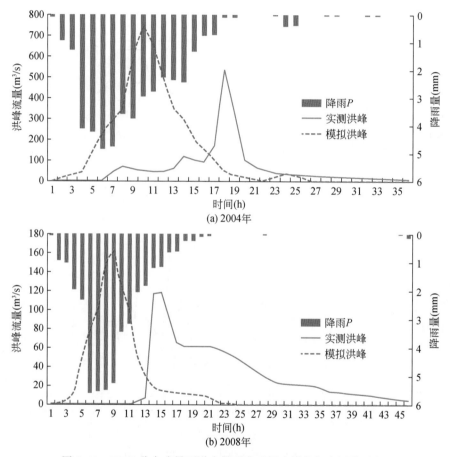

图 4-41　HIMS 分布式暴雨洪水模型典型场次模拟与实测值对比

由图 4-41 可知，就洪峰流量而言，实测值比模拟值明显要小，减少比例为 15%~25%；就洪水总量而言，模拟值比实测值略高；就洪水过程线而言，模拟值相对尖瘦，前端随着降雨量起涨较快，而后端退水段也较快，模拟值相对实测值有陡涨陡落的趋势；而就洪水上涨历时而言，实测值比模拟值落后约为 2h，甚至更长的时间。

综上可以推出，由于下垫面条件的变化，植被覆盖度提高明显，这对于流域的洪水过程的坦化具有明显的作用，植被变化对于洪水三要素的改变影响较为明显。

对不同径流成分的影响。根据图 4-41 还可知，若以直线方法分割洪水过程线，得出壤中流和基流部分的径流成分，可知实测径流的壤中流和基流部分所占的比例明显高于模拟值，并且模拟值的退水段的过程相对模拟值退水部分明显偏长，说明经过流域调蓄后，壤中流和基流部分的出流较为明显，时间过程较长。

水文模拟法评价结果。根据已经掌握的水文气象资料，成功构建了窟野河的日尺度的 HIMS 分布式水文模型。将逐日结果在年尺度上进行归总，模型模拟的过程线如图 4-42 所示，结果见表 4-17。

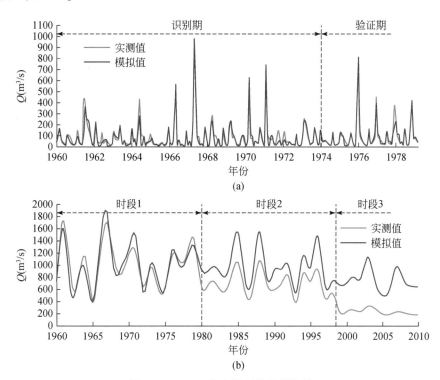

图 4-42　HIMS 水文模型的模拟效果

表 4-17　HIMS 水文模型计算成果表

时段	Q（mm）	ΔQ（mm）	Q_{sim}（mm）	ΔQ_C		ΔQ_H	
				量值（mm）	比例（%）	量值（mm）	比例（%）
I	84.9	—	82.8	—	—	—	—
II	58.3	−26.6	72.6	−10.2	38.3	−16.4	61.7
III	19.4	−65.5	74.5	−8.3	12.7	−57.2	87.3

由表 4-17 的计算结果可知，由 HIMS 模型模拟的结果显示，人类活动也是窟野河流域径流变化的主要因素。其中，第二时段（即第一个变化时期）气候变化和人类活动对径流减少的相对贡献率分别为 38.3% 和 61.7%；第三时段（即第二个变化时期）气候变化和人类活动对径流减少的相对贡献率分别为 12.7% 和 87.3%。

4.3 中国东部季风区未来气候变化情景模拟

4.3.1 CLM-DTVGM 模拟的未来 20~30 年我国水循环要素变化格局

利用陆地水循环模拟系统 CLM-DTVGM 及选取国家气候中心发布的 CMIP5 计划中的 RCP2.6、RCP4.5 和 RCP8.5 未来气候强迫数据，选用中国科学院大气物理研究所 LASG 开发的 GCM 的 FGOALS-g2 版本，对 2015~2050 年陆地水循环过程进行模拟分析。网格数为 60×128（纬度格点数×经度格点数），数据长度为 1850.1~2100.12，包括历史实验和未来模拟。

温室气体排放情景，是对未来气候变化预估的基础。新一代温室气体排放情景称为"典型浓度目标"（representative concentration pathways，RCPs）。本研究选取 RCP8.5、RCP4.5 及 RCP2.6 3 种情景对主要水循环要素进行预估，3 种情景见表 4-18。RCP8.5 是最高温室气体排放情景，该情景假定人口最多、技术革新率不高、能源改善缓慢、收入增长较缓，从而造成长时间高能源需求和温室气体排放。RCP4.5 情景考虑了与全球经济框架相适应的、长期存在的全球温室气体和生存期短的物质排放，以及土地利用/陆面变化。模式的改进包括历史排放及陆面覆被信息，遵循用最低代价达到辐射强迫目标的途径。RCP2.6 是把全球平均温度上升限制在 2℃ 之内的情景。无论从温室气体排放还是从辐射强迫看，这都是最低端的情景。

表 4-18 典型浓度目标

情景	描述
RCP8.5	辐射强迫上升至 8.5W/m², 2100 年 CO_2 当量浓度达到约 1370ppm
RCP4.5	辐射强迫上升至 4.5W/m², 2100 年后 CO_2 当量浓度稳定在约 650ppm
RCP2.6	辐射强迫在 2100 年之前达到峰值，到 2100 年下降到 2.6W/m², CO_2 当量浓度峰值约 490ppm

4.3.1.1 中国东部季风区

(1) 3 种温室气体排放情景下中国东部季风区年平均径流深时空特征

基于 3 种排放情景，分析 2015~2050 年中国东部季风区年平均径流深空间分布，如图 4-43 所示。图 4-43 表明，3 种情景下中国东部季风区年平均径流深空间变化趋势基本一致，均表现为西藏、四川盆地、三江平原和珠三角地区偏高，其他地区偏低。

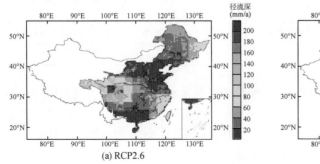
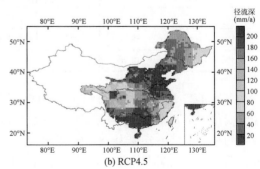

(a) RCP2.6　　　　　　　　　(b) RCP4.5

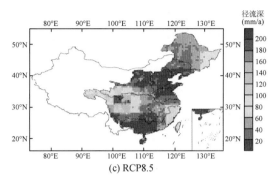

(c) RCP8.5

图 4-43　未来不同情景下中国东部季风区年平均径流深空间分布

中国东部季风区多年平均径流深在未来 3 种情景下的空间差异如图 4-44 所示，当温室气体排放浓度增加时，径流深呈增加趋势，主要位于辽河、海河、黄河流域以及长江中游地区。相比于 RCP2.6、RCP4.5 情景下，松花江、珠江以及东南诸河的径流呈减小趋势，而到 RCP8.5 情景时，辽河流域径流有所减小，珠江流域径流有所增加。

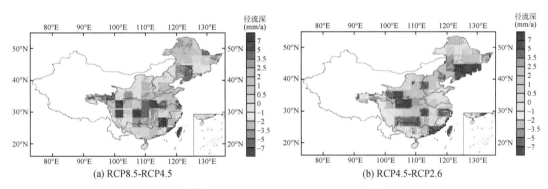

(a) RCP8.5-RCP4.5　　　　　　　　　　　　　　(b) RCP4.5-RCP2.6

图 4-44　不同情景间中国东部季风区多年平均径流深空间差异

对比未来 3 种排放情景间中国东部季风区逐月的日均径流过程，如图 4-45 所示。图 4-45 表明，2015～2050 年日均径流深均呈微弱下降趋势，与多年平均径流量相比，日均径流没有明显的大小关系，总体趋势较为一致，可见温室气体排放对径流变化有一定影响但是影响不显著。

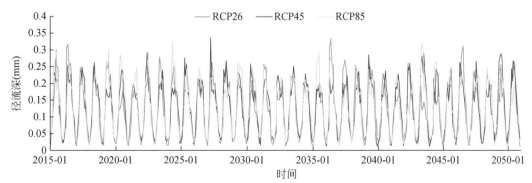

图 4-45　中国东部季风区 3 个情景日平均径流过程对比

（2）3 种温室气体排放情景下中国东部季风区年均蒸散发时空特征

图 4-46 表明，3 种排放情景下中国东部季风区年均蒸散发空间变化规律基本一致，呈现由西北向东南逐渐增加的趋势。

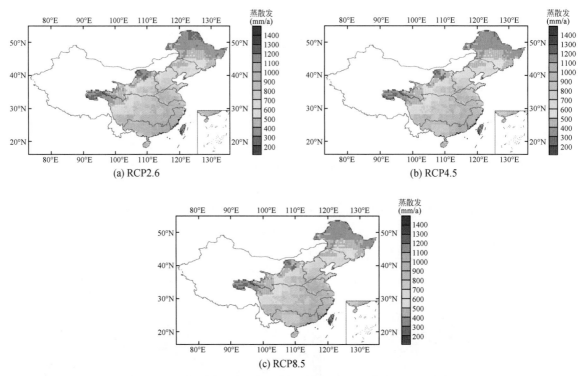

图 4-46　未来不同情景下中国东部季风区年平均蒸散发空间分布图

中国东部季风区多年平均蒸散发在未来 3 种情景下的空间差异如图 4-47 所示，当温室气体排放浓度增加时，蒸散发呈增加趋势，且主要位于辽河、海河、黄河流域以及长江中游地区。相比于 RCP2.6、RCP4.5 情景下，珠江流域的蒸散发显著减少，而当排放浓度继续增加到 RCP8.5 情景时，珠江流域蒸散发又有所回升。

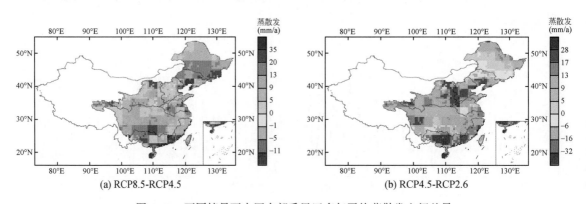

图 4-47　不同情景下中国东部季风区多年平均蒸散发空间差异

分析未来 3 个排放情景下中国东部季风区逐月的日均蒸散发过程如图 4-48 所示。图 4-48 表明，2015~2050 年日均蒸散发波动较大。3 种排放情景下的蒸散发变化基本一致，可见温室气体排放对蒸散发变化有一定影响但是影响不显著。

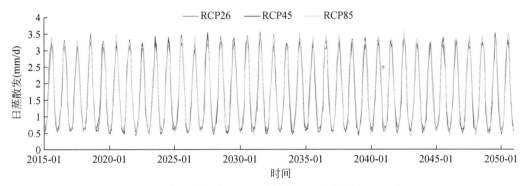

图 4-48　中国东部季风区 3 个情景日平均蒸散发过程对比

（3）3 种温室气体排放情景下中国东部季风区年均土壤湿度时空特征

基于 3 种温室气体排放情景，分析 2015~2050 年中国东部季风区多年平均土壤湿度空间分布如图 4-49 所示。图 4-49 表明，RCP2.6、RCP4.5 和 RCP8.5 3 种情景下中国东部季风区土壤湿度空间分布基本一致，阈值区间为 $0.2~0.6\,mm^3/mm^3$，其中新疆、内蒙古及广西部分地区土壤湿度均小于中国东部季风区平均值。

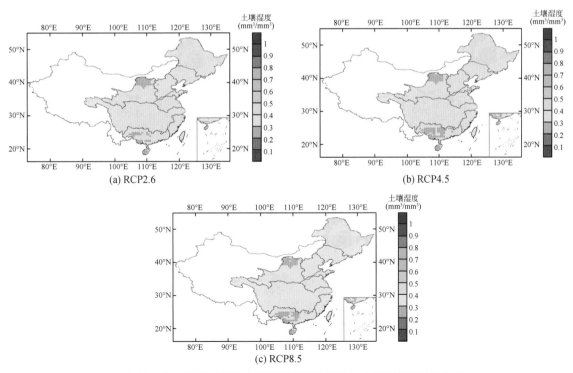

图 4-49　未来不同情景下中国东部季风区年平均土壤湿度空间分布图

中国东部季风区多年平均土壤湿度在未来 3 种情景下的空间差异如图 4-50 所示，相比于 RCP2.6、RCP4.5 情景下，土壤湿度呈增加趋势，且主要位于辽河、海河、黄河流域以及长江中游地区，而珠江流域、东南诸河以及黑龙江北部地区的土壤湿度显著减小。当温室气体排放浓度继续增加到达 RCP8.5 情景时，珠江流域土壤湿度有所回升，而黄河、长江流域上游以及东北地区的土壤湿度显著减小。

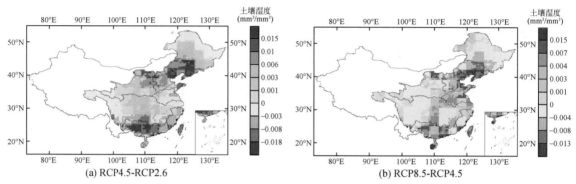

图 4-50   不同情景下中国东部季风区多年平均土壤湿度空间差异

从时间角度分析，3 种温室气体排放情景下，2015～2050 年中国东部季风区逐月的日平均土壤湿度如图 4-51 所示。图 4-51 表明，中国东部季风区日平均土壤湿度波动较大，且存在一定周期性。总的来看，2035 年以后土壤湿度变化较 2035 年以前平缓，且表现出微弱降低的过程。RCP2.6、RCP4.5 及 RCP8.5 并不存在明显的差异关系，但总体变化略有差异，可见温室气体排放对土壤湿度有一定的影响，但不显著。

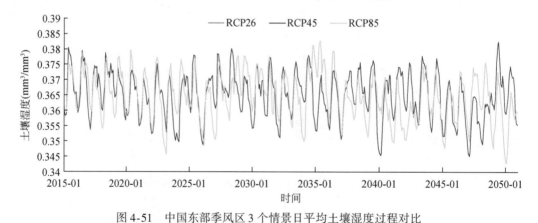

图 4-51   中国东部季风区 3 个情景日平均土壤湿度过程对比

4.3.1.2   海河流域

（1）RCP2.6 排放情景下海河流域水循环要素时空变化特征

1）径流深。基于 RCP2.6 温室气体排放情景，重点分析 2015～2050 年 3 种情景下海河流域多年平均径流深空间分布，如图 4-52 所示。图 4-52 表明，S2 和 S3 情景下多年平均径流深空间分布基本相同，多年平均径流深均自北向南逐渐增大。而 S1 情景下与 S2、

S3 情景正好相反，其多年平均径流深自北向南逐渐减小。

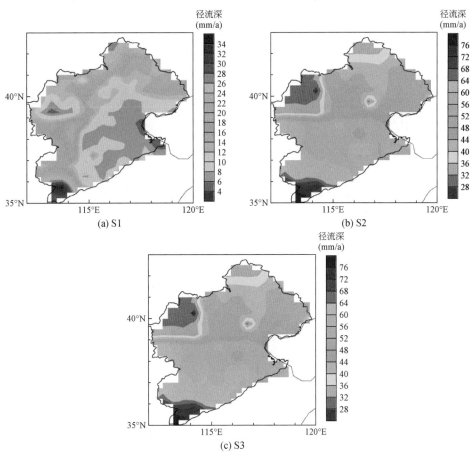

(a) S1

(b) S2

(c) S3

图 4-52　RCP2.6 下海河流域 3 种情景年平均径流深空间分布

从时间上分析，RCP2.6 情景下 S1、S2、S3 3 种情景的海河流域逐月的日均径流深过程如图 4-53 所示。图 4-53 表明，2015～2050 年日均径流深波动较大，其中 S3>S2>S1。说明开采地下水和区域调水对径流影响显著。

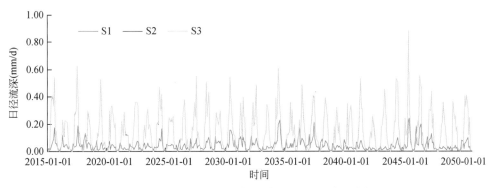

图 4-53　RCP2.6 下海河流域 3 种情景下日平均径流深对比

2）蒸散发。由图4-54可以看出，S1、S2和S3情景下海河流域多年平均蒸散发空间变化基本一致，自东北向西南逐渐增大。但S1模式下多年平均蒸散发量的增大范围要远远高于S2和S3模式。

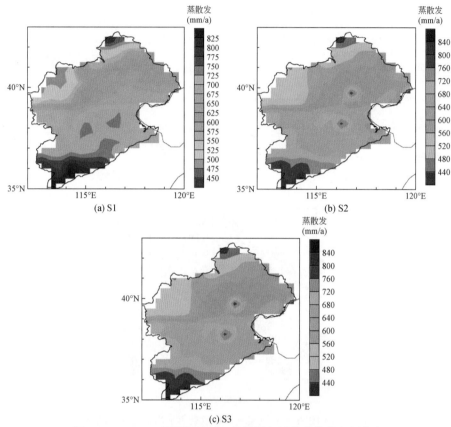

(a) S1　　　　　　　　　　　　(b) S2

(c) S3

图4-54　RCP2.6下海河流域3种情景年平均蒸散发空间分布

分析RCP2.6温室气体排放情景下S1、S2、S3 3种情景海河流域逐月的日均蒸散发过程，如图4-55所示。图4-55表明，2015～2050年海河流域日均蒸散发波动较大。对比3种模式发现，蒸散发过程比较一致，其中S1>S3>S2。开采地下水和跨流域调水对蒸散发影响不大。

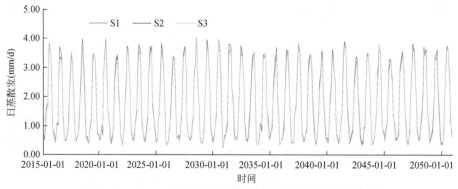

图4-55　RCP2.6下海河流域3种情景下日平均蒸散发过程

3）土壤湿度。基于 RCP2.6 温室气体排放情景下，2015～2050 年 3 种情景下海河流域多年平均土壤湿度空间分布如图 4-56 所示。图 4-56 表明，S2 和 S3 年平均土壤湿度空间分布基本一致，均表现为山区高平原低。而 S1 最大值分布在西南地区，最低值分布在西北地区，阈值区间变化较 S2 和 S3 不明显。

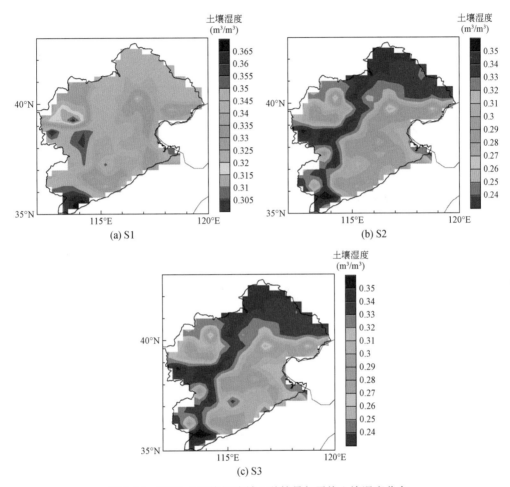

图 4-56　RCP2.6 下海河流域 3 种情景年平均土壤湿度分布

从时间上分析，海河流域日均土壤湿度过程如图 4-57 所示。图 4-57 表明，2015～2050 年日均土壤湿度波动较大，且呈逐渐增大的趋势。对比 3 种情景发现，S2 和 S3 年均土壤湿度趋势基本一致，且有 S1>S3>S2，可见开采地下水和跨流域调水对土壤湿度影响较大。

（2）RCP4.5 排放情景下海河流域水循环要素时空变化特征

1）径流深。统计 RCP4.5 温室气体排放情景下，分析 2015～2050 年 3 种情景下海河流域多年平均径流深空间分布，如图 4-58 所示。图 4-58 表明，S1 和 S2 情景下的径流深空间分布一致，均为自北向南逐渐增大，其最大值位于西南地区。S3 空间分布特征与 S1/S2 正好相反，表现为自北向南逐渐减小，但径流深最大值也在西南地区。

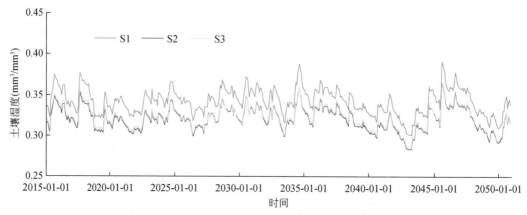

图 4-57　RCP2.6 典型浓度下海河流域 3 种情景下日平均土壤湿度分布图

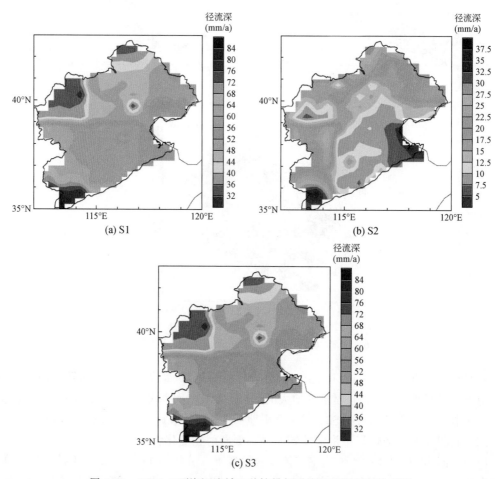

图 4-58　RCP4.5 下海河流域 3 种情景年平均径流深空间分布图

从时间上分析，海河流域多年逐月的日平均径流深变化如图 4-59 所示。由图 4-59 可以看出，2015～2050 年海河流域多年均径流深波动较大，但总趋势不明显。对比 3 种情景发现，S3>S2>S1。可见，开采地下水和跨流域调水对径流量影响较大。

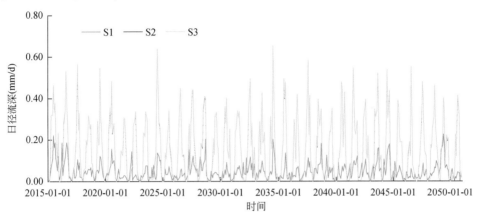

图 4-59　RCP4.5 下海河流域 3 种情景下日平均径流深分布图

2）蒸散发。基于 RCP4.5 温室气体排放情景下，分析 2015～2050 年 3 种情景海河流域多年平均蒸散发空间分布，如图 4-60 所示。由图 4-60 可以看出，S1、S2 和 S3 情景下海河流域年平均蒸散自北向南逐渐增大，其最大值与最小值相差近 400mm。

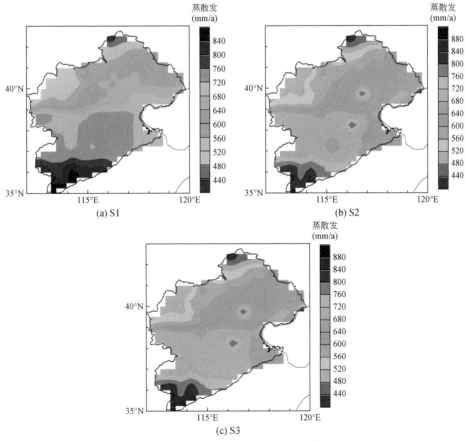

图 4-60　RCP4.5 下海河流域 3 种情景年平均蒸散发空间分布

从时间上分析，S1、S2、S3 三种情景下海河流域日均蒸散发过程如图 4-61 所示。2015～2050 年海河流域多年均蒸散发波动较大，且有微弱的减小趋势。对比 3 种情景发现，多年平均蒸散发变化基本一致，其中 S1>S3>S2。开采地下水和跨流域调水对蒸散发影响不大。

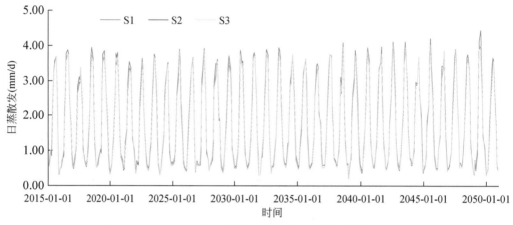

图 4-61　RCP4.5 下海河流域 3 种情景下日平均蒸散发分布图

3）土壤湿度。统计 RCP4.5 温室气体排放情景下，2015～2050 年 3 种情景下海河流域多年平均土壤湿度空间分布，如图 4-62 所示。S2 和 S3 模式下海河流域年平均土壤湿度空间分布特征基本一致，均表现为中间高两边低，S1 模式则正好相反，且最低值位于山区。

从时间上分析，RCP4.5 温室气体排放情景下，S1、S2、S3 三种情景海河流域逐月的日均土壤湿度过程，如图 4-63 所示。2015～2050 年年均土壤湿度波动较大，2025 年之前土壤湿度逐渐减小，2025 年之后其波动范围保持均衡，变化趋势不明显。对比 3 种情景结果发现，S1>S3>S2。可见，开采地下水和跨流域调水对土壤湿度影响较大。

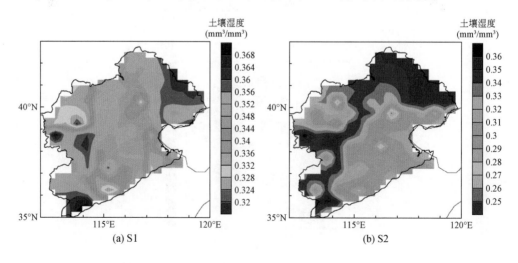

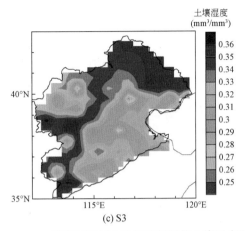

(c) S3

图 4-62　RCP4.5 下海河流域 3 种情景年平均土壤湿度空间分布

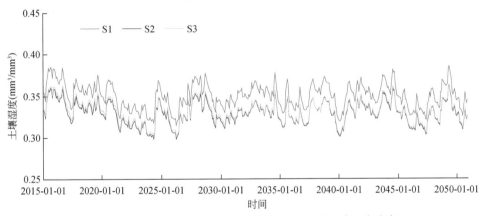

图 4-63　RCP4.5 下海河流域 3 种情景下日平均土壤湿度分布

（3）RCP8.5 排放情景下海河流域水循环要素时空变化特征

1）径流深。基于 RCP8.5 情景下，2015～2050 年 3 种情景海河流域多年平均径流深空间分布如图 4-64 所示。图 4-64 表明，S2 和 S3 模式下年平均径流深空间分布基本一致，均表现为自北向南逐渐增大，S1 模式正好相反，多年径流深低值区相对 S2、S3 而言更为集中。

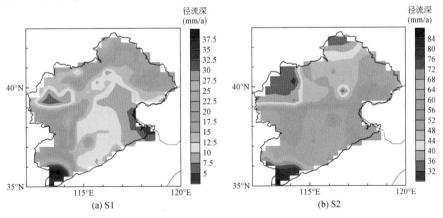

(a) S1　　　　　　　　　　　　　(b) S2

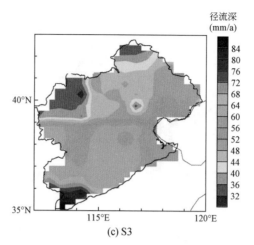

(c) S3

图 4-64　RCP8.5 下海河流域 3 种情景年平均径流深空间分布

从时间上看，RCP8.5 情景下 S1、S2、S3 3 种模式的海河流域日均径流深过程如图 4-65 所示。由图 4-65 可以看出，2015～2050 年年均径流深波动较大。对比 3 种模式发现，S2 和 S3 模式下径流深变化基本一致，远远大于 S1，且 S3>S2>S1。可见，开采地下水和跨流域调水对径流量影响较大。

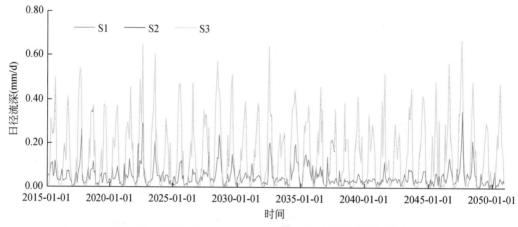

图 4-65　RCP8.5 下海河流域 3 种情景下日平均径流深分布

2）蒸散发。依据 RCP8.5 温室气体排放情景，分析 2015～2050 年 3 种模式下海河流域多年平均蒸散发空间分布，如图 4-66 所示。图 4-66 表明，3 种模式下年均蒸散发纵向分布特征明显，自北向南逐渐增大，其中最高值与最低值相差约为 360mm。

从时间上分析，RCP8.5 情景下 S1、S2、S3 3 种模式的流域日均蒸散发过程如图 4-67 所示。由图 4-67 可以看出，2015～2050 年日均蒸散发波动较大。对比 3 种模式下蒸散发值可以看出，蒸散发过程呈现一致的变化性。开采地下水和跨流域调水对蒸散发影响不大。

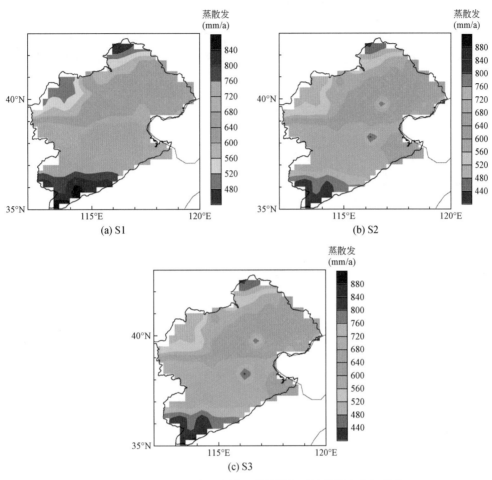

图 4-66　RCP8.5 下海河流域 3 种情景年平均蒸散发空间分布

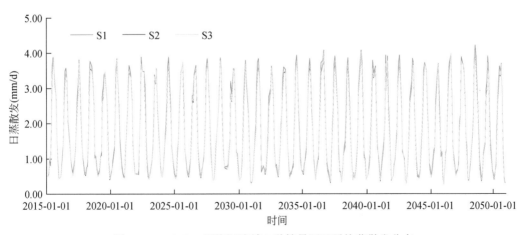

图 4-67　RCP8.5 下海河流域 3 种情景下日平均蒸散发分布

3）土壤湿度。基于 RCP8.5 情景，分析 2015～2050 年 3 种情景下海河流域多年平均土壤湿度空间分布如图 4-68 所示。图 4-68 表明，S2 和 S3 情景下年平均土壤湿度空间分布基本一致，且发生了较大变化，均表现为中间高两端低。S1 则自北向南逐渐增大。

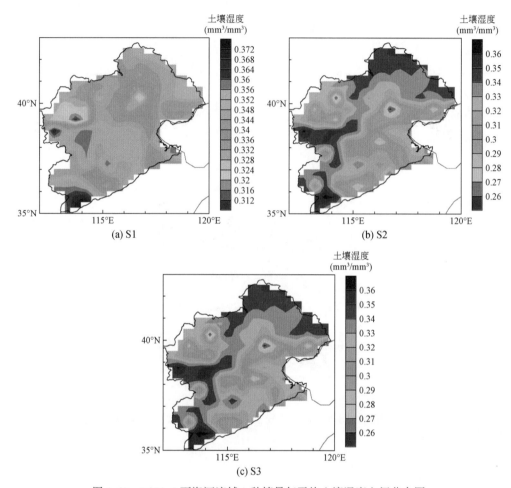

图 4-68　RCP8.5 下海河流域 3 种情景年平均土壤湿度空间分布图

从时间上分析，RCP8.5 情景下 S1、S2、S3 3 种模式的流域日均土壤湿度过程如图 4-69 所示。由图 4-69 可以看出，2015～2050 年年均土壤湿度波动较大，变化趋势不明显，且 S1>S3>S2。开采地下水和跨流域调水对土壤湿度影响较大。

4.3.2　CMIP5 模式对东部季风区 2007～2059 年气候变化的预估

对于东部季风区未来气候的变化情景，本研究主要使用了两种方法进行预估。第一种利用了国际耦合模式比较计划 CMIP5（Taylor and Stouffer，2012）的数据，利用多模式集合平均的结果对东部季风区 2007～2059 年的气候变化进行了预估；第二种则是利用

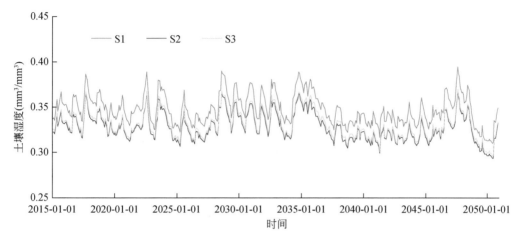

图 4-69 RCP8.5 下海河流域 3 种情景下日平均土壤湿度分布图

CMIP5 模式作为背景场，使用区域气候模式进行动力降尺度得到的高分辨率结果对未来气候变化作出预估。在本节给出 CMIP5 模式集合平均的结果和分析，在 4.3.3 则给出使用区域气候模式动力降尺度的结果。

　　研究使用了 CMIP5 中的 BCC-CSM1.1、CanESM2、FGOALS-g2 和 GFDL-ESM2G 这 4 个模式的模拟结果。有关的模式信息见表 4-19。

表 4-19　选用的 CMIP5 模式的有关信息

研究机构	模型	模式	分辨率
中国气象局国家气候中心	BCC-CSM1.1	Beijing Climate Center, Climate system Model, version1.1	128×64
加拿大气候模式与分析中心	CanESM2	Second Generation Canadian Earth System Model	256×128
中国科学院大气物理研究所大气科学和地球流体力学数值模拟国家重点实验室	FGOALS-g2	Flexible Global Ocean-Atmosphere-Land System Model, gridpoint version 2	128×60
美国地球物理动力学实验室	GFDL-ESM2G	Geophysical Fluid Dynamics Laboratory Earth System Model with GOLD ocean component	144×90

　　未来情景则使用 CMIP5 中提供的 RCP2.6、RCP4.5 和 RCP8.5 分别作为低排放情景、中排放情景和高排放情景，模拟的时段则是 2007～2059 年共 53 年。而研究的变量则选用了近地表空气温度 tas、降水量 pr 和潜热通量 hfls（即蒸散发量）。为了进行多模式集合平均，将不同模式的模拟结果插值到较高分辨率 0.5°×0.5° 上，再对所有模式取集合平均。

4.3.2.1　未来 3 个情景下多模式集合气温及其变化

　　图 4-70 是 CMIP5 模式集合模拟的中国地区 2007～2059 年夏季近地表气温的气候态值及其增长趋势的空间分布，阴影部分是温度变化趋势通过了置信度为 95% 的显著性检验的区域。由图 4-70 可知，在未来 3 个排放情景下，东部季风区的气温分布都是北方较低而南方较高，气温最低的区域在黑龙江和内蒙古的北部，夏季的平均气温为 20℃ 以下，气温

最高的区域在台湾岛和海南岛，夏季平均气温超过27℃。温室气体的排放对于东部季风区温度分布的格局影响不大。不过从右边的温度增长趋势来看，东部季风区的气温对于温室气体的排放比较敏感，并且不同区域敏感性不同。在低排放情景RCP2.6下，几乎所有区域都没有显著的变化趋势，只有西南和华北的部分地区检测出了统计上显著的温度变化趋势。在中排放情景RCP4.5下，长江以北的区域几乎全部有显著的升温趋势，其中升温最明显的是东北地区和陕西南部区域，升温趋势为每10年0.33℃以上，而在长江以南地区，则几乎没有检测出温度变化的趋势。在高排放情景RCP8.5下，除了海南岛和台湾岛之外的所有区域都检测出了很强的温度增长趋势，都在每10年0.37℃以上（事实上，东北以及中国中部地区增温趋势达到了每10年0.5℃）。由此可见，东部季风区未来的夏季气温对于温室气体排放的敏感性很大，有很明显的正相关关系，并且在东北和中部地区敏感性较高，而南方地区敏感性相对较弱。

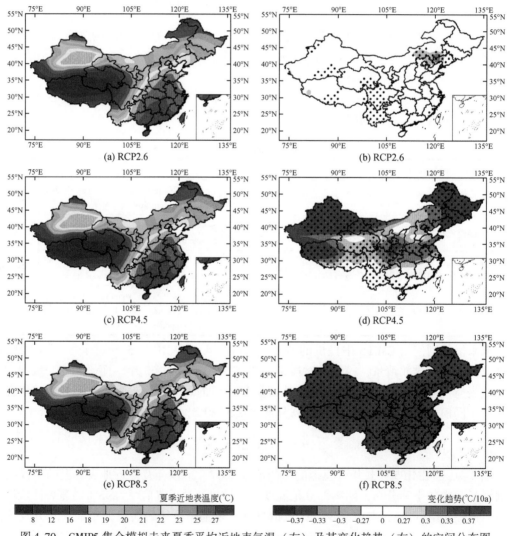

图4-70　CMIP5集合模拟未来夏季平均近地表气温（左）及其变化趋势（右）的空间分布图

　　图 4-71 是 CMIP5 集合模拟的中国 2007 ~ 2059 年冬季近地表气温的气候态平均及其变化趋势的空间分布。由图 4-71 可知，未来中国冬季气温在 3 个排放情景下的空间分布格局大体相似，依然是北方较低，南方较高，东部季风区的最北部，冬季气温达到 –19℃以下，而在南部沿海地区，冬季气温在 9℃以上。温度变化趋势对温室气体排放较为敏感，在排放情景 RCP2.6 下，几乎整个东部季风区都没有显著的温度变化趋势，只有江西和福建在统计上有显著的变化趋势。在中排放情况 RCP4.5 下，东北地区有显著的变化趋势，特别是东北北部地区，冬季气温的增长趋势达到了每 10 年 0.36℃以上，华北地区温度增长趋势最低，每 10 年在 0.27℃以下，而南方地区温度增长趋势为每 10 年 0.3℃左右。高排放情景下，几乎整个东部季风区冬季都有很强的温度增长趋势，绝大多数地区超过了每 10 年 0.36℃。总体而言，冬季气温如同夏季气温一样，对温室气体排放有较强的敏感性，温室气体排放越高，冬季温度增长越快。其中东北地区的敏感性最高，而华北地区的敏感性相对较低。

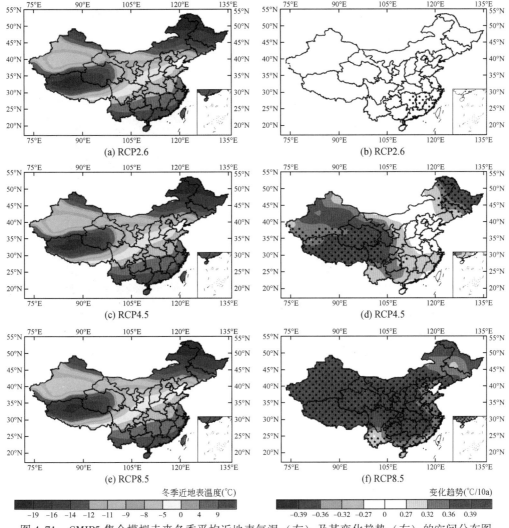

图 4-71　CMIP5 集合模拟未来冬季平均近地表气温（左）及其变化趋势（右）的空间分布图

图 4-72 是 CMIP5 多模式集合模拟的中国 2007～2059 年多年平均气温及其变化趋势的空间分布。由图 4-72 可知，与夏季气温和冬季气温相似，东部季风区未来气温的空间分布在不同排放情景下基本相同，气温最低的东北北部年均气温在−4℃以下，气温最高的南方沿海以及海南岛和台湾岛，年均温度在 18℃以上。在 RCP2.6 情景下，东部季风区除了西南外都没有统计上显著的增长趋势，在中排放情景和高排放情景下，东部季风区全部地区都有明显的增温趋势，且东北和中国中部地区增温幅度最大。

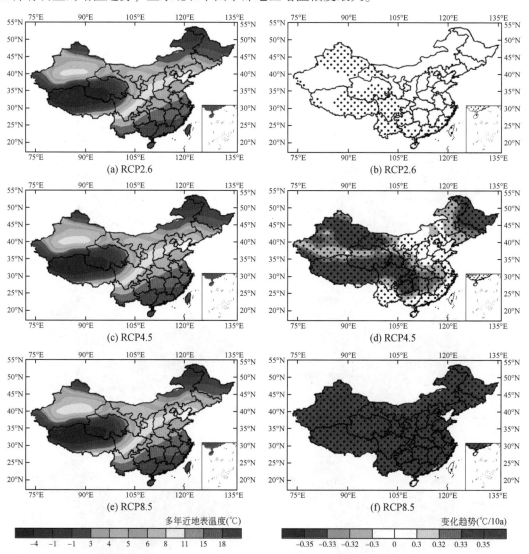

图 4-72　CMIP5 集合模拟未来多年平均近地表气温（左）及其变化趋势（右）的空间分布图

4.3.2.2　未来 3 个情景下多模式集合降水及其变化

图 4-73 是 CMIP5 模式集合模拟的中国 2007～2059 年夏季降水量的气候态值及其变化趋势的空间分布。由图 4-73 可知，在未来 3 个排放情景下，我国的夏季降水分布基本上比较一

致，大体上是北方降水较少，南方降水较多。相比西部地区，东部季风区的降水量还是普遍较高，最少的内蒙古和东北北部地区，夏季降水量为270~370mm，而且降水较为充沛的南方地区，降水量普遍都在400mm以上，在西南的部分地区以及海南岛和台湾岛，夏季降水量都超过了500mm。从夏季降水量的变化趋势上看，降水对于温室气体的敏感性比温度小很多，在所有3个排放情景下，东部季风区所有区域都没有通过置信度为95%的显著性检验。不过仍然可以看出，在3个排放情景下，中国的中部偏西南地区，夏季降水都有减少的趋势，并且这种趋势随着温室气体的排放而增强，在高排放情景下，降低趋势达到了每10年6mm以上。而在中排放情景和高排放情景下，中国北方地区和南方沿海地区都有夏季降水增长的趋势，多数区域达到了每10年6mm以上。总体而言，中国东部季风区夏季降水对于温室气体浓度不敏感，但是北方和南方沿海区域，随着温室气体排放越多，降水量增长趋势也越明显，而中部地区和西南地区，降水减少趋势明显。造成这种变化趋势的原因也许是由于温室气体排放使温度升高，从而影响了大气环流，导致降水量的分布产生了变化。

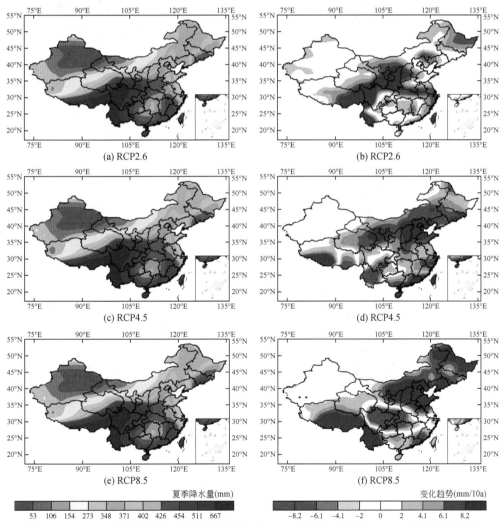

图 4-73　CMIP5 集合模拟未来夏季平均降水量（左）及其变化趋势（右）的空间分布图

图 4-74 是 CMIP5 集合模拟的未来 3 个排放情景下中国冬季降水量的气候态平均及其变化趋势的空间分布，由图 4-74 可知，相比夏季，东部季风区的冬季降水普遍减少很多，在北方内蒙古冬季降水不足 40mm，而在南方冬季降水普遍在 130mm 以上，并且 3 个排放情景下降水气候态分布几乎一致。与夏季降水相同，冬季降水的变化趋势也不显著。3 个排放情景下，除了南方的部分地区，东部季风区绝大多数区域在未来的冬季降水都有上升趋势，不过趋势不大，大多数地区都在每 10 年 3mm 以下，并且随着温室气体浓度变化，趋势变化并没什么明显的规律。可见，冬季降水对于温室气体的敏感性较小。

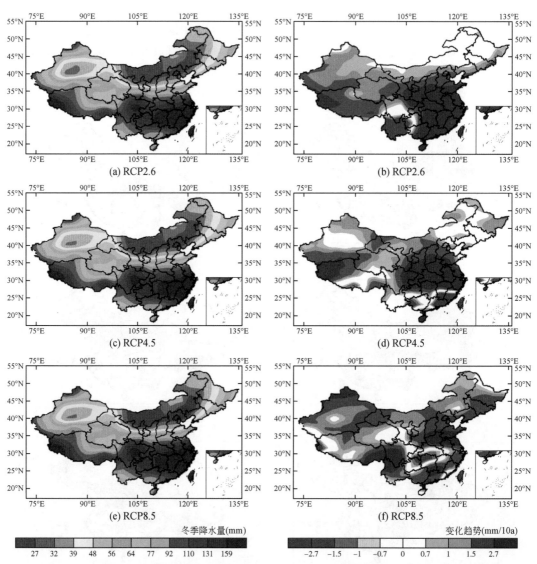

图 4-74 CMIP5 集合模拟未来冬季平均降水量（左）及其变化趋势（右）的空间分布图

图 4-75 是 CMIP5 集合模拟的中国未来 50 年年降水量的气候态平均及其变化趋势的空间分布。由图 4-75 可知，与夏季和冬季一致，全年降水也是"南多北少"，南方湿润区降

水量达到每年 1300mm 以上，而北方内蒙古半干旱区，年降水量只有 300～600mm。降水量的变化趋势不显著，但是在中高排放情景下，绝大多数地区都有每 10 年 10mm 以上的降水增长，而高排放情景下的中国中部区域，有每 10 年 10mm 以上的降水减少趋势。总体而言，年降水量对温室气体的排放不敏感。

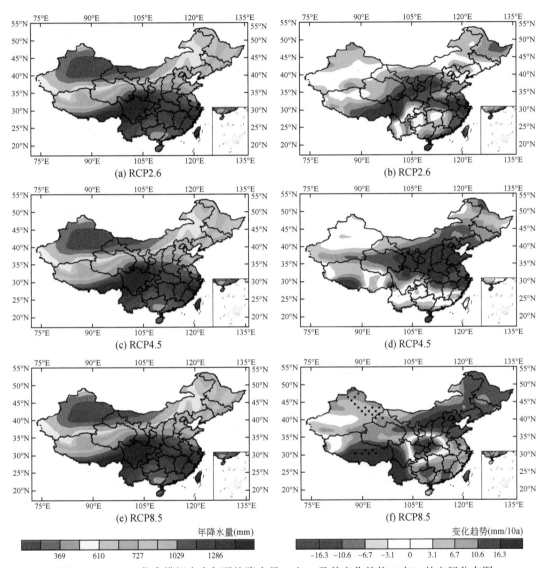

图 4-75　CMIP5 集合模拟未来年平均降水量（左）及其变化趋势（右）的空间分布图

4.3.2.3　未来 3 个情景下多模式集合蒸散发及其变化

图 4-76 是 CMIP5 集合模拟的中国 2007～2059 年夏季蒸散发量及其变化趋势的空间分布。由图 4-76 可知，东部季风区的夏季蒸散发量对全国而言普遍较高，几乎超过了 280mm，中国中部地区超过了 320mm，不同排放情景下蒸散发的空间分布大致相似。蒸散

发未来在北方地区增加较多，多数区域每 10 年增长 4mm 以上，3 个排放情景区别不明显，在东北有部分地区通过了显著性检验，并且没有蒸散发下降的区域。造成蒸散发增加的原因有两方面，一方面由于温室气体导致温度上升，所以蒸散发增加。另一方面，由于未来东部季风区多数地区的降水也有增加，使得水分更为充沛，也会导致蒸散发上升。

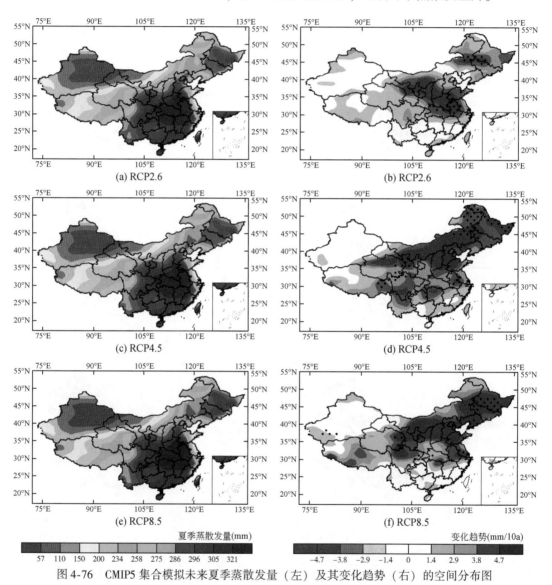

(a) RCP2.6 (b) RCP2.6

(c) RCP4.5 (d) RCP4.5

(e) RCP8.5 (f) RCP8.5

夏季蒸散发量(mm)

57 110 150 200 234 258 275 286 296 305 321

变化趋势(mm/10a)

−4.7 −3.8 −2.9 −1.4 0 1.4 2.9 3.8 4.7

图 4-76　CMIP5 集合模拟未来夏季蒸散发量（左）及其变化趋势（右）的空间分布图

图 4-77 是 CMIP5 集合模拟的中国未来 50 年的冬季蒸散发量的气候态平均及其变化趋势的空间分布。由图 4-77 可知，与夏季不同，冬季蒸散发在东部季风区呈现明显的南北分化。在寒冷的东北，冬季蒸散发普遍小于 20mm，而在温度稍高的南方地区，冬季蒸散发在 50mm 以上。东部季风区，除了东北之外的地区，蒸散发量普遍增长，不过增长幅度比夏季小很多，并且未通过显著性检验。

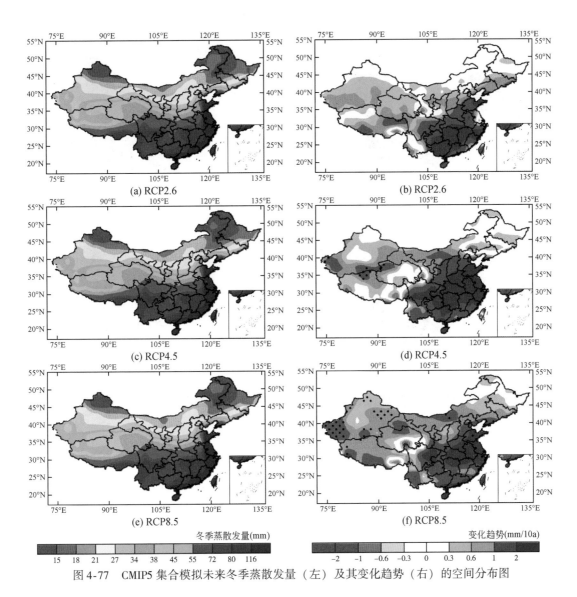

图 4-77　CMIP5 集合模拟未来冬季蒸散发量（左）及其变化趋势（右）的空间分布图

　　图 4-78 是 CMIP5 集合的中国未来 50 年年均蒸散发量气候态平均及其变化趋势的空间分布。由图 4-78 可知，年均蒸散发量在中国东南部最高，沿海地区甚至超过了 850mm，在北

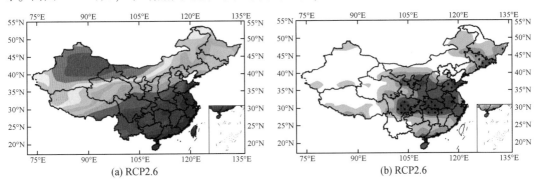

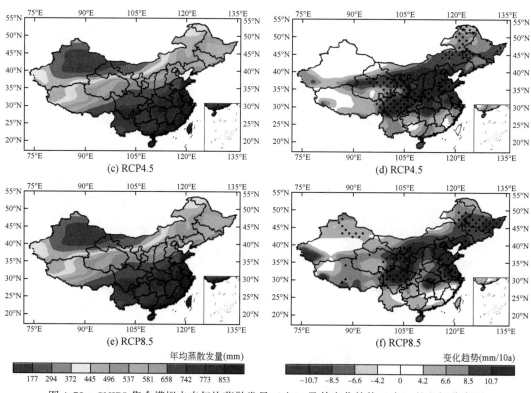

图 4-78　CMIP5 集合模拟未来年均蒸散发量（左）及其变化趋势（右）的空间分布图

方地区较低，为 370～580mm。3 个排放情景下，中国的东北、华北以及中部偏南的地区都检测到了显著的蒸散发增长趋势，多数地区增长趋势都超过了每 10 年 8.5mm。全年的蒸散发趋势与夏季在空间分布上有较强的一致性，由数值来看，夏季蒸散发约占全年蒸散发量的一半。

4.3.2.4　未来 3 个情景下多模式集合径流深及其变化

图 4-79 是 CMIP5 多模式集合在 2007～2059 年 3 个排放情景下中国地区的夏季径流深及其变化趋势的空间分布。由图 4-79 可知，对于夏季径流深，中国未来的空间分布情况是在西南地区、长江上游地区径流深最高，为 120mm 以上，而向东递减。东部季风区东部的多数区域夏季径流深都在 30～60mm，并且径流深在 3 个排放情景下的空间分布基本一致。对于径流深的变化趋势，3 个情景下的所有区域都未能通过置信度 95% 的显著性检验，东北和南方大部分地区径流深有降低趋势，而在华北地区，则有上升趋势。通过计算中国地区 $P-E$（降水减去蒸散发）的趋势发现，夏季径流深变化趋势的空间分布与夏季 $P-E$ 趋势的空间分布有很强的一致性，这说明径流深的变化很大程度上是由降水与蒸散发的变化共同决定的。

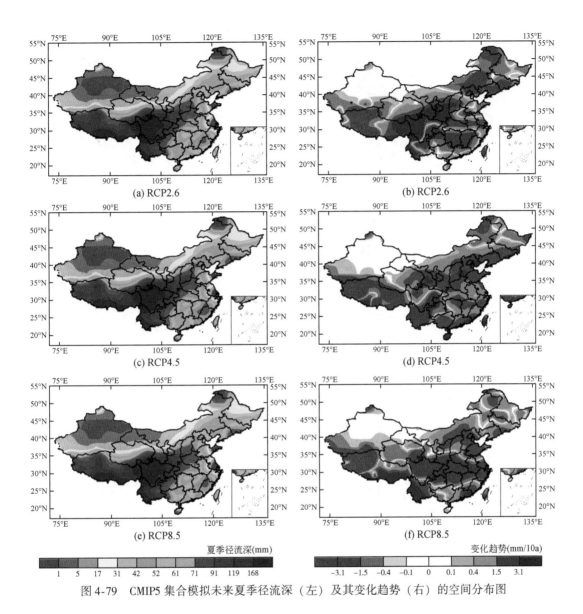

夏季径流深(mm)

| 1 | 5 | 17 | 31 | 42 | 52 | 61 | 71 | 91 | 119 | 168 |

变化趋势(mm/10a)

| -3.1 | -1.5 | -0.4 | -0.1 | 0 | 0.1 | 0.4 | 1.5 | 3.1 |

图 4-79　CMIP5 集合模拟未来夏季径流深（左）及其变化趋势（右）的空间分布图

　　图 4-80 是 CMIP5 集合模拟的 3 个排放情景下中国未来 50 年冬季径流深的气候态数值以及其变化趋势的空间分布。由图 4-80 可知，东部季风区未来 50 年冬季径流深比夏季径流深几乎低了一个量级，并且和夏季"西高东低"的空间分布不同，冬季径流深则呈现"南高北低"的空间分布。南方地区除了海南岛及其周围地区之外，冬季径流深都在 10mm 以上，部分高值区甚至达到了 20mm 以上，而北方地区普遍在 3mm 以下，最北部区域冬季径流深甚至不足 1mm。由于冬季径流深较低，所以在任何排放情景下，冬季径流深变化趋势的数值都较少，东部季风区几乎所有地区的变化趋势都在 -1～1mm/10a，全部未通过置信度 95% 的显著性检验。

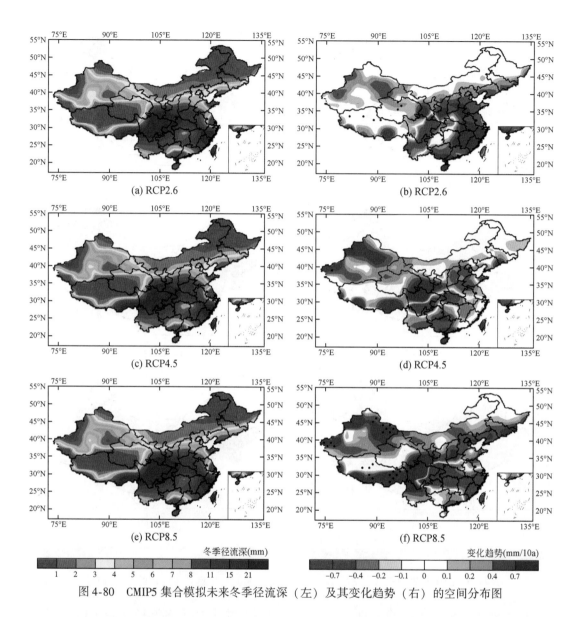

图 4-80　CMIP5 集合模拟未来冬季径流深（左）及其变化趋势（右）的空间分布图

　　图 4-81 是 CMIP5 集合模拟的 3 个排放情景下，中国区域在未来 50 年的年均径流深气候态平均及其变化趋势的空间分布。由图 4-81 可知，从年平均看，东部季风区的径流深空间分布格局是西南较高，往东北递减。在西南部径流深的高值区，年径流深可以达到320mm 以上，而东北部的低值区年径流深不足 80mm。从径流深变化趋势的空间分布上看，在 3 个排放情景下，全年的径流深的变化趋势与夏季径流深的变化趋势空间分布很一致，数值上差距也不大。这说明，中国未来年均径流深的变化主要是由夏季径流深的变化所决定的。与夏季和冬季一样，全年径流深的变化趋势在 3 个情景所有区域内都没有显著的变化趋势。

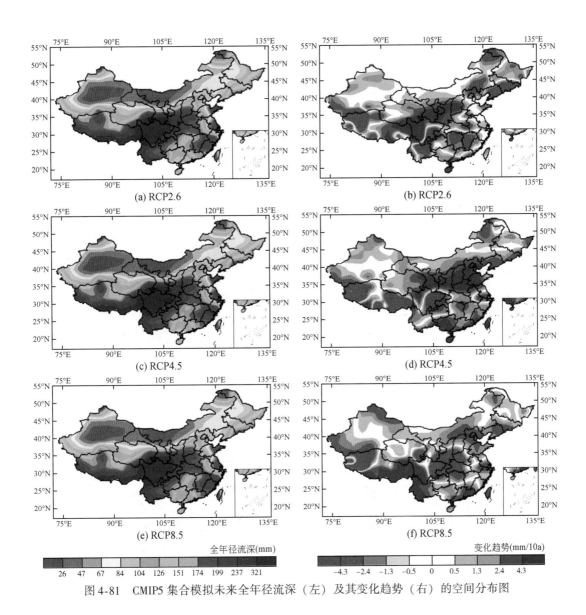

图 4-81　CMIP5 集合模拟未来全年径流深（左）及其变化趋势（右）的空间分布图

4.3.3　高分辨率区域气候模式的模拟结果

4.3.2 节用 CMIP5 模式的集合模拟分析了东部季风区未来的气候变化特征，然而由表 4-19 可见，模式的分辨率最高为 1.5°左右，而有些模式只有 3°左右，分辨率较为粗糙，因此利用 CMIP5 模式的结果作为背景场，使用区域气候模式 RegCM4 动力降尺度，构建高分辨率区域气候模式（Qin et al.，2013）来研究未来东部季风区的气候变化。

研究使用了 CMIP5 模式中的 GFDL-CM3 模式在中排放情景下 2007～2059 年共 53 年的模拟结果作为背景场，利用 RegCM4 区域气候模式动力降尺度，得到分辨率为 50km 的近地表气温、降水、蒸散发和径流深数据。以下给出动力降尺度前后的结果对比以及分析。

图 4-82 是动力降尺度前后气温模拟的对比情况,第一行是降尺度前 GFDL-CM3 在中排放情景 RCP4.5 下模拟的未来 50 年气温气候态值及其变化趋势的空间分布,第二行则是使用 GFDL-CM3 模拟结果通过 RegCM4 动力降尺度之后的模拟结果。由图 4-82 可见,降尺度前后的气温空间分布比较一致,但是降尺度之后的温度比全球模式的结果整体要低一些。由趋势的模拟结果也可以看到,虽然降尺度前后气温在整个东部季风区都有显著的上升趋势,但区域气候模式在南方地区模拟的增温趋势要明显小于全球模式。考虑到区域气候模式更高的分辨率并且更接近 CMIP5 多模式集合平均的结果,可以认为动力降尺度之后的结果能更好地表现温度的变化情况。

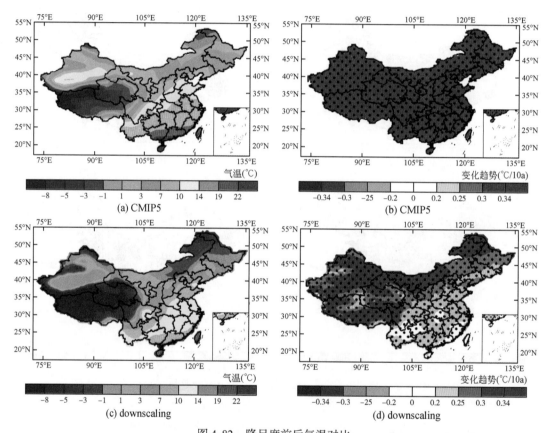

图 4-82　降尺度前后气温对比

(a) 与 (b) 为降尺度前的 CMIP5 中 GFDL-CM3 的模拟结果;
(c) 与 (d) 为用 GFDL-CM3 结果作为边界降尺度后 RegCM4 的模拟结果

图 4-83 是动力降尺度前后降水模拟的对比情况,第一行是降尺度前 GFDL-CM3 在中排放情景 RCP4.5 下模拟的未来 50 年的降水气候态值以及其变化趋势的空间分布,第二行则是使用 GFDL-CM3 模拟结果通过 RegCM4 动力降尺度之后的模拟结果。由图 4-83 可知,降尺度之后的结果与降尺度之前的结果相比,空间分布基本一致,东部季风区的年降水量整体比全球模式要低,但是降尺度之后的结果分辨率明显更高,并且显著地减少了全球模式在西南的虚假的降水中心。从降水的趋势上看,全球模式的结果显示几乎在整个东部季

风区，降水都有很明显的增加趋势，而在区域气候模式中，降水趋势的变化则没有通过检验，增加趋势大大减缓，有些地区还有降低趋势。考虑到东部季风区历史降水并无显著的变化趋势（叶柏生等，2008），并且 CMIP5 多模式集合平均在中排放情景下也没有统计学上的显著趋势，可以认为，动力降尺度之后高分辨率区域气候模式的模拟结果不但更加精细地反映了降水的分布，还有效地改善了全球模式对于降水趋势的模拟。

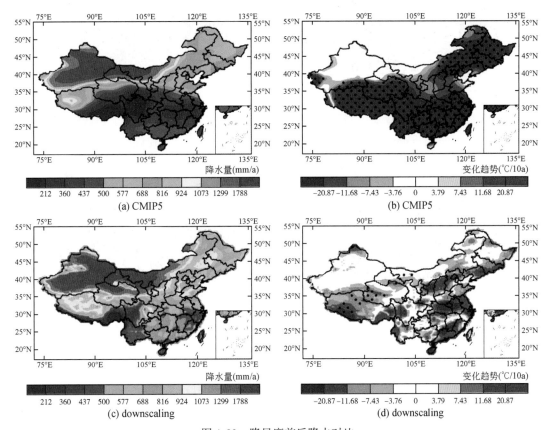

图 4-83　降尺度前后降水对比

（a）与（b）为降尺度前的 CMIP5 中 GFDL-CM3 的模拟结果；

（c）与（d）为用 GFDL-CM3 结果作为边界降尺度后 RegCM4 的模拟结果

　　图 4-84 是动力降尺度前后蒸散发模拟的对比情况，第一行是降尺度前 GFDL-CM3 在中排放情景 RCP4.5 下模拟的未来 50 年的蒸散发气候态值及其变化趋势的空间分布，第二行则是使用 GFDL-CM3 模拟结果通过 RegCM4 动力降尺度之后的模拟结果。由图 4-84 可知，与温度和降水类似，降尺度之后的结果在空间分布上大体与降尺度之前保持一致，而区域气候模式的高分辨率可以更加清晰地反映蒸散发的空间变异性。整体而言，降尺度之后的东部季风区年均蒸散发的模拟的数值要小于降尺度之前。从趋势的模拟结果上看，全球模式的蒸散发结果在整个东部季风区都有很强的上升趋势，几乎全区域都通过了显著性检验，而降尺度之后的结果只有在东北、华北以及长江下游的部分地区通过了显著性检验，并且增长趋势也小于降尺度之前。降尺度的结果更加接近 CMIP5 多模式集合平均的结

果，也更加符合历史的增长趋势（李修仓，2013），可以认为降尺度对蒸散发的模拟结果不仅可以更精确地表现空间变异性，还可以修正全球模式蒸散发趋势模拟的正偏差。

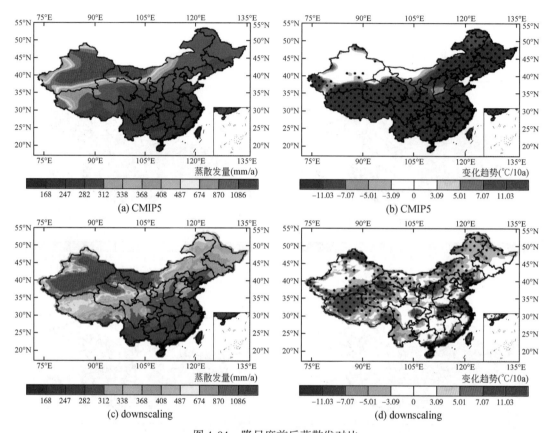

图 4-84　降尺度前后蒸散发对比

（a）与（b）为降尺度前的 CMIP5 中 GFDL-CM3 的模拟结果；

（c）与（d）为用 GFDL-CM3 结果作为边界降尺度后 RegCM4 的模拟结果

图 4-85 是动力降尺度前后径流深模拟的对比情况，第一行是降尺度前 GFDL-CM3 在中排放情景 RCP4.5 下模拟的未来 50 年的径流深气候态值以及其变化趋势的空间分布，第二行则是使用 GFDL-CM3 模拟结果通过 RegCM4 动力降尺度之后的模拟结果。由图 4-85 可知，对于径流深气候态空间分布的模拟，降尺度前后的结果在华北和东北有较大差异。全球模式的结果显示在华北和东北，径流深普遍小于 60mm，而降尺度之后的结果则显示有许多地区径流深超过了 170mm，并且降尺度模拟的长江中下游径流深也要明显高于全球模式。对于径流深变化趋势的模拟，全球模式和区域气候模式的模拟结果较为一致，都显示了在西南地区和华北地区径流深显著的增长趋势。而在东南地区，虽然降尺度结果并未像全球模式一样检验出显著的增长趋势，但是趋势的空间分布和数值都与全球模式较为接近。可见，降尺度后高分辨率模式对于径流深的变化趋势的模拟与全球模式较为一致，但是气候态数值上部分地区差异较大。全球模式对于西南过高的径流深估计可能是由分辨率粗糙导致的虚假降水中心引起的。因此，通过降尺度得到高分辨率区域气候模式不但可以

更精确地模拟径流深的空间变异性，还可以得到更为真实的径流深的空间分布。

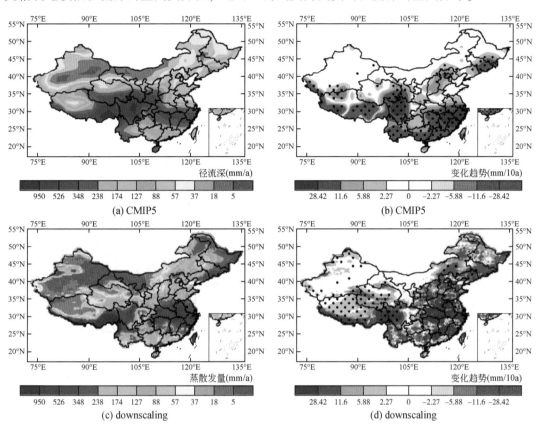

图 4-85　降尺度前后年均径流深对比

（a）与（b）为降尺度前的 CMIP5 中 GFDL-CM3 的模拟结果；

（c）与（d）为用 GFDL-CM3 结果作为边界降尺度后 RegCM4 的模拟结果

4.4　未来 50 年中国东部季风区陆地水循环过程对未来气候变化的响应格局模拟

4.4.1　东部季风区陆地及流域水资源分区水文要素的时空分布格局

4.4.1.1　陆地水文要素时空格局

本节首先将使用 GFDL-CM3 气候系统模式的模拟结果作为边界条件，利用包含完整陆面水文过程模式 CLM3.5 的区域气候模式 RegCM4，对全球模式的结果进行降尺度和订正，得到未来 50 年中国东部季风区陆地水资源分区的降水、蒸发和径流等水文要素的时空分布格局。研究的时段为中国未来 50 年，具体为 2007～2059 年共 53 年，使用的排放情景为中排放情景 RCP4.5。

虽然气温属于气候要素，然而其直接影响着蒸散发，并且与降水的形成有关，进而影响径流深，在水资源的分配和全球水循环中扮演着重要角色，因此有必要进行分析。图4-86是高分辨率区域气候模式模拟的中国未来50年夏季和冬季的气温及其变化趋势的空间格局。趋势空间分布的阴影部分是通过了置信度为95%的显著性检验的区域（后同）。由图4-86可知，中排放情景下，东部季风区夏季平均气温为7~30℃，冬季东北部气温在−17℃以下，而海南岛和台湾岛气温在11℃以上，在两个季节都呈现"北低南高"的特点。从温度的变化趋势来看，在夏季，整个东部季风区，除了湖北中部和东北南部之外，都有明显的增温趋势，增温幅度普遍达到每10年0.1℃以上。而在冬季则是除了海南岛和台湾岛以及东部沿海城市之外，其他地区都有显著的增温趋势，而且冬季增温幅度要大于夏季，都在每10年0.2℃以上，这也证明了未来东部季风区冬夏温差在减少。

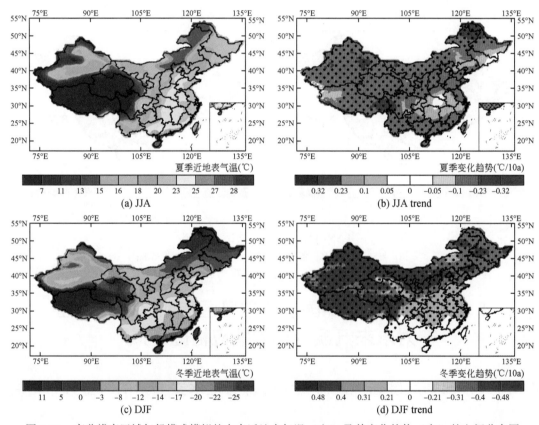

图4-86　高分辨率区域气候模式模拟的未来近地表气温（左）及其变化趋势（右）的空间分布图

降水是陆地上最重要的水文要素之一。图4-87和图4-88分别是高分辨率区域气候模式模拟的中国未来50年夏冬季的降水和蒸散发及它们变化趋势的空间格局。由图4-87可知，在夏季，我国降水主要分布在长江以南，其中西南地区受印度夏季风的影响，夏季降水量最大，高值区超过了650mm。其次是受副热带高压影响较大的东南部地区，夏季降水量都在300mm以上。受季风影响较小的华北和东北地区，降水量普遍在300mm以下，然而相比西部干旱区夏季降水量甚至不足100mm，整个东部季风区夏季降水较为充沛。冬季降水明显要比夏季少，即使在冬季降水较充沛的东南沿海，冬季降水也不到150mm，在北方，冬季降水更是大部分地区小于30mm。充分体现了中国降水"南多北少"、"夏多冬少"的特点。对于降水趋势的空间格局，在夏季，华北和东南部有升高趋势，东北和西南部有降低趋势，不过都没有通过显著性检验。在冬季，东北北部出现了统计上显著的降水增加趋势，东部季风区其余地区均未出现显著性趋势，并且趋势变化的方向普遍与夏季降水相反。总体而言，中排放情景下，无论夏季还是冬季，中国东部季风区未来的降水变化趋势并不显著，未来夏季降水增加的地区冬季降水可能会减少，夏季降水减少的地区冬季降水可能会增多。由图4-88蒸散发是温度和降水共同作用的结果。

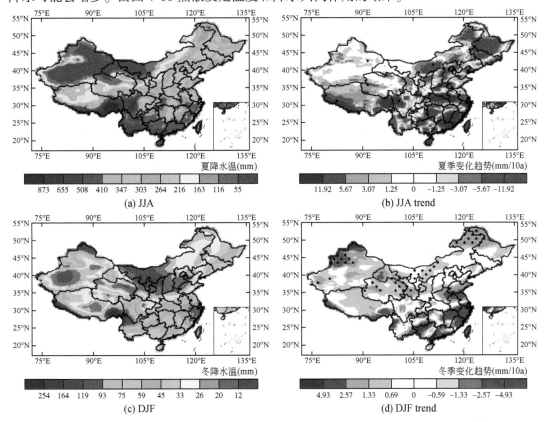

图4-87　高分辨率区域气候模式模拟的降水量（左）及其变化趋势（右）的空间分布图

图4-89是高分辨率区域气候模式模拟的中国未来50年夏季和冬季的径流深及其变化趋势的空间格局。由图4-89可知，在夏季，东部季风区长江流域的径流深较高，多数地区在300mm以上，而季风区其他地区夏季径流深多为20~180mm。在冬季，全国的径流深比夏季低了一个量级，在径流深最高的长江下游多数地区也只有10~30mm，而北方大部分地区径流深不足1mm。可见，夏季径流占了全年径流深的很大一部分。在夏季，华北地区径流深有降低趋势，而东部季风区其他地区则普遍有上升趋势，不过都未通过显著性检验。在冬季，由于本身气候态的径流量就很小，因此冬季径流的变化趋势更小，为-1~1mm/10a，在东北地区甚至小于0.1mm/10a，虽然通过了显著性检验，但是绝对值太小而

意义不大，华北和东南有下降的趋势，西南则有上升的趋势，但均为通过显著性检验。

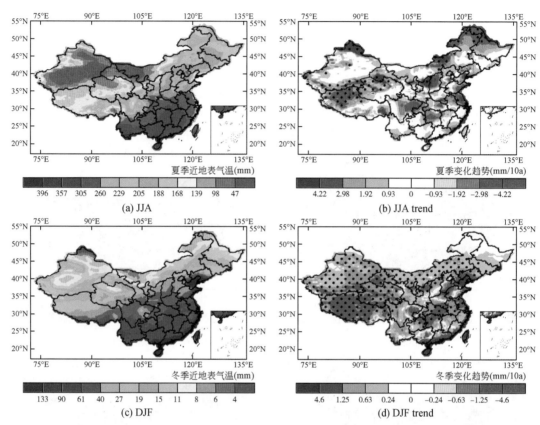

图 4-88　高分辨率区域气候模式模拟的蒸散发量（左）及其变化趋势（右）的空间分布图

4.4.1.2　不同气候情景下我国东部季风区联系流域系统未来水循环要素的演化趋势

前面给出了陆地水文要素的时空格局，这里则联系东部季风区六大流域系统，给出不同气候情景下中国六大流域的水循环要素的演化趋势。使用的数据来自于表 4-19 的 CMIP5 多模式的集合平均。

图 4-90 是东部季风区六大流域的夏季降水在不同排放情景下随时间的变化。由图 4-90 可知，夏季降水量最多的是长江流域，为 420~600mm，其次是珠江流域，夏季降水量为 350~600mm，淮河流域、海河流域和松花江流域夏季降水量差别不大，都在 280~550mm。不同流域，夏季降水对于温室气体排放（即气温）的响应不同。海河流域、淮河流域、黄河流域和松花江流域，在 3 个排放情景下，夏季降水量都有增长趋势，其中海河流域增长幅度最大，在中高排放情景下，夏季降水在未来 50 年升高了大概 50mm。这 4 个流域在低排放情景下降水增幅最弱，而中高排放情景下降水增幅相当，说明温室气体导致的升温对这几个流域的降水有影响，并且不是线性关系。在长江流域和珠江流域，夏季降水并无明显的变化趋

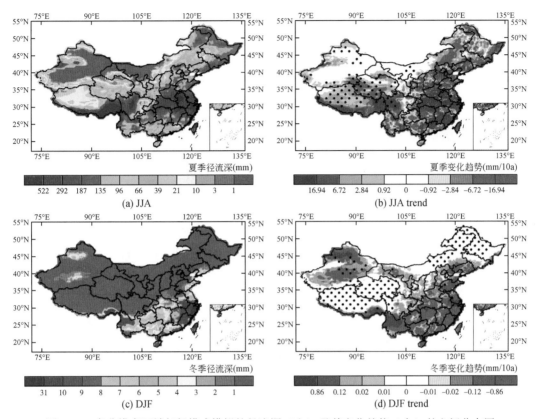

图4-89 高分辨率区域气候模式模拟的径流深（左）及其变化趋势（右）的空间分布图

势，长江流域在高排放情景下夏季降水甚至有减少趋势。所以夏季降水在不同流域对于温室气体排放的敏感性不同，可能是温度通过改变环流而影响降水在空间上的分配。

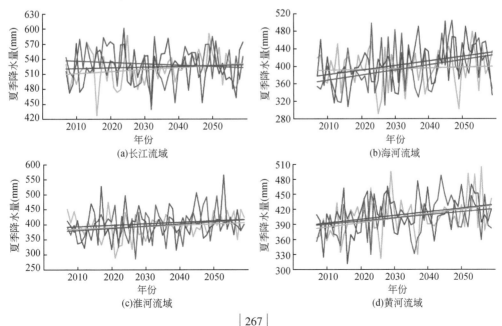

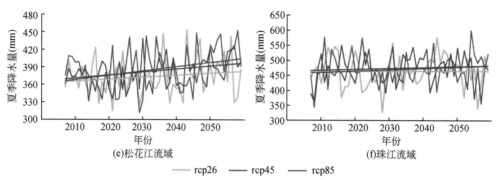

图 4-90　不同气候情景下东部季风区六大流域夏季降水量随时间的演变

图 4-91 是东部季风区六大流域的冬季降水在不同排放情景下随时间的变化。由图 4-91可知，冬季降水量最高的依然是长江流域，为 100~170mm，其次是珠江流域，为 60~180mm，再次是淮河流域，为 50~170mm，北方的海河流域、黄河流域以及松花江流域

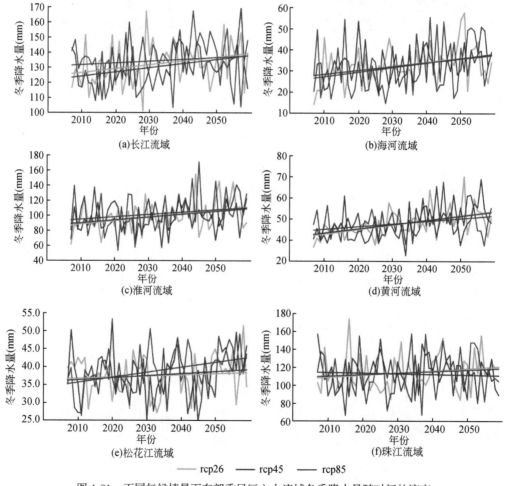

图 4-91　不同气候情景下东部季风区六大流域冬季降水量随时间的演变

冬季降水量较少，都小于70mm。由线性趋势可见，未来东部季风区，除了珠江流域之外，剩下的五大流域冬季的降水量都有增长趋势，但是增长趋势对于温室气体的浓度不敏感，可能是由气候内部变率导致的降水增加。在珠江流域，未来冬季降水变化趋势不明显。

图4-92是东部季风区六大流域的夏季蒸散发在不同排放情景下随时间的变化。由图4-92可知，未来夏季蒸散发在长江流域、淮河流域和珠江流域最高，为260~340mm，在海河流域、黄河流域和松花江流域蒸散发量略少一些，为220mm~330mm，不同流域蒸散发差别不大。不过在变化趋势上，除了珠江流域外，其他五大流域蒸散发都有较明显的增长趋势，考虑到增长趋势对于温室气体排放浓度不敏感并且其中4个流域的夏季降水都有增长趋势，所以蒸散发的变化可能是由气温、降水等作用共同导致的。处于热带的珠江流域，蒸散发与降水量一样，并无明显变化趋势。

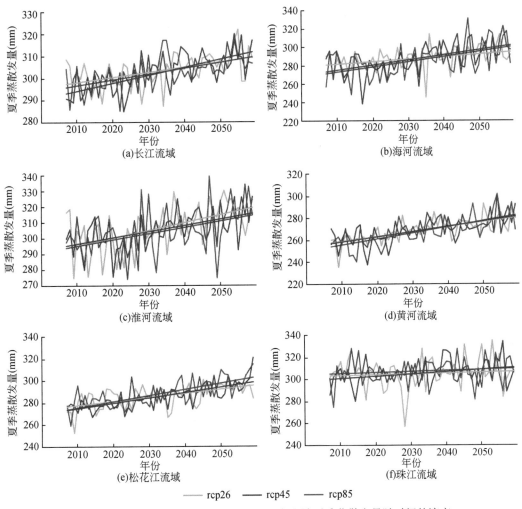

图4-92　不同气候情景下东部季风区六大流域夏季蒸散发量随时间的演变

图 4-93 是东部季风区六大流域的冬季蒸散发在不同排放情景下随时间的变化。由图 4-93 可知，冬季蒸散发量最高的是淮河流域和珠江流域，为 85 ~ 130mm，其次是长江流域，为 70 ~ 90mm，位于华北地区的海河和黄河流域蒸散发量为 25 ~ 45mm，位于东北地区的松花江流域冬季蒸散发最低，只有 10 ~ 20mm。可见，位于北方的流域，冬季由于低温蒸散发量比夏季少接近一个量级，而南方的流域，冬季蒸散发也大概只有夏季的 1/3。冬季蒸散发的趋势比较一致，在所有流域所有排放情景下，都可以看出蒸散发的增加趋势，并且除了珠江流域以外，其他流域冬季蒸散发增长趋势普遍随着温室气体浓度的升高而升高。这说明，由于温室气体排放导致的冬季温度升高已经影响到了中纬度流域的蒸散发值，进而会对流域水循环系统产生影响。

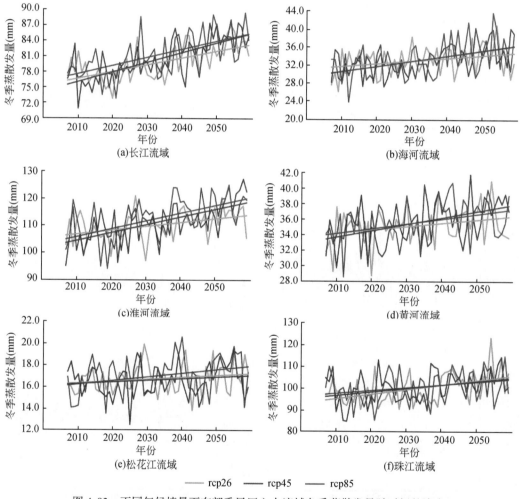

图 4-93　不同气候情景下东部季风区六大流域冬季蒸散发量随时间的演变

图 4-94 是东部季风区六大流域的夏季径流深在不同排放情景下随时间的变化。由图 4-94 可知，长江流域的夏季径流深最高，为 80 ~ 160mm，海河、淮河、黄河、珠江流域夏

季径流深为 20~110mm，位于东北地区的松花江流域夏季径流深最低，只有 10~70mm。可以看出，各个流域径流深基本与降水和蒸发的差值相等。对于径流深趋势的模拟，淮河流域、松花江流域和珠江流域夏季径流深在未来 50 年都没有明显的变化趋势，海河流域在中高排放情景下径流深有上升趋势，而长江流域和黄河流域在高排放情景下径流深有下降趋势，特别是长江流域，50 年来径流深下降了近 20mm，造成径流深减少的原因，一方面是长江流域在高排放情景下降水下降，另一方面是蒸散发的增加，前者主要是由环流变化，而后者主要是由温室气体排放导致的升温，两者共同作用导致了长江流域未来夏季径流有较大幅度减少。由于径流深直接关系到可用的水资源量，径流深的较大幅度减少必然会影响流域内人类的取水用水和生态环境的维持，可能还会通过跨流域调水从而影响到北方地区的用水量。因此，东部季风区未来 50 年需要重点关注长江流域的水资源变化。

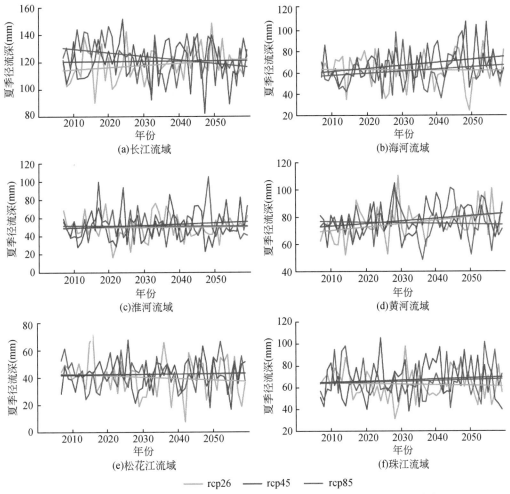

图 4-94　不同气候情景下东部季风区六大流域夏季径流深随时间的演变

　　图 4-95 是东部季风区六大流域的冬季径流深在不同排放情景下随时间的变化，由图 4-95 可知，冬季各个流域的径流深比夏季小一个量级，径流深最高的长江流域，为 12 ～ 27mm，而径流深最小的松花江都在 3mm 以下。由于冬季径流深绝对值太小，冬季径流深的年际变化趋势也十分小，其对于年径流深的变化贡献不大。相比之下，黄河流域的冬季径流深有较明显的上升趋势，在未来 50 年冬季径流深增加了 3mm 左右。

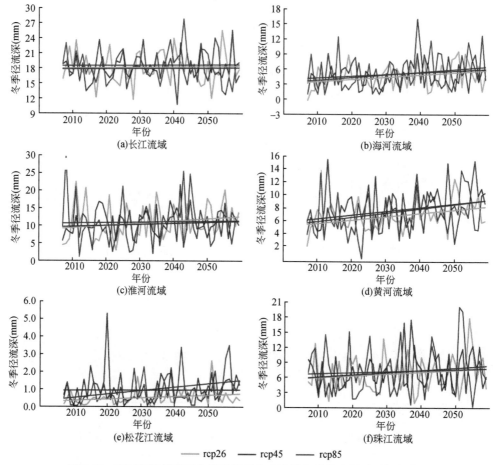

图 4-95　不同气候情景下东部季风区六大流域冬季径流深随时间的演变

4.4.2　未来气候变化对调水工程的影响

4.4.2.1　未来气候变化下重大调水工程水源区和受水区水量平衡的变化

　　为了应对 20 世纪 50 年代以来中国水资源短缺和水资源分布不均匀等问题，我国开展了南水北调工程。南水北调工程包括了东线、中线和西线 3 条供水路线。这 3 条调水路线与中国长江流域、黄河流域、海河流域和淮河流域四大流域相联系，可相互调用、相互补充，形成足以覆盖我国黄淮海河流域以及华北大部分地区的巨型供水网，具有极其重大的战略意义。

其中，南水北调中线工程从长江最大支流汉江中上游的丹江口水库东岸岸边引水，经长江流域与淮河流域的分水岭南阳方城垭口，沿唐白河流域和黄淮海平原西部边缘开挖渠道，在河南荥阳市王村通过隧道穿过黄河，给华北地区供水。图 4-96 为南水北调中线工程水源区、流经区和受水区的示意图。由图 4-96 可知，水源区主要是湖北，而受水区主要集中在河北、北京和天津。为了便于研究，后面所指水源区即为湖北，而受水区即为河北、北京和天津。

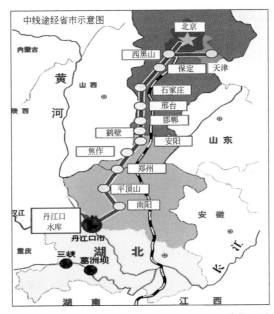

图 4-96　南水北调中线工程水源区、流经区和受水区示意图

南水北调工程对于我国具有举足轻重的战略意义，然而水资源具有脆弱性。气候变化会带来降水和蒸散发的变化，进而影响径流深、土壤湿度和地下水水位等水文要素，破坏已有的水文循环系统，使水源区的可调水量以及受水区的需水量发生变化，有可能出现水量"供不应求"的情况，进而导致我国水资源更加紧张。为了防止未来可能出现的由于气候变化引起的水资源问题，有必要利用气候模式，对未来的气候变化进行模拟，并且研究在该气候变化下，水源区和受水区的水量平衡变化。

本研究中，使用了区域气候模式 RegCM4，以全球模式 GFDL-CM3 在中排放情景下未来 2007～2059 年近 50 年的模拟结果作为边界条件进行动力降尺度，得到的分辨率为 50km 的高分辨率区域气候模式，利用高分辨率的模式结果，分析在未来气候变化下，南水北调中线工程水源区和受水区水量平衡的变化。

图 4-97 是高分辨率区域气候模式模拟的南水北调中线工程水源区和受水区未来 50 年近地表气温、降水量、蒸散发量和径流深随时间变化的曲线图。从左往右依次是夏季、冬

季和全年,蓝色为水源区区域平均的变化曲线,红色为受水区区域平均的变化曲线。由图 4-97 可知,未来 50 年,夏季水源区的平均气温比受水区要高出 3℃左右,冬季的平均气温要高出 8℃左右,全年平均气温要高出 5~6℃,从变化情况看,水源区和受水区的温度振荡的相位较为一致,变化趋势也较相似。

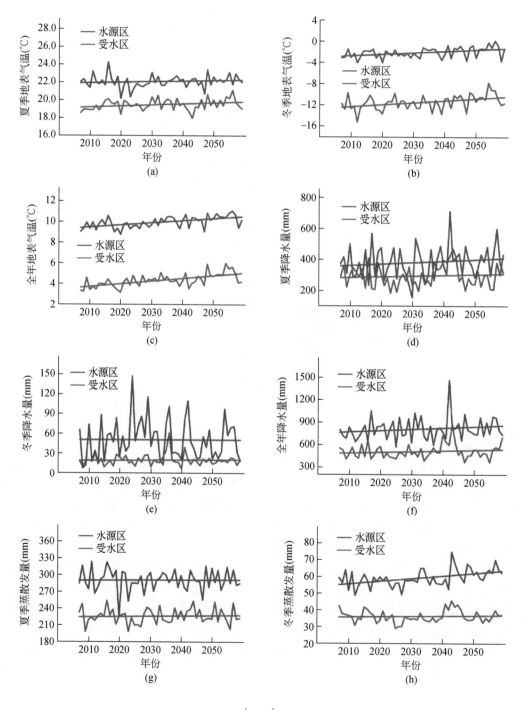

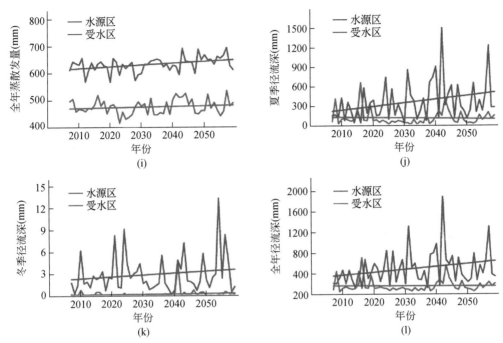

图 4-97　南水北调中线工程水源区和受水区夏季、冬季和全年近地表气温、降水、
蒸散发和径流深的区域平均随时间变化曲线

蓝色为水源区，红色为受水区

　　未来的夏季降水，水源区普遍高于受水区，然而在 2020 年之前，其差值较小，这是水源区降水偏低和受水区降水偏高共同导致的，值得注意的是，在 2030 年左右，水源区夏季降水有一个比较明显的低值年，因此可能会影响水源区的调水量。在冬季，受水区降水常年较少，而水源区降水相对比较充沛，大概比受水区高了 30mm。整体而言，水源区和受水区降水振荡的相位比较相似，并且降水没有明显的变化趋势，需要注意的就是 2030 年（或其前后）水源区可能会有一次夏季降水量大幅减少的干旱年。

　　对于蒸散发，由于水源区水分比较充沛，其变化主要受温度影响，而受水区水分比较缺乏，因此其蒸散发受到温度和降水的共同制约。总体而言，水源区夏季蒸散发量比受水区高出近 60mm，而冬季蒸散发量则高出近 20mm。与降水相比，蒸散发的波动较小，南水北调工程中，未来几乎不可能出现仅仅由于蒸散发过高而引起的供水量不足。

　　径流深是决定南水北调调水量的一个重要因素，其主要受降水和蒸散发的影响。由于水源区和受水区在未来蒸散发波动不大，因此降水的波动很大程度上决定了径流的波动。由图 4-97 第 4 行，水源区和受水区夏季的径流深变化情况与夏季降水变化情况很一致。在 2020 年之前，水源区的夏季径流深一直处于较低水平，有可能会影响调水量，好在此时受水区的径流深处于较高水平，对跨流域调水的水量需求较少。2020 年之后，受水区径流深一直处于较低水平，需要从水源区调水，此时水源区径流深已经回升，可以给受水区调水。而冬季，水源区的径流深比夏季少了两个数量级，而受水区的径流深几乎为 0，因此在冬季，水源区调水量很小。由全年径流深也可以看出，水源区和受水区全年的径流深大部分集中在夏季，全年径流深的变化情况与夏季径流深十分相似。由模式输出的径流结果来看，未来南水北调中线工程的调水量主要集中在夏季，2020 年之前，可调水量小，但需调水量也小，2020 年之后需调水量增大，但是可调水量也增加。因此，在未来考虑中度排放的气候变化情景下，南水北调中线工程基本可以保持与目前相似的供水能力。

4.4.2.2 极端气候事件下可供调水量分析

南水北调中线工程可调水量按照国家计划，考虑到 2020 年的经济发展水平，预计多年平均可调水量达到 141.4 亿 m^3。其中，一般枯水年（保证率为 75%）可调水量达到 110 亿 m^3（宋轩，2007）。然而，实际的可调水量要受诸多因素限制，丹江口水库不但有向北方输水的作用，还要担负发电、航运和防洪等重要任务，可调水量除了受到降水、蒸发、径流等水文要素影响之外，还要受到上下游地区社会经济发展对水资源的需求、国家政策调整和人类用水习惯改变等诸多因素调控，具有很大的不确定性。本研究中，假设社会因素不发生变化，并且可调水量与水源区平均年径流深呈线性关系。通过气候系统模式 GFDL-CM3 在 CMIP5 中的历史情景下模拟的 1956~1990 年水源区区域平均年径流深（图 4-98）和有关文献中历史调水量（陈传友等，2000）的数据，预定系数得到

$$W = 0.6867 \times Q + 132.776 \tag{4-18}$$

式中，W 为可调水量（亿 m^3）；Q 为当年水源区区域平均的年径流深（mm/a）。图 4-99 给出了由文献中的调水量与模式径流深对应关系曲线（实线）和公式（4-18）所表示的回归直线（虚线）。由图 4-99 可知，虚线与实线偏差不大，因此调水量与当年径流深呈线性关系的假设具有一定合理性，可以使用式（4-18）结合模式输出的径流深对未来南水北调中线工程的调水量进行预估。

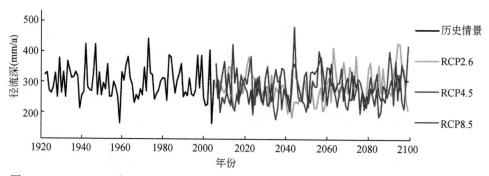

图 4-98　GFDL-CM3 在 CMIP5 历史及未来情景下模拟的水源区区域平均年径流深的年际变化

由模式模拟的未来情景下水源区的年径流深（图 4-98）和公式（4-18），即可计算未来不同气候情景下南水北调中线工程的可供调水量。

通过计算得到，在低排放情景下，2006~2099 年，多年平均可调水量为 135.4 亿 m^3，中等干旱年（保证率为 75%）可调水量为 109.1 亿 m^3，干旱年（保证率 90%）可调水量为 90.3 亿 m^3，基本达到了预期目标；在中排放情景下，2006~2099 年，多年平均可调水量为 139.4 亿 m^3，中等干旱年（保证率为 75%）可调水量为 112.6 亿 m^3，干旱年（保证

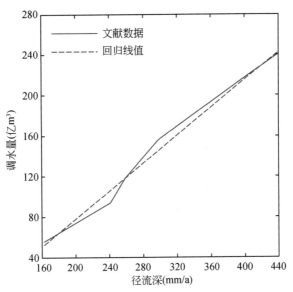

图 4-99　由文献中的调水量与模式径流深对应关系曲线（实线）和公式（4-18）所表示的回归直线（虚线）

率 90%）可调水量为 93.1 亿 m³，达到了预期目标；然而在高排放情景下，2006~2099年，多年平均可调水量为 126.8 亿 m³，中等干旱年（保证率为 75%）可调水量为 97.0 亿 m³，干旱年（保证率 90%）可调水量为 88.2 亿 m³。多年平均可调水量比预期少了近 15 亿 m³，中等干旱年的可调水量则比预期要少约 13 亿 m³。由此可见，在中低排放情景下，未来南水北调中线工程的可调水量在普通年份，中等干旱年的可调水量基本能达到预期，而在高排放情景下，普通年份和中等干旱年的可调水量无法达到预期目标，可能会对人类用水产生不利影响。

　　值得一提的是，根据文献资料，南水北调中线工程在 1956~1990 年的多年平均可调水量为 155.8 亿 m³，中等干旱年的可调水量为 117.88 亿 m³，干旱年的可调水量为 93.8 亿 m³。未来 3 个排放情景较之历史情况，普通年、中等干旱年和干旱年的可调水量都有一定程度的降低。

4.4.3　极端水文事件频率和强度的可能变化

　　2007~2059 年的气候变化，不但会导致气候态平均发生变化，同时也有可能造成一些极端的气象水文事件，如热浪、干旱、暴雨、洪涝等的频率和强度产生变化。而极端气象水文事件对人类社会的危害要远高于气候迁移对人类的影响。据统计，中国 21 世纪初每年仅因为洪涝灾害造成的损失高达近千亿元，而且危及人民群众的生命安全（杨涛等，2011）。为了对极端水文事件做好预防工作，有必要利用现有手段对中国未来 50 年的极端水文事件频率和强度的可能变化进行预估。

　　本研究使用区域气候模式 RegCM4 来对 2007~2059 未来近 50 年中国地区的气候情况和陆面水文变量进行模拟，使用 CMIP5 中 GFDL-CM3 在未来中排放情景下的模拟数据作为边界条件，输出未来50年日尺度的高分辨率气候和陆面水文模拟结果，并用结果分析未来中国东部水文极端事件的频率和强度的可能变化。

图4-100是本研究的区域，研究按照流域划分，分别分析各个流域未来水文极端事件的频率和强度的变化。

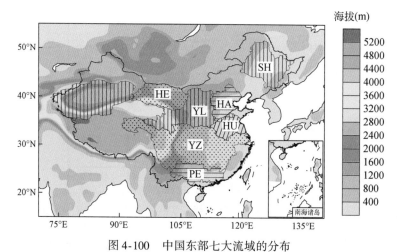

图4-100　中国东部七大流域的分布

YZ，长江流域；HA，海河流域；HE，黑河流域；HU，淮河流域；
YL，黄河流域；SH，松花江流域；PE，珠江流域。下同

图4-101是图4-100所示的中国地区七大流域外加塔里木河流域，八大流域未来50年日降水量超过95%分位数的累计降水量的日平均值（称为r95p，Qin et al.，2013）及其变化趋势。由图4-101可知，东部季风区中，多数流域r95p在未来没有明显的变化趋势，在松花江流域和珠江流域有略微降低的趋势。从r95p的"振幅"来看，各个流域在未来50年振幅没有明显的变化趋势，但是海河流域、淮河流域和珠江流域r95p最高值较大，都在30mm/d左右，是未来防洪涝的重点流域。总体来说，东部季风区的气候变化对于水文极端事件r95p在各个流域上影响不大。

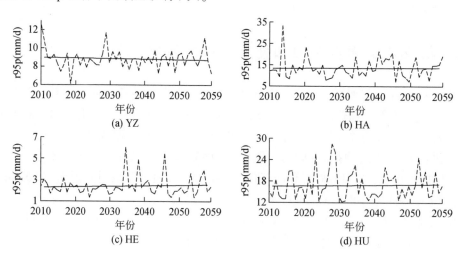

(a) YZ

(b) HA

(c) HE

(d) HU

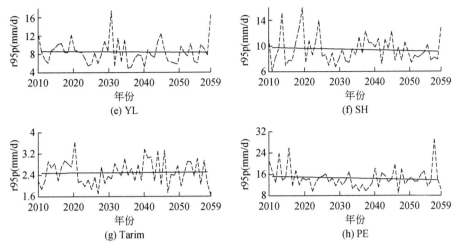

图 4-101　中国八大流域未来 50 年每年日降水超过 95%
分位数的累计降水量的日平均值（r95p）及其变化趋势
Tarim，塔里木河流域。下同

图 4-102 是图 4-100 所示的中国地区七大流域外加塔里木河流域，八大流域 2007 ~ 2059 年最大连续 5 日累计降水量的日平均值（r5d）及其变化趋势（Qin et al.，2013）。r 5d 代表了每年持续 5 日的最大降水过程的降水量，是诱发洪涝灾害的关键指标。由图 4-102 可知，在绝大多数流域，r5d 在未来 50 年没有明显的变化趋势。然而，在长江流域和黑河流域，r5d 在未来 50 年有上升趋势，说明在这两个流域，未来持续性强降水的降水量会有所上升。与 r95p 一样，在海河流域、淮河流域和珠江流域，未来 50 年最大 r5d 都在 20mm/d 以上，特别是淮河流域，最大 r5d 接近 40mm/d。由此可见，未来预防连续性强降水的重点区域为淮河流域，其次是海河流域和珠江流域。

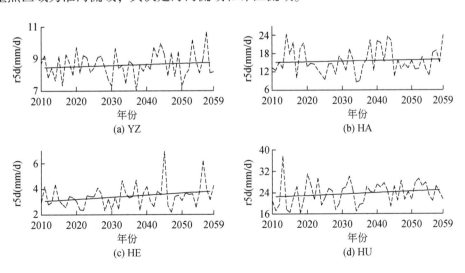

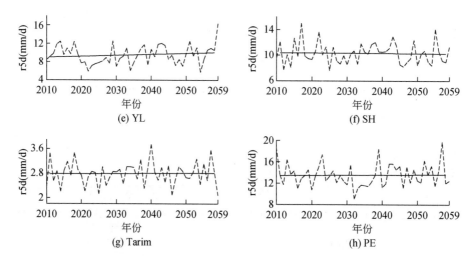

图 4-102　中国八大流域未来 50 年每年最大连续 5 日累计降水量的日平均值（r5d）及其变化趋势

第5章　未来的发展规划

本书建立了大尺度陆地水循环模型，以及考虑了陆地水文过程反馈的陆地水文–区域气候模式，实现了"水文–气候"的双向耦合模拟；探讨了气候变化和人类活动对陆地水循环影响的分离方法；利用所发展的模式研究了未来气候均值、年际和极端事件的变化对陆地水循环的影响机理，并揭示了气候变化背景下中国东部季风区陆地降水、蒸发和径流等水循环要素的时空分异特征。这些研究成果希望能够为中国水资源脆弱性评估和适应性对策提供科学依据。尽管如此，在取水、用水、调水过程和作物生长过程等对区域气候影响方面的研究仍然存有可改善的空间。总体而言，将从以下几个方面进行深入研究。

（1）各章节建立的耦合模型的深入模拟分析

对于各章节建立的模型，本书中仅做了短期的模拟和初步的分析，对于模型进一步的验证，在未来工作中亟须采用更多的观测资料和长期模拟试验对模型进行评估。除此之外，目前的研究仅局限于模型的建立及其初步的模拟验证，而区域气候变化对于人类用水行为的季节响应，对于需水、调水量的敏感性，对于不同耕作制度和作物种植分布的响应等，需要进行更为详细的机理探讨。

（2）耦合模型中各方案的改进和数据的优化

本书建立的模型仍需作进一步的改进，如在取水用水方案中，并未考虑人类用水行为尤其是农业灌溉的季节变化，灌溉的处理也采取了简化方案；耦合模型所需的输入数据需要进一步优化，使之更为合理，如全国的需水量估计存在一定的偏差，需要搜集更为准确的资料；我国的农作物分布及耕作制度数据空间分辨为 $0.5° \times 0.5°$，需要进一步优化才能更好地模拟特定流域内的变化。

（3）区域气候模式 RegCM4 中碳氮循环过程的考虑

区域气候模式 RegCM4 目前尚不能考虑研究区域内的碳氮循环过程；对于农作物或其他植被类型而言，植物的生物化学过程很大程度上影响着植物的生物生理过程，同时碳氮相互作用还会影响土壤水、植被蒸腾等，进而影响水文循环。在本书中，作物模型 CERES 所需的大气 CO_2 浓度假定为固定值，并未考虑由全球气候变化引起的 CO_2 施肥效应的影响。

（4）耦合模式的应用前景

本书中建立的陆–气双向耦合模型，能够拓展 RegCM4 及 CLM3.5 模式的模拟能力，体现农作物的生长动态变化和人类对陆地水资源的再分配过程，改进区域气候的模拟。本书建立的综合耦合模型能够有效地模拟区域农作物产量和陆地水资源由人类的开采利用行为引起的变化，并对未来气候变化背景下的粮食产量和陆地水储量变化作出预估，为国家农业和水资源安全决策提供基础支持。

参 考 文 献

长江水利委员会.2001a. 南水北调中线工程规划总体规划//南水北调中线工程规划.技术报告：210.

长江水利委员会.2001b. 专题 2：供水调度与调蓄研究//南水北调中线工程规划.技术报告：55.

陈传友，肖才忠，王立.2010. 拓展南水北调中线方案的新思路.科技导报，11：7-11.

陈亚宁，崔旺诚，李卫红，等.2003. 塔里木河的水资源利用与生态保护.地理学报，58（2）：215-222.

陈亚宁，张小雷，祝向民，等.2004. 新疆塔里木河下游断流河道输水的生态效应分析.中国科学（D辑），34（5）：475-482.

陈亚宁，李卫红，陈亚鹏，等.2007. 新疆塔里木河下游断流河道输水与生态恢复.生态学报，27（2）：538-545

戴永久.1995. 陆面过程模式及其与 GCM 耦合模拟研究.北京：中国科学院大气物理研究所博士学位论文.

狄振华，谢正辉，罗振东，等.2010. 河流输水条件下考虑土壤水和地下水相互作用的地下水埋深估计方法.中国科学（D辑），40（10）：1420-1430.

傅抱璞.1981. 土壤蒸发的计算.气象学报，39（2）：100-110.

高艳红，彭红春，李海英，等.2007. 黑河流域土壤质地分类数据建立及其模效果检验.高原气象，26（5）：967-974.

胡和平，叶柏生，周余华，等.2006. 考虑冻土的陆面过程模型及其在青藏高原 GAME/Tibet 试验中的应用.中国科学（D辑），36（8）：755-766.

贾炳浩，谢正辉，田向军，等.2010. 基于微波亮温及集合 Kalman 滤波的土壤湿度同化方案.中国科学（D辑），40（2）：239-251.

雷志栋，杨诗秀，谢森传.1988. 土壤水动力学.北京：清华大学出版社.

李倩，孙菽芬.2007. 通用的土壤水热传输耦合模型的发展和改进研究.中国科学（D辑），37（11）：1522-1535.

李修仓.2013. 中国典型流域实际蒸散发的时空变异研究.南京：南京信息工程大学博士学位论文.

林朝晖，刘辉志，谢正辉，等.2008. 陆面水文过程研究进展.大气科学，32（4）：935-949.

刘昌明，王中根，郑红星，等.2008.HIMS 系统及其定制模型的开发与应用.中国科学（E辑），51（3）：350-360.

罗振东，谢正辉，朱江.2003. 非饱和水流问题的混合元法及其数值模拟.计算数学，25（1）：113-128.

孟春红，夏军.2005. 土壤-植物-大气系统水热耦合传输的研究.水动力学研究与进展，（3）：307-312.

南卓桐，李述川，程国栋.2004. 未来 50 与 100 年青藏高原多年冻土变化情景预测.中国科学（D辑），34（6）：528-534.

牛国跃，洪钟祥，孙菽芬.1997. 陆面过程研究的现状与发展趋势.地球科学进展，12（1）：21-25.

庞强强，李述川，吴通华，等.2006. 青藏高原冻土区活动层厚度分布模拟.冰川冻土，28（3）：390-395.

秦佩华.2012. 地下水及作物生长过程对区域气候影响的模拟研究.北京：中国科学院大气物理研究所博士后出站报告.

尚松浩，毛晓敏，雷志栋，等.2009. 土壤水分动态模拟模型及其应用.北京：科学出版社.

沈照理，刘光亚，杨成田，等.1982. 水文地质学.北京：科学出版社.

宋小燕，穆兴民，高鹏，等.2010. 松花江流域哈尔滨站降雨径流历史演变及其驱动力分析.中国水土保持科学, 8 (2): 46-51.

宋晓猛, 占车生, 孔凡哲, 等. 2011. 大尺度水循环模拟系统不确定性研究进展. 地理学报, 66 (3): 396-406.

宋晓猛, 张建云, 占车生, 等. 2013. 气候变化和人类活动对水文循环影响研究进展. 水利学报, 7 (44): 779-790.

宋轩. 2007. 南水北调中线交叉建筑物运行工程风险分析. 南京: 南京水利科学研究院硕士学位论文.

宋郁东, 樊自立, 雷志栋, 等. 2000. 中国塔里木河水资源与生态问题研究. 乌鲁木齐: 新疆人民出版社.

孙菽芬. 2003. 陆面过程研究的进展. 新疆气象, 25 (6): 1-6.

孙文科. 2002. 低轨道人造卫星 (CHAMP、GRACE、GOCE) 与高精度地球重力场——卫星重力大地测量的最新发展及其对地球科学的重大影响. 大地测量与地球动力学, 22: 92-100.

湾疆辉, 陈亚宁, 李卫红, 等. 2008. 塔里木河下游断流河道输水后潜水埋深变化规律研究. 干旱区地理, 31 (3): 428-435.

王爱文. 2013. 考虑冻融界面变化的陆面过程模式. 北京: 中国科学院大气物理研究所博士学位论文.

王爱文, 谢正辉, 凤小兵, 等. 2014. 考虑冻融界面变化的土壤水热耦合模型. 中国科学 (D 辑), 44 (7): 1572-1587.

王绍令, 赵新民. 1999. 青藏高原多年冻土区地温监测结果分析. 冰川冻土, 2 (21): 159-163.

王绍武, 罗勇, 赵宗慈, 等. 2012. 气候变暖的归因研究. 气候变化研究进展, 8 (4): 308-312.

王中根, 朱新军, 夏军, 等. 2008. 海河流域分布式 SWAT 模型的构建. 地理科学进展, 27 (4): 1-6.

夏军, 王纲胜, 吕爱锋, 等. 2004. 分布式时变增益流域水循环模拟. 地理学报, 58 (5): 789-796.

夏军, 王纲胜, 谈戈, 等. 2005. 水文非线性系统与分布式时变增益模型. 中国科学 (D 辑), 34 (11): 1062-1071.

谢正辉, 曾庆存, 戴永久, 等. 1998. 非饱和流问题的数值模拟研究. 中国科学 (D 辑), 28 (3): 175-280.

谢正辉, 罗振东, 曾庆存, 等. 1999. 非饱和土壤水流问题含水量和通量的数值模拟研究. 自然科学进展, 4 (12): 1280-1286.

徐海量, 陈亚宁, 李卫红. 2003. 塔里木河下游生态输水后地下水的响应研究. 环境科学研究, 16 (2): 19-28.

薛禹群. 1997. 地下水动力学 (第二版). 北京: 地质出版社.

杨宏伟, 谢正辉. 2003. 陆面模式 VIC 中动态表示地下水位的新方法. 自然科学进展, 13 (6): 615-620.

杨梅学, 姚檀栋, 丁永建, 等. 1999. 藏北高原 D110 点不同季节土壤温度的日变化特征. 地理科学, 19 (6): 570-574.

杨梅学, 姚檀栋, 勾晓华. 2003. 青藏公路沿线土壤的冻融过程及水热分布特征. 自然科学进展, 10 (5): 443-450.

杨诗秀, 雷志栋, 朱强, 等. 1988. 土壤冻结条件下水热耦合运移的数值模拟. 清华大学学报, 28 (s1): 112-120.

杨涛, 陆桂华, 李会会, 等. 2011. 气候变化下水文极端事件变化预测研究进展. 水科学进展, 22 (2): 279-286.

杨玉海, 陈亚宁, 李卫红. 2007. 塔里木河下游土壤特性及荒漠化程度研究. 水土保持学报, 21 (1): 44-49.

叶柏生, 成鹏, 杨大庆, 等. 2008. 降水观测误差修正对降水变化趋势的影响. 冰川冻土, 30 (5):

717-725

叶朝霞，陈亚宁，李卫红. 2007. 塔里木河下游生态输水对地下水位影响的综合评价. 干旱区资源与环境，21 (8)：12-16.

尹晗，李耀辉. 2013. 我国西南干旱研究最新进展综述. 干旱气象，31：182-193.

袁星. 2008. 区域气候模式与地下水模型耦合研究. 北京：中国科学院大气物理研究所博士学位论文.

张丽华，陈亚宁，李卫红. 2006. 塔里木河下游生态输水对植物群落数量特征的影响. 干旱区研究，23 (1)：32-38.

张利平，曾思栋，王任超，等. 2011. 对滦河流域水文循环的影响及模拟. 资源科学，33 (5)：966-974.

郑国清，高亮之. 2000. 玉米发育期动态模拟模型. 江苏农业学报，16 (1)：15-21.

中国气象科学数据共享服务网. 2010. 中国农作物生长发育和农田土壤湿度旬值数据集. http：// cdc. cma. gov. cn/shuju/index3. jsp？dsid＝AGME_AB2_CHN_TEN&pageid＝3 [2010-12-31].

朱亚芬. 2003. 530 年来中国东部旱涝分区及北方旱涝演变. 地理学报，58 (增刊)：100-107.

邹靖. 2013. 地下水开采及农作物生长过程对区域气候的影响研究. 北京：中国科学院大气物理研究所博士学位论文.

Bear J. 1972. Dynamics of Fluids in Porous Media. New York：Dover Pub Inc.

Beringer J, Lynch A H, Stuart F, et al. 2001. The representation of Arctic soils in the land surface model：the importance of mosses. J Climate, 14 (15)：3324-3335.

Bonan G B. 1995. A Land Surface Model (LSM version 1.0) for Ecological, Hydrological, and Atmospheric Studies：Technical Description and User´s Guide. NCAR Technical Note NCAR/TN－417＋STR. Boulder, Colorado：National Center for Atmospheric Research.

Bonan G B, Oleson K W, Vertenstein M, et al. 2002a. The land surface climatology of the community land model coupled to the NCAR community climate model. Journal of Climate, 15 (22)：3123-3149.

Bonan G B, Levis S, Kergoat L, et al. 2002b. Landscapes as patches of plant functional types：an integrating concept for climate and ecosystem models. Global Biogeochemical Cycles, 16 (2)：1-23.

Budyko M. 1974. Climate and Life. San Diego, California：Academic：72-191.

Budyko M I. 1956. The Heat Balance of the Earth's Surface. Leningrag：Gidrometeoizdat (In Russian).

Carson D J. 1981. Current parameterization of land surface processes in atmospheric general circulation models// Eaglson P S. Land Surface Processes in Atmospheric General Circulation Models. Cambridge：Cambridge University Press：67-108.

Chen F, Xie Z. 2010. Effects of interbasin water transfer on regional climate：a case study of the middle route of the South-to-North Water Transfer Project in China. J. Geophys. Res, 115：D11112.

Chen F, Xie Z H. 2011. Effects of crop growth and development on land surface fluxes. Advances in Atmospheric Sciences, 28 (4)：927-944.

Chen Y N, Chen Y P, Xu C C, et al. 2009. Effects of ecological water conveyance on groundwater dynamics and riparian vegetation in the lower reaches of Tarim River, China. Hydrol Process, 24 (2)：170-177.

Chiew F H S, Peel M C, Western A W. 2002. Application and testing of the simple rainfall-runoff model SIMHYD//Singh V P, Frevert D K. Mathematical Models of Small Watershed Hydrology and Application. Douglas County：Water Resource Publications.

Choudhury B J, Schmugge T J, Newton R W, et al. 1979. Effect of surface roughness on the microwave emission from soils. J Geophys Res, 84：5699-5706.

Clapp R B, Hornberger G M. 1978. Empirical equation for some soil hydraulic properties. Water Resources Research, 14 (4): 601-604.

Coles S, Bawa J, Trenner L, et al. 2001. An Introduction to Statistical Modeling of Extreme Values. London: Springer.

Dai Y J, Zeng X B, Dickinson R E. 2001. Common Land Model, Technical Documentation and User's Guide. http://climate.eas.gatech.edu/dai/CLM_ userguide.doc [2014-12-12].

Dai Y J, Zeng X B, Dickinson R E, et al. 2003. The common land model. Bulletin of the American Meteorological Society, 84 (8): 1013-1023.

Deardorff J W. 1978. Efficient prediction of ground surface-temperature and moisture, with inclusion of a layer of vegetation. Journal of Geophysical Research-Oceans and Atmospheres, 83 (Nc4): 1889-1903.

Decker M, Zeng X. 2009. Impact of modified Richards equation on global soil moisture simulation in the Community Land Model (CLM3.5). Journal of Advances in Modeling Earth Systems, 1 (3): 1-22.

De Rosnay P, Drusch M, Boone A, et al. 2009. AMMA land surface model intercomparison experiment coupled to the Community Microwave Emission Model: ALMIP-MEM. J Geophys Res, 114 (D5): 730-734.

Dickinson R E, Henderson-Sellers A, Kennedy P J. 1986. Biosphere-Atmosphere Transfer Scheme (BATS) version 1e as coupled to the NCAR Community Climate Model. NCAR Technical Note NCAR/TN-387 + STR. Boulder, Colorado: National Center for Atmospheric Research.

Dickinson R E, Henderson-Sellers A, Kennedy P J, et al. 1993. Biosphere Atmosphere Transfer Scheme (BATS) for NCAR Community Climate Model. NCAR Technical Note NCAR/TN 275+STR. Boulder, Colorado: National Center for Atmospheric Research.

Dickinson R E, Oleson K W, Bonan G, et al. 2006. The community land model and its climate statistics as a component of the Community Climate System Model. Journal of Climate, 19 (11): 2302-2324.

Dickison R B B, Margaret J Haggis, Rainey R C, et al. 1986. Spruce Budworm Moth Flight and Storms, Further Studies Using Aircraft and Radar. Fredericton, New Brunswick, Canada: Department of Forest Resources, University of New Brunswick.

Dobson M C, Ulaby F T, Hallikainen M T, et al. 1985. Microwave dielectric behavior of wet soil-part II: dielectric mixing models. IEEE Trans Geosci Remote Sens, 23: 35-46.

Drusch M, Crewell S. 2005. Radiative Transfer, in Encyclopaedia of Hydrological Sciences. Oxford: Wiley and Sons.

Drusch M, Wood E, Jackson T. 2001. Vegetative and atmospheric corrections for soil moisture retrieval from passive microwave remote sensing data: results from the Southern Great Plains hydrology experiment 1997. J Hydrometeorol, 2: 181-192.

Drusch M, Holmes T, De Rosnay P, et al. 2009. Comparing ERA-40 based L-band brightness temperatures with Skylab observations: a calibration/validation study using the Community Microwave Emission Model. J Hydrometeorol, 10 (2): 213-226.

Duan Q Y, Gupta V K, Sorooshian S. 1992. Effective and efficient global optimization for conceptual rainfall-runoff model. Water Resour Res, 28 (4): 1015-1031.

Duan Q Y, Gupta V K, Sorooshian S. 1993. A shuffled complex evolution approach for effective and efficient global minimization. J Optim Theory Appl, 76 (3): 501-521.

Duan Q Y, Sorooshian S, Gupta V K. 1994. Optimal use of the SCE-UA global optimization method for calibrating watershed models. J Hydrol, 158: 265-284.

Feng Q, Cheng G D. 2001. Towards sustainable development of the environmentally degraded arid rivers of China-a case study from Tarim River. Environ Geol, 41: 229-238.

Flanner M G, Zender C S. 2006. Linking snowpack microphysics and albedo evolution. Journal of Geophysical Research-Atmospheres, 111 (D12): 1-12.

Foley J A, Prentice I C, Ramankutty N, et al. 1996. An integrated biosphere model of land surface processes, terrestrial carbon balance, and vegetation dynamics. Global Biogeochemical Cycles, 10 (4): 603-628.

Frich P, Alexander L V, Della-Marta P, et al. 2002. Observed coherent changes in climatic extremes during the second half of the twentieth century. Clim Res, 19 (3): 193-212.

Fritsch J M, Chappell C F. 1980. Numerical prediction of convectively driven mesoscale pressure systems-part I: convective parameterization. Journal of the Atmospheric Sciences, 37 (8): 1722-1733.

Fujii H. 2005. Development of A Microwave Radiative Transfer Model for Vegetated Land Surface Based on Comprehensive in-Situ Observations. Doctoral Dissertation. Tokyo: University of Tokyo.

Gassman P W, Reyes M R, Green C H, et al. 2007. The soil and water assessment tool: historical development, application and future research directions. American Society of Agricultural and Biological Engineers, 50 (4): 1211-1250.

Gilleland E, Katz R W. 2011. New software to analyze how extremes change over time. Eos, Transactions American Geophysical Union, 92 (2): 13-14.

Graham S T, Famiglietti J S, Maidment D R. 1999. Five-minute, 1/2°, and 1° data sets of continental watersheds and river networks for use in regional and global hydrologic and climate system modeling studies. Water Resour. Res., 35: 583-587.

Grell G A. 1993. Prognostic evaluation of assumptions used by cumulus parameterizations. Monthly Weather Review, 1121 (3): 764-787.

Hack J J, Caron J M, Yeager S G, et al. 2006. Simulation of the global hydrological cycle in the CCSM Community Atmosphere Model version 3 (CAM3): mean features. Journal of Climate, 19 (11): 2199-2221.

Henderson-Sellers A, Pitman A J, Love P K, et al. 1995. The project for intercomparison of land-surface parameterization schemes (PILPS) -Phase-2 and Phase-3. Bulletin of the American Meteorological Society, 76 (4): 489-503.

Henderson-Sellers A, McGuffie K, Pitman A J. 1996. The project for intercomparison of land-surface parametrization schemes (PILPS): 1992 to 1995. Climate Dynamics, 12 (12): 849-859.

Holmes T, Drusch M, Wigneron J P, et al. 2008. A global simulation of microwave emission: error structures based on output from ECMWF's operational Integrated Forecast System. IEEE Trans Geosci Remote Sens, 46: 846-856.

Hosking J R M. 1990. L-moments: analysis and estimation of distributions using linear combinations of statistics. Journal of the Royal Statistical Society, 52 (52): 105-124.

Houtekamer P L, Mitchell H L. 1998. Data assimilation using an ensemble Kalman filter technique. MonWea Rev, 126: 796-811.

Houtekamer P L, Mitchell H L. 2001. A sequential ensemble Kalman filter for atmospheric data assimilation. Mon Wea Rev, 129: 123-137.

Hunt B R, Kalnay E, Kostelich E J, et al. 2004. Four-dimensional ensemble Kalman filtering. Tellus A, 56

(4)：273-277.

Irannejad P, Henderson-Sellers A, Shao Y, et al. 1995. Comparison of AMIP and PILPS Off-line Land Surface Simulations. Proceedings of the First AMIP Scientific Conference. Monterey, California: The First AMIP Scientific Conference.

Jackson T J, Schmugge T J. 1991. Vegetation effects on the microwave emission of soils. Remote Sens Environ, 36: 203-212.

Ji J J. 1995. A climate-vegetation interaction model: simulating physical and biological processes at the surface. Journal of Biogeography, 22 (2-3): 445-451.

Jones A T, Vukićević T, Vonder H T. 2004. A microwave satellite observational operator for variational data assimilation of soil moisture. J. Hydrometeorol, 5: 213-229.

Kalnay E, Kanamitsu M, Kistler R, et al. 1996. The NCEP/NCAR 40-year reanalysis project. Bulletin of the American Meteorological Society, 77 (3): 437-471.

Kerry H, Njoku E G. 1990. A semi-empirical model for interpreting microwave emission from semiarid land surfaces as seen from space. IEEE Trans Geosci Remote Sens, 28 (3): 384-393.

Lawrence D M, Thornton P E, Oleson K W, et al. 2007. The partitioning of evapotranspiration into transpiration, soil evaporation, and canopy evaporation in a GCM: impacts on land-atmosphere interaction. Journal of Hydrometeorology, 8 (4): 862-880.

Lawrence D M, Oleson K W, Flanner M G, et al. 2011. Parameterization improvements and functional and structural advances in version 4 of the Community Land Model. Journal of Advances in Modeling Earth Systems, 3 (3): 1-27.

Lawrence D M, Oleson K W, Flanner M G, et al. 2012. The CCSM4 land simulation, 1850-2005: assessment of surface climate and new capabilities. Journal of Climate, 25 (7): 2240-2260.

Lawrence P J, Chase T N. 2007. Representing a new MODIS consistent land surface in the Community Land Model (CLM 3.0). Journal of Geophysical Research-Biogeosciences, 112 (G1): 252-257.

Liang X, Xie Z H. 2001. A new surface runoff parameterization with subgrid-scale soil heterogeneity for land surface models. Advances in Water Resources, 24 (9-10): 1173-1193.

Liang X, Xie Z H. 2003. Important factors in land-atmosphere interactions: surface runoff generations and interactions between surface and groundwater. Glob Planet Change, 38: 101-114.

Liang X, Lettenmaier D P, Wood E F, et al. 1994. A simple hydrologically based model of land-surface water and energy fluxes for general-circulation models. Journal of Geophysical Research-Atmospheres, 99 (D7): 14415-14428.

Liang X, Wood E F, Lettenmaier D P. 1996. Surface soil moisture parameterization of the VIC-2L model: evaluation and modification. Global and Planetary Change, 13 (1-4): 195-206.

Liang X, Xie Z, Huang M. 2003. A new parameterization for surface and groundwater interactions and its impact on water budgets with the variable infiltration capacity (VIC) land surface model. J. Geophys. Res. , 108 (D16): 1-17.

Li H, Feng L, Zhou T. 2011. Multi-model project of July-August climate extreme changes over China under CO_2 doubling-part I: precipitation. Adv. Atmos. SCI. , 28 (2): 433-447.

Li Q, Sun S F, Xue Y K. 2010. Analyses and development of a hierarchy of frozen soil models for cold region study. J Geophys Res, 115: D03107.

Liu C M, Wang G T. 1980. The estimation of small-watershed peak flows in China. Water Resources Research, 16 (5): 881-886.

Love P K, Henderson-Sellers A, Irannejad P. 1995. AMIP Diagnostic Subproject 12 (PILPS Phase 3): Land-Surface Processes. Proceedings of the First AMIP Scientific Conference. Monterey, California: The First AMIP Scientific Conference.

Mackay M T, Wiznitzer M, Benedict S L, et al. 2011. Arterial ischemic stroke risk factors: the International Pediatric Stroke Study. Annals of Neurology, 69 (1): 130-140.

Manabe S. 1969. Climate and the ocean circulation-part Ⅰ. the atmospheric circulation and the hydrology of the earth's surface. Monthly Weather Review, 97 (11): 793-805.

Manabe S, Smagorinsky J, Strickler R F. 1965. Simulated climatology of a general circulation model with a hydrological cycle. Monthly Weather Review, 93 (12): 769-798.

Mao X, Ni J, Guo Y. 2000. A case study on characteristics of wastewater effluents in accelerated economic growth areas. Acta Scien. Circum, 20 (2): 219-224.

Monteith J L, Moss C J. 1977. Climate and the Efficiency of Crop Production in Britain [and Discussion]. Philosophical Transactions of the Royal Society of London, Series B, Biological Sciences, 281 (980): 277-294.

Nash J E, Sutcliffe J V. 1970. River flow forecasting through conceptual models-part Ⅰ: a discussion of principles. Journal of Hydrology, 10 (3): 282-290.

Neitsch S L, Arnold J G, Kiniry J R, et al. 2000. Soil and Water Assessment Tool Theoretical Documentation Version 2000. TWRI Report, tR-191. Cohege Station, TX: Texas Water Resource Institute.

Niu G Y, Yang Z L. 2006. Effects of frozen soil on snowmelt runoff and soil water storage at a continental scale. Journal of Hydrometeorology, 7 (5): 937-952.

Niu G Y, Yang Z L, Dickinson R E, et al. 2005. A simple TOPMODEL-based runoff parameterization (SIMTOP) for use in global climate models. Journal of Geophysical Research-Atmospheres, 110 (D21): 3003-3013.

Niu G Y, Yang Z L, Dickinson R E, et al. 2007. Development of a simple groundwater model for use in climate models and evaluation with Gravity Recovery and Climate Experiment data. Journal of Geophysical Research-Atmospheres, 112 (D7): 277-287.

Niu G Y, Yang Z L, Mitchell K E, et al. 2011. The community Noah land surface model with multiparameterization options (Noah-MP): 1. model description and evaluation with local-scale measurements. Journal of Geophysical Research-Atmospheres, 116 (D2): 1248-1256.

Noilhan J, Mahfouf J F. 1996. The ISBA land surface parameterisation scheme. Global and Planetary Change, 13 (1-4): 145-159.

Oleson K, Lawrence D, Bonan G, et al. 2010. Technical description of version 4.0 of the Community Land Model. Geophysical Research Letters, 37 (7): 256-265.

Oleson K W, Dai Y J, Bonan G, et al. 2004. Technical Description of the Community Land Model (CLM). NCAR Technical Note NCAR/TN-461+ STR. Boulder, Colorado: National Center for Atmospheric Research.

Oleson K W, Niu G Y, Yang Z L, et al. 2007. CLM3.5 Documentation. Boulder, Colorado: National Center for Atmospheric Research.

Oleson K W, Niu G Y, Yang Z L, et al. 2008. Improvements to the Community Land Model and their impact on the hydrological cycle. Journal of Geophysical Research-Biogeosciences, 113 (G1): 811-827.

Pike J. 1964. The estimation of annual run-off from meteorological data in a tropical climate. Journal of Hydrology, 2 (2): 116-123.

Pitman A J, Henderson-Sellers A. 1998. Recent progress and results from the project for the intercomparison of land surface parameterization schemes. Journal of Hydrology, 212 (1-4): 128-135.

Polcher J, McAvaney B, Viterbo P, et al. 1998. A proposal for a general interface between land surface schemes and general circulation models. Global and Planetary Change, 19 (1-4): 261-276.

Pulliainen J T, Hallikainen M T, Grandell J. 1999. Hut snow emission model and its applicability to snow water equivalent retrieval. IEEE Trans Geos Remot Sens, 37: 1378-1390.

Qian T T, Dai A G, Trenberth K, et al. 2006. Simulation of global land surface conditions from 1948 to 2004-part I: forcing data and evaluations. J Hydrometeorol, 7: 953-975.

Qin P H, Xie Z H, Wang A W. 2014. Detecting changes in precipitation and temperature extremes over China using a regional climate model with water table dynamics considered. Atmospheric and Oceanic Science Letters, 7 (2): 103-109.

Qin P H, Xie Z H, Yuan X. 2013. Incorporating groundwater dynamics and surface/subsurface runoff mechanisms in regional climate modeling over river basins in China. Advances in Atmospheric Science, 30 (4): 983-996.

Qu W Q, Henderson-Sellers A. 1998. Comparing the scatter in PILPS off-line experiments with that in AMIP I coupled experiments. Global and Planetary Change, 19 (1-4): 209-223.

Raftery A E, Gneiting T, Balabdaoui F, et al. 2005. Using Bayesian model averaging to calibrate forecast ensembles. Mon Weather Rev, 133: 1155-1174.

Sakaguchi K, Zeng X B. 2009. Effects of soil wetness, plant litter, and under-canopy atmospheric stability on ground evaporation in the Community Land Model (CLM3.5). Journal of Geophysical Research-Atmospheres, 114 (D1): 328-334.

Schaake J C, Waggoner P. 1990. From climate to flow//Waggoner P. Climate Change and US Water Resources. New York: John Wiley and Sons Inc.

Sellers P J, Mintz Y, Sud Y C, et al. 1986. A simple biosphere model (SiB) for use within General-Circulation Models. Journal of the Atmospheric Sciences, 43 (6): 505-531.

Sellers P J, Randall D A, Collatz G J, et al. 1996a. A revised land surface parameterization (SiB2) for atmospheric GCMS-1. model formulation. Journal of Climate, 9 (4): 676-705.

Sellers P J, Los S O, Tucker C J, et al. 1996b. A revised land surface parameterization (SiB2) for atmospheric GCMs-2. the generation of global fields of terrestrial biophysical parameters from satellite data. Journal of Climate, 9 (4): 706-737.

Sheffield J, Goteti G, Wood E F. 2006. Development of a 50-year high-resolution global dataset of meteorological forcings for land surface modeling. Journal of Climate, 19 (13): 3088-3111.

Shi C X, Xie Z H, Qian H, et al. 2011. China land soil moisture EnKF data assimilation based on satellite remote sensing data. China Earth SCI, 54 (9): 1430-1440.

Simmons A J, Willett K M, Jones P D, et al. 2010. Low-frequency variations in surface atmospheric humidity, temperature, and precipitation: inferences from reanalyses and monthly gridded observational data sets. J Geophys Res, 115 (D1): 1-21.

Song X M, Zhan C S, Kong F Z, et al. 2011. Advances in the study of uncertainty quantification of large-scale hydrological modeling system. Journal of Geographical Sciences, 21 (5): 801-819.

Su H, Yang Z L, Dickinson R E, et al. 2010. Multisensor snow data assimilation at the continental scale: the value of gravity recovery and climate experiment terrestrial water storage information. J Geophys Res, 115: (D10): 1-14.

Swenson S, Wahr J. 2006. Post-processing removal of correlated errors in GRACE data. Geophys Res Lett, 38 (8): 1-4.

Tapley B, Bettapur S, Watkins M, et al. 2004. The gravity recovery and climate experiment: mission overview and first results. Geophys Res Lett, 31 (9): 607-610.

Taylor K E, Stouffer R J. 2012. An overview of CMIP5 and experiment design. Bulletin of the American Meteorological Society, 93: 485-498.

Thornton P E, Zimmermann N E. 2007. An improved canopy integration scheme for a land surface model with prognostic canopy structure. Journal of Climate, 20 (15): 3902-3923.

Tian X. 2014. A local implementation of the POD-based ensemble 4DVar with R-localization. Atmospheric and Oceanic Science Letters, 7 (1): 11-16.

Tian X, Xie Z. 2012. Implementations of a square-root ensemble analysis and a hybrid localisation into the POD-based ensemble 4DVar. Tellus, 64 (5): 297-301.

Tian X J, Xie Z H, Zhang S L, et al. 2006. A subsurface runoff parameterization with water storage and recharge based on the Boussinesq-Storage Equation for a Land Surface Model. Science in China Series D-Earth Sciences, 49 (6): 622-631.

Tian X, Xie Z, Dai A. 2008. An ensemble-based explicit four-dimensional variational assimilation method. J. Geophys Res, 113 (D21): 124-136.

Tian X, Xie Z, Dai A, et al. 2009. A dual-pass variational data assimilation framework for estimating soil moisture profiles from AMSR-E microwave brightness temperature. J Geophys Res, 114 (D16): 1-12.

Tian X, Xie Z, Dai A. 2010a. An ensemble conditional nonlinear optimal perturbation approach: formulation and applications to parameter calibration. Water Resour Res, 46 (9): 1-13.

Tian X, Xie Z, Dai A, et al. 2010b. A microwave land data assimilation system: scheme and preliminary evaluation over China. J Geophys Res, 115 (D21): 1-13.

Tian X, Xie Z, Sun Q. 2011. A POD-based ensemble four-dimensional variational assimilation method. Tellus A, 63 (4): 805-816.

Tian X J, Xie Z H, Wang A H, et al. 2012. A new approach for Bayesian model averaging. Science China Earth Sciences, 55 (8): 1336-1344.

Tsang L, Kong J A, Shin R T. 1985. Theory of Microwave Remote Sensing. New York: John Wiley.

Vrugt J A, Diks C G H, Clark M P. 2008. Ensemble Bayesian model averaging using Markov Chain Monte Carlo sampling. Environ Fluid Mech, 8 (8): 579-595.

Wahr J, Swenson S, Zlotnicki V, et al. 2004. Time variable gravity from GRACE: first results. Geophys Res Lett, 31 (11): 293-317.

Wang A W, Xie Z H, Feng X B, et al. 2014. A soil water and heat transfer model including the change in soil frost and thaw fronts. Science in China (D), 57 (6): 1325-1339.

Wang B, Liu J J, Wang S D, et al. 2010. An economical approach to four-dimensional variational data assimilation. Adv Atmos SCI, 27: 715-727.

Wang J R, Choudhury B J. 1981. Remote sensing of soil moisture content over bare fields at 1.4 GHz frequency. J Geophys Res, 86: 5277-5282.

Wegmuller U, Matzler C, Njoku E G. 1995. Canopy opacity models//Choudhury B J, Kerr Y H, Njoku E G, et al. Passive Microwave Remote Sensing of Land-atmosphere Interactions. VSP Utrecht, The Netherlands: CRC Press.

Weng F, Grody N C. 2000. Retrieval of ice cloud parameters using a microwave imaging radiometer. J Atmos SCI, 57: 1069-1081.

Weng F Z, Yan B H, Grody C. 2001. A microwave land emissivity model. J. Geophys. Res., 106 (17): 115-123.

Wigneron J P, Kerr Y, Waldteufel P, et al. 2007. L-band Microwave Emission of the Biosphere (L-MEB) Model: description and calibration against experimental data sets over crop fields. Remote Sens Environ, 107: 639-655.

Wood E F, Lettenmaier D P, Zartarian V G. 1992. A land-surface hydrology parameterization with subgrid variability for General-Circulation Models. Journal of Geophysical Research-Atmospheres, 97 (D3): 2717-2728.

Xie Z H, Yuan X. 2009. Prediction of water table under stream-aquifer interactions over an arid region. Hydrol Process, 24 (2): 160-169.

Xue Y, Sellers P J, Kinter J L, et al. 1991. A simplified biosphere model for global climate studies. Journal of Climate, 4 (3): 345-364.

Yang H, Xie Z. 2003. A new method to dynamically simulate groundwater table in land surface model VIC. Progress in Natural Science, 13 (11): 819-825.

Yang K, Watanabe T, Koike T, et al. 2007. An auto-calibration system to assimilate AMSR-E data into a land surface model for estimating soil moisture and surface energy budget. J Meteor Soc Japan, 85A: 229-242.

Yuan X, Xie Z H, Liang M L. 2008a. Spatiotemporal prediction of shallow water table depths in continental China. Water Resour Res, 44 (4): 385-393.

Yuan X, Xie Z, Zheng J, et al. 2008b. Effects of water table dynamics on regional climate: a case study over east Asian monsoon area. Journal of Geophysical Research, 113 (D21): 1-16.

Zaitchik B F, Rodell M, Reichle R H. 2008. Assimilation of GRACE terrestrial water storage data into a land surface model: results for the Mississippi River basin. J Hydrometeorol, 9: 535-548.

Zeng X B, Decker M. 2009. Improving the numerical solution of soil moisture-based richards equation for land models with a deep or shallow water table. Journal of Hydrometeorology, 10 (1): 308-319.

Zeng X B, Shaikh M, Dai Y J, et al. 2002. Coupling of the common land model to the NCAR community climate model. Journal of Climate, 15 (14): 1832-1854.

Zhan C S, Song X M, Xia J. 2013. An efficient integrated approach for global sensitivity analysis of hydrological model parameters. Environmental Modeling Software, 41: 39-52.

Zhang L, Dawes W, Walker G. 2001. Response of mean annual evapotranspiration to vegetation changes at catchment scale. Water Resources Research, 37 (3): 701-708.

Zhang X B, Zwiers F W, Hegerl G C, et al. 2007a. Detection of human influence on twentieth-century precipitation trends. Nature, 448 (7152): 461-465.

Zhang X, Sun S F, Xue Y K. 2007b. Development and testing of a frozen soil parameterization for cold region studies. J Hydrmeteorology, 8 (4): 690-701.

Zhang T, Barry R G, Knowles K, et al. 2008a. Statistics and characteristics of permafrost and ground ice distribution in the Northern Hemisphere. Polar Geography, 31 (1-2): 47-68.

Zhang Y S, Carey S K, Quinton W L. 2008b. Evaluation of the algorithms and parameterizations for ground thawing and freezing simulation in permafrost regions. J Geophys Res, 113: (D17): 116-132.

Zhong M, Isao N, Akio K. 2003. Atmospheric, hydrological and ocean current contributions to Earth's annual wobble and length-of-day signals based on output from a climate model. Journal of Geophysical Research-Solid Earth, 108 (B1): 2057.

Zou J, Xie Z H, Yu Y, et al. 2014a. Climatic responses to anthropogenic groundwater exploitation: a case study of the Haihe River Basin, Northern China. Climate Dynamics, 42: 2125-2145.

Zou J, Xie Z H, Zhan C S, et al. 2014b. Effects of anthropogenic groundwater exploitation on land surface processes: a case study of the Haihe River Basin, Northern China. Journal of Hydrology 524 (2015): 625-641.